Gerhard Stegemann

Datenbanksysteme

Aus dem Programm Technische Informatik

Informatik für Ingenieure 1
von P. Rausch

Digitalrechner 1
Grundlagen und Anwendungen
von W. Ameling

Digitalrechner 2
Datentechnik und Entwurf logischer Systeme
von W. Ameling

Aufbau und Arbeitsweise von Rechenanlagen
von W. Coy

Assemblerprogrammierung mit dem PC
von J. Erdweg

Software-Engineering
von E. Hering

Datenkommunikation
von D. Conrads

Datenfernübertragung
von P. Welzel

Digitale Kommunikationssysteme I
von F. Kaderali

Informationstheorie und Codierung
von O. Mildenberger

Methoden der digitalen Bildsignalverarbeitung
von P. Zamperoni

Vieweg

Gerhard Stegemann

Datenbanksysteme

Konzepte
Modelle
Netzanwendung

Mit 53 Bildern und
55 Übungsaufgaben mit Lösungen

Die Deutsche Bibliothek – CIP-Einheitsaufnahme

Stegemann, Gerhard:
Datenbanksysteme: Konzepte, Modelle, Netzanwendung; mit 55 Übungsaufgaben mit Lösungen / Gerhard Stegemann. – Braunschweig; Wiesbaden: Vieweg, 1993
(Viewegs Fachbücher der Technik) (Technische Informatik)
ISBN-13: 978-3-528-04935-5

Das in diesem Buch enthaltene Programm-Material ist mit keiner Verpflichtung oder Garantie irgendeiner Art verbunden. Der Autor übernimmt infolgedessen keine Verantwortung und wird keine daraus folgende oder sonstige Haftung übernehmen, die auf irgendeine Art aus der Benutzung dieses Programm-Materials oder Teilen davon entsteht.

Der Verlag Vieweg ist ein Unternehmen der Verlagsgruppe Bertelsmann International.

Umschlaggestaltung: Hanswerner Klein, Leverkusen
Gedruckt auf säurefreiem Papier

ISBN-13: 978-3-528-04935-5 e-ISBN-13: 978-3-322-84918-2
DOI: 10.1007/ 978-3-322-84918-2

Vorwort

Dieses Buch wurde in der Absicht geschrieben, eine Einführung in die theoretischen Grundlagen von Datenbanksystemen und in den praktischen Entwurf von Datenbankanwendungen zu geben. Bei der Vermittlung der Grundlagen steht die Darstellung der Probleme, Konzepte und Modelle im Vordergrund, während konkrete Datenbanksysteme mehr exemplarisch zur Veranschaulichung der Sachverhalte herangezogen werden. Denn Problembewußtsein und Kenntnis der Konzepte schaffen die Voraussetzung zur tieferen Erarbeitung eines Fachgebietes und führen zu einer methodischen Vorgehensweise in der praktischen Anwendung. Das Buch führt auch systematisch in die Begriffswelt des Fachgebietes „Datenbanksysteme" ein, um dem Leser den Einstieg in die weiterführende Literatur zu erleichtern. Aus diesem Grunde wurden weitgehend die englischen Fachbegriffe angegeben. Es wurde Wert auf die exakte Definition der Begriffe gelegt, ohne jedoch das Verständnis durch einen zu stark ausgeprägten Formalismus zu erschweren. Lediglich Grundkenntnisse in der Datenverarbeitung werden vorausgesetzt, so daß sich das Buch sowohl als begleitende Literatur zu einer Vorlesung über Datenbanksysteme als auch zum Selbststudium eignen dürfte. Es richtet sich zugleich an Studierende und Praktiker, die sich ein breites Grundwissen über Datenbanksysteme verschaffen und sich in die Probleme und Methoden beim Entwurf von Datenbankanwendungen einarbeiten wollen.

Der Inhalt des Buches basiert auf einer einsemestrigen Vorlesung über Datenbanksysteme, die von mir seit Jahren an der Fachhochschule Aachen insbesondere für Studierende der Studienrichtung „Informationsverarbeitung" (sie entspricht etwa der Technischen Informatik) gehalten wird. Infolge der rasanten Entwicklung auf diesem Fachgebiet war eine fortlaufende inhaltliche Überarbeitung des Stoffes notwendig (und wird es bleiben). Zur Zeit spannt sich der Bogen von den „klassischen" Modellen (Hierarchisches Modell, Netzwerkmodell, Relationales Modell) über objektorientierte Datenbanksysteme bis zu Datenbanken in Datennetzen. Zusätzliche Schwerpunkte stellen die Speichertechniken und das für Datenbanksysteme äußerst wichtige Thema der Sicherstellung der Datenintegrität dar.

Mein herzlicher Dank gilt Herrn Kollegen Prof. Dr. Schoedon und Herrn Dipl.-Ing. Bock für die Durchsicht des Manuskriptes und Herrn Kollegen Prof. Dr. Ruland für die Korrektur der Abschnitte über Datennetze. Herrn Klementz vom Vieweg-Verlag danke ich für die problemlose Zusammenarbeit.

Aachen, im Mai 1993 *Gerhard Stegemann*

Inhaltsverzeichnis

1 Einführung

Der Umgang mit großen Datenbeständen stützt sich in den klassischen Programmierumgebungen auf die Funktionen ab, die das Betriebssystem oder das Laufzeitsystem der Programmiersprache zur Dateiverwaltung und Bearbeitung der Daten bieten. Wie die Programmiersprachen selbst, so sind auch diese Funktionen prozeduraler Art, d.h. es ist primär zu beschreiben, wo und wie die Daten zu speichern sind, wie Grundoperationen wie das Suchen, Einfügen und Entfernen von Daten auszuführen sind, als daß problemorientiert beschrieben werden könnte, was mit welchen Daten geschehen soll. So bereitet es einige Mühe, große Datenbestände anzulegen, zu pflegen und aus ihnen aktuell angeforderte Daten zu extrahieren, zu verknüpfen und in geeigneter Weise darzustellen. Alle hierzu notwendigen Programme müssen vom Anwender auf den jeweiligen Anwendungszweck hin zugeschnitten erstellt werden.

Ein wesentliches Problem bei der Verwaltung großer Datenbestände stellen die Datensicherheit und der Datenschutz dar. Auch dafür findet man in klassischen Programmierumgebungen wenig Unterstützung. Der Anwender ist gezwungen, selbst für die Implementierung entsprechender Funktionen zu sorgen. Er hat auch Überlegungen anzustellen, wie die Korrektheit, Vollständigkeit und Widerspruchsfreiheit der Daten, insbesondere in Systemen mit örtlich oder organisatorisch dezentralen Teilsystemen (jedes größere Unternehmen stellt ein solches System dar), gewährleistet werden kann.

Schon früh kam daher der Wunsch auf, die Verwaltung und Nutzung großer Datenbestände durch Datenbankverwaltungssysteme zu unterstützen. Bevor die Ziele beim Einsatz solcher Systeme und die ihnen zugrunde liegenden Konzepte dargestellt werden, sollen die Nachteile der konventionellen Vorgehensweise näher untersucht werden.

1.1 Nachteile der konventionellen Datenverarbeitung

Wie schon erwähnt, sind klassische Programmiersprachen wie FORTRAN, ALGOL und Pascal prozedurale Sprachen, die für die Verwaltung großer Datenbestände mit recht primitiven (im Sinne von grundlegenden) Dateimanipulations-Anweisungen auskommen müssen. So ist die Sicht beim Entwurf einer Anwendung primär auf die Verarbeitung der Daten ausgerichtet als auf die Strukturierung des Datenbestandes und der Beschreibung der Beziehungen der Daten untereinander. Datenbestände werden in einzelnen, isoliert betrachteten Dateien gespeichert. Diese liefern die Eingabedaten eines Verarbeitungsprogrammes, das wiederum die Ergebnisse in Dateien speichert. Größere Probleme werden so in eine alternierende Folge von Programmen und Dateien zerlegt.

Die Beziehungen der Daten untereinander können dabei beliebig komplex sein, sie werden jedoch nicht explizit erfaßt und formal dargestellt. Dabei kann es in einem Unternehmen leicht vorkommen, daß gleichartige Daten in verschiedenen Dateien vorkommen und somit die Konsistenz der Daten in Frage gestellt ist. Zumindest ist die Pflege der Daten erschwert.

Die Datenorganisation ist zudem auf spezielle Anwendungen zugeschnitten. Die Programme verarbeiten die Daten so, wie sie in den Dateien strukturell und inhaltlich auf diese Anwendung hin konzipiert vorliegen. Daraus resultiert eine starre Kopplung zwischen den Dateien und Programmen: Änderungen in der Datenstruktur bedingen Änderungen in den Programmen und umgekehrt.

Der Zugriff auf eine Datei ist zur Verarbeitungszeit nur einem Programm möglich. Der koordinierte Zugriff mehrerer Anwender wird nicht unterstützt. Ferner müssen Datenschutz und Datensicherung in jedes Programm eingebaut werden. Unter *Datenschutz* versteht man alle Maßnahmen gegen den Mißbrauch personenbezogener oder organisationsbezogener Daten (z.B. von Behörden, Firmen) bei deren Erfassung, Speicherung, Übertragung und Verarbeitung. *Datensicherung* ist die Gesamtheit aller organisatorischer, software- und hardwaremäßiger Maßnahmen zur Sicherung der Datenbestände, der Datenverarbeitung und der hierzu notwendigen Einrichtungen gegen Zerstörung, Fehler und Mißbrauch.

1.2 Konzept eines Datenbanksystems

Die Beseitigung der oben genannten Nachteile der konventionellen Datenverarbeitung wird beim Konzept eines Datenbanksystems durch folgende Prinzipien angestrebt:

- Zentrale Betreuung der Daten
  Gemeint ist die organisatorisch zentrale Betreuung der Daten, nicht etwa die räumliche Zusammenfassung. Im Gegenteil, verteilte Datenbanken (siehe Kap. 6) gewinnen im Zuge der fortentwickelten Möglichkeiten der Datenübertragung in lokalen und Weitverkehrs-Datennetzen an Bedeutung.

- Trennung der Daten von den Benutzern
  Die Benutzer haben keinen unmittelbaren Zugriff mehr auf die Daten. Vielmehr bilden diese als Ganzes gesehen die gemeinsame *Datenbasis* (*data base*), auch *Datenbank* genannt, aller Benutzer. Ein *Datenbank-Verwaltungssystem*, abgekürzt DBVS (*Data Base Management System*, DBMS) verwaltet die Datenbasis und unterstützt den Anwender bei der Einrichtung, Pflege, Abfrage und Verarbeitung der Daten. Dabei stellt es alle Funktionen zur Verfügung, die sonst in jedes Anwenderprogramm eingebaut werden müßten (Koordination der Zugriffe, Datenschutz, Datensicherung und vieles mehr).

Datenbasis und Datenbank-Verwaltungssystem zusammengenommen bilden das *Datenbanksystem* (*data base system*), abgekürzt DBS. Der Benutzer oder ein Anwendungsprogramm haben nur über das DBS Zugriff auf die Daten, sie sind damit über eine definierte Schnittstelle verbunden (siehe Bild 1-1).

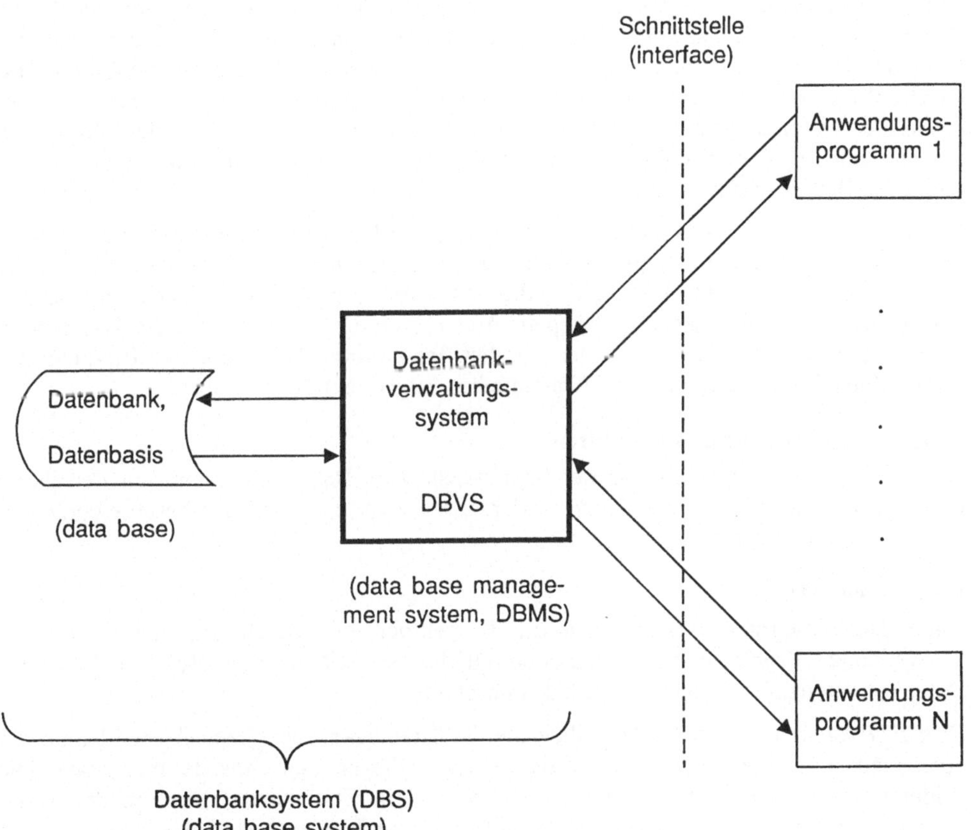

Bild 1-1 Schematische Darstellung eines Datenbanksystems

1.3 Ziele beim Einsatz von Datenbanksystemen

Es sollen nun die Ziele beim Einsatz von Datenbanksystemen genauer umrissen werden. Dabei muß von vornherein betont werden, daß die Ziele ein Ideal verkörpern, das in der Praxis nicht vollkommen realisiert ist. Die Auflistung soll hier mit schlagwortartigen Überschriften erfolgen, um die zugehörigen Begriffe deutlich hervorzuheben.

Datenunabhängigkeit

Darunter versteht man die Unabhängigkeit zwischen den Anwendungsprogrammen und der Datenspeicherung und der Datenorganisation. Notwendige Änderungen struktureller und inhaltlicher Art (im Sinne einer Erweiterung) sollen möglichst geringe Auswirkungen auf die Programme haben und umgekehrt.

Dabei kann man zwischen logischer und physischer Datenunabhängigkeit unterscheiden. Die logische Datenunabhängigkeit umfaßt die Unabhängigkeit von der logischen Organisation der Daten in der Datenbank. Natürlich muß sich die vom Anwender gewünschte Information grundsätzlich aus den gespeicherten Daten gewinnen lassen. Die Auswahl und die Struktur der Daten kann aber aus Anwendersicht verschieden sein von der für die Datenbasis definierten Gesamtmenge und Struktur (siehe auch unten „Benutzerorientierte Sicht der Daten"). Der Benutzer sollte auch keine Kenntnisse darüber benötigen, auf welche Weise auf die Daten zugegriffen wird, etwa über Indextabellen oder Zeiger. Unter physischer Datenunabhängigkeit versteht man die Unabhängigkeit von der physischen Speicherung der Daten auf verschiedenen Datenträgern. Diese Anforderung wird z.T. durch das Betriebssystem erfüllt.

Darüber hinaus kann die Bindung zwischen Daten und Anwendungsprogrammen statisch oder dynamisch erfolgen. Man spricht in diesem Zusammenhang auch von früher oder später Bindung. Im ersten Fall werden die Daten und Programme bei der Kompilierung oder beim Binden miteinander gekoppelt. Ändert sich die Datenstruktur der Datenbasis, so muß neu übersetzt oder gebunden werden. Im zweiten Fall erfolgt die Bindung erst beim Öffnen der Datenbank bzw. beim aktuellen Zugriff auf die Datenbank.

Benutzerorientierte Sicht der Daten

Die einzelnen Benutzer sehen an der Schnittstelle zum Datenbanksystem nur den ihrem Problem angepaßten Teil der Daten in der durch eine logische Datenbeschreibung von ihnen definierten Form.

Datenintegrität

Unter Datenintegrität versteht man die Korrektheit der Daten und deren korrekte Verwendung. Probleme der Datenintegrität lassen sich in drei Bereiche gliedern: Datenkonsistenz, Datensicherung und Datenschutz.

Datenkonsistenz bedeutet Fehlerfreiheit und Vollständigkeit der gespeicherten Daten. Es dürfen nur korrekte, widerspruchsfreie Daten vorliegen (semantische Integrität). Die Widerspruchsfreiheit ist in zweifacher Hinsicht wichtig: Zum einen müssen bei der Änderung von Daten, die untereinander abhängig sind, die notwendigen Folgeänderungen an den abhängigen Daten gewährleistet werden. Zum anderen ist bei quasi gleichzeitigem

Zugriff auf die Daten durch mehrere Benutzer sicherzustellen, daß keine (zwischenzeitlich) inkonsistenten Daten sichtbar werden (operationale Integrität).

Durch Maßnahmen der *Datensicherung* werden die Daten gegen Zerstörung und Verfälschung durch fehlerhafte Software, Hardware und Benutzung geschützt. Bei einer Integritätsverletzung muß der korrekte Zustand weitestgehend automatisch wiederhergestellt werden können. Grundvoraussetzung für Datenbankanwendungen ist die sogenannte *Dauerhaftigkeit* der Daten, d.h. ihre permanente Existenz über die Laufzeit eines Programms hinaus.

Datenschutz ist dagegen mehr ein juristisches Problem bzw. eine Frage der Kompetenz eines Benutzers bei der Abfrage, der Eingabe oder der Änderung von bestimmten Daten. Funktionen zur Gewährleistung des Datenschutzes sollten in ein Datenbanksystem integriert sein.

Vermeidung von Redundanz

Daten über ein Datenobjekt sollten in einer Datenbank nur einmal gespeichert sein. Auch inkonsistente Kopien der Daten sind zu vermeiden. Neben dem Vorteil der Speicherplatzreduzierung ergibt sich auch eine leichtere Aktualisierung der Daten. Natürlich kann Redundanz nicht vollständig vermieden werden. Aus Gründen der Datensicherheit ist sie sogar dringend erforderlich. Kopien von Daten können auch zum schnelleren Zugriff auf die Daten nützlich sein.

Unterstützung der Datenmanipulation

Das Datenbanksystem sollte das Einfügen (*insert*), Ändern (*update*), Löschen (*delete*) und Auffinden (*retrieve*) von Daten und deren Verarbeitung und Darstellung unterstützen.

Koordinierung des Mehrbenutzerbetriebs (Synchronisation)

Der koordinierte Zugriff mehrerer Benutzer bzw. Anwendungsprogramme auf die Datenbank sollte durch das Datenbanksystem ermöglicht werden. Dies gilt insbesondere für den Einsatz in Datennetzen. Man spricht in diesem Zusammenhang auch von der Nebenläufigkeit (*concurrency*) der Datenbankzugriffe bzw. von deren Synchronisation.

Datenneutralität

Datenneutralität fordert, daß alle Daten für alle denkbaren Anwendungen in einer Datenbank so bereitgestellt werden können, daß keine Anwendung (gemessen an ihren Erfordernissen) benachteiligt oder gar unmöglich gemacht wird.

Flexibilität

Die (organisatorische) Zentralisierung der Daten ermöglicht unter Umständen neue Auswertungen ohne Erweiterung und Änderung der Datenbank. Diese sollte so angelegt werden, daß auch aktuell nicht vorgesehene Anwendungen ermöglicht werden.

Effizienz (*performance*)
Das Datenbanksystem sollte die Datenspeicherung und den Zugriff auf die Daten effizient gestalten. Verbesserungen und Optimierung von Hard- und Software sollten dynamisch möglich sein.

1.4 Datenbanksystem, Informationssystem, Transaktionssystem, Dokumentationssystem

Eine allgemeingültige Definition dessen, was ein Datenbanksystem ist, gibt es nicht. Dennoch soll auf der Basis der bisherigen Darlegungen eine Definition versucht werden, die nicht exakt sein kann, dennoch aber die wesentlichen Anforderungen an ein Datenbanksystem zusammenfaßt:

Datenbanksystem
Ein Datenbanksystem ist eine organisatorisch zentralisierte Datenbasis, in der durch ein Datenbankverwaltungssystem (DBVS) die Datenunabhängigkeit, Datenintegrität, Datenmanipulation und die Synchronisation der Zugriffe mehrerer Benutzer auf die Datenbasis weitestgehend unterstützt wird.

Im folgenden soll noch kurz auf drei Begriffe eingegangen werden, die im Zusammenhang mit Datenbanksystemen stehen.

Informationssystem (IS)/Transaktionssystem
Der Begriff Informationssystem wird teilweise synonym für ein Datenbanksystem verwendet. Im engeren Sinne ist darunter aber ein Datenbanksystem zu verstehen, das um eine Methodensammlung zur Auswertung und Darstellung der abgefragten Daten erweitert ist. Die Methodensammlung kann vielfältige Funktionen aus den Bereichen Statistik, Optimierung, Planungs- und Arbeitstechnik, Grafik, Berichtsgestaltung usw. umfassen, insbesondere aber auch spezielle Anwendungsprogramme wie z.B. Banken- oder Buchungsprogramme oder sogenannte *Management-Informationssysteme* (MIS). Diese speziellen Anwendungsprogramme werden auch als *Transaktionssysteme* (oder Teilhabersysteme) bezeichnet. Sie sind dadurch gekennzeichnet, daß sie eine problemorientierte Benutzerschnittstelle besitzen, so daß der Anwender seine Aktivitäten ausschließlich über anwendungsbezogene Funktionen, die ihm z.B. in Form von Menüs angeboten werden, abwickeln kann. Er benötigt somit keinerlei Kenntnisse über Interna des Informationssystems. Auf den Begriff „Transaktion“, der in der Datenbanktechnik eine spezifische Bedeutung hat, wird in Kapitel 5 näher eingegangen.

Dokumentationssystem
Dokumentation ist die Information über vorhandene Informationen. Entsprechend erlauben Dokumentationssysteme, Dokumente (oder allgemeiner Daten) mit Hilfe vorgegebener Dokumentationsbeschreibungen, meist in Form von Katalogen, aufzufinden. Solche Kataloge können Stichwortkataloge sein, die eine Sammlung von Begriffen darstellen, die aus einem Dokument extrahiert worden sind. Um den Arbeitsaufwand zu

reduzieren, wird dieser Vorgang häufig automatisiert. Dazu werden aus z.B. Titeln oder Zusammenfassungen aussagefähige Begriffe gewonnen, indem irrelevante Wörter - sogenannte Stopwörter - eliminiert werden.

Eine andere Art von Katalog ist der Schlagwortkatalog, auch *Thesaurus* genannt. Er stellt eine vorgegebene systematische Sammlung von Suchbegriffen dar. Problematisch ist dabei, daß es zu einem Begriff mehrere synonyme Begriffe geben kann, oder daß für einen Begriff mehrere Schreibweisen existieren. Aus diesem Grund werden auch künstliche Schlagwortkataloge eingesetzt, z.B. die aus Bibliotheken bekannte Dezimal-Klassifikation, die darüber hinaus den Vorteil besitzt, sprachunabhängig zu sein.

Dokumentationssysteme werden *Documentation Retrieval Systems* genannt, abgekürzt DRS.

1.5 Schichten-Architekturkonzept

Es ist eine in der Datenverarbeitung häufig anzutreffende und nützliche Methode, problemorientierte Funktionen durch ein Schichten-Konzept von der hardwarenahen Ebene zu entkoppeln. Um die in Abschnitt 1.4 genannten Ziele beim Einsatz von Datenbanksystemen zu erreichen, insbesondere die logische und physische Datenunabhängigkeit, wurden schon sehr früh Lösungsansätze vorgeschlagen, die eine Schichten-Architektur beinhalteten.

1.5.1 Das CODASYL/DBTG-Konzept

Ein erster Vorschlag zur Standardisierung von Datenbanksystemen wurde Ende der sechziger Jahre von der *Conference on Data Systems Languages/Date Base Task Group* (CODASYL/DBTG), einem internationalen Zusammenschluß bedeutender Computer-Firmen und Anwender, erarbeitet und 1971 in [CODASYL 71] vorgestellt. Er sah zunächst nur zwei Ebenen der Datenbeschreibung vor,

- Schema,
- Subschema.

Das Schema beschreibt die logische Datenstruktur einschließlich der logischen Zugriffspfade einer Datenbank insgesamt. Für die formale Beschreibung des Schemas wurde eine Datendefinitionssprache (*Data Definition Language*, DDL) spezifiziert (Schema-Beschreibungssprache).

Das Subschema beschreibt die logische Datenstruktur aus der Sicht eines Anwendungsprogrammes. Die Datenmenge, die ein Anwendungsprogramm benötigt, ist in der Regel eine Teilmenge aller Daten der Datenbank, wobei diese Daten strukturell anders zusammengestellt sein können. Natürlich muß sich das Subschema aus dem Schema ableiten lassen, es darf nicht im Widerspruch zum Schema stehen. Für die formale Beschreibung des Subschemas wurde ebenfalls eine Datendefinitionssprache spezifiziert (Subschema-Beschreibungssprache).

Für die Datenmanipulation wurde eine Datenmanipulationssprache (*Data Manipulation Language*, DML) angegeben, die COBOL (*Common Oriented Business Language*) als Wirtssprache benutzt. Auch für die Beschreibung der physischen Speicherorganisation wurde bereits eine spezielle Sprache (*Device Media Control Language*) vorgesehen, jedoch nicht spezifiziert. Sie sollte eine weitere Schicht für die Abbildung des Schemas auf die physische Speicherungsschicht beschreiben, das Speicher-Schema. Ein entsprechender Entwurf für eine *Data Storage Description Language* (DSDL) wurde aber erst 1978 vorgelegt.

Eine schematische Darstellung des CODASYL-Konzeptes für ein Datenbanksystem ist in Bild 1-2 wiedergegeben [nach CODASYL 81].

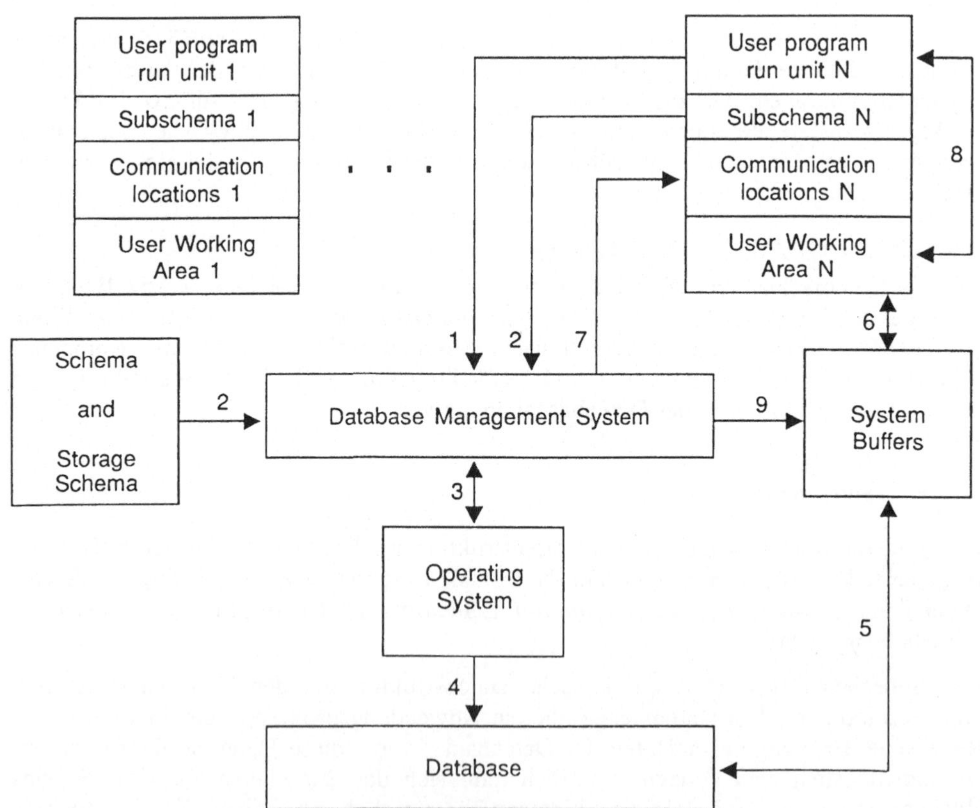

Bild 1-2 CODASYL-Konzept für Datenbanksysteme

Man erkennt oben die Anwenderprogramme (*user program run unit*) mit ihren Subschemata, den Speicherbereichen (*user working area*) und den Bereichen für Statusinformationen zur Datenkommunikation (*communication location*). Die Ziffern an den Pfeilen geben die Reihenfolge der Schritte bei der Abarbeitung eines Datenbank-Zugriffs wieder.

1. Das Programm fordert Daten vom Datenbank-Verwaltungssystem (DBVS) an.
2. Das DBVS wertet die Anforderung, das Subschema und das Schema aus.
3. Das DBVS fordert entsprechende I/O-Operationen vom Betriebssystem an.
4. Das Betriebssystem greift auf den (die) Speicher zu.
5. Es finden Datentransfers zwischen Speichern und System-Puffern statt.
6. Das DBVS transferiert die Daten entsprechend der Anforderung und dem Subschema zwischen den System-Puffern und dem Arbeitsbereich des Programms.
7. Das DBVS stellt dem Anwenderprogramm Statusinformationen zur Verfügung (z.B. Fehlermeldungen).
8. Das Anwenderprogramm verarbeitet die Daten.
9. Das DBVS verwaltet die System-Puffer für die verschiedenen Anwenderprogramme.

Auf weitere Einzelheiten des CODASYL-Konzeptes wird bei der Besprechung des Netzwerkmodells in Abschnitt 3.2 eingegangen.

1.5.2 Das ANSI/X3/SPARC-Konzept

Eine Arbeitsgruppe des *American National Standards Institute* (ANSI), die ANSI/X3/SPARC (*ANS Committee on Computers/Standards Planing and Requirement Committee*), entwickelte ebenfalls ein Datenbanksystem-Konzept, das von vornherein drei Schemata und damit drei Schichten vorsah:

- Externes Schema,
- konzeptionelles Schema,
- internes Schema.

Das externe Schema entspricht dem Subschema des CODASYL-Konzeptes, es beschreibt also die logische Datenstruktur aus der Sicht eines Anwendungsprogrammes. Das konzeptionelle Schema (man findet auch den Ausdruck „konzeptuelles Schema“) entspricht dem, was die CODASYL einfach Schema nennt. Es beschreibt die gesamte Datenstruktur einer Datenbank. Aus ihm müssen sich die externen Schemata herleiten lassen. Einbezogen sind Probleme der Datenintegrität und der Redundanzreduktion. Das interne Schema beschreibt die physische Organisation der Daten einschließlich der Zugriffspfade. Bild 1-3 stellt dieses Konzept schematisch dar.

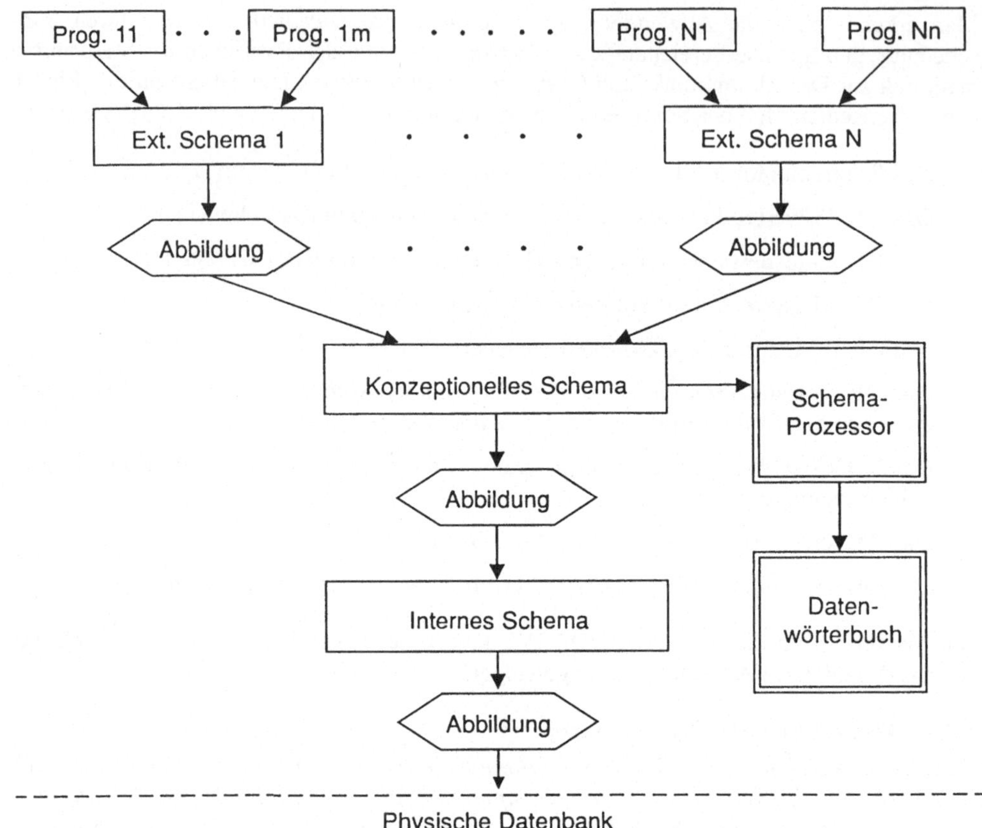

Bild 1-3 Konzept eines Datenbanksystems nach ANSI/X3/SPARC

Das konzeptionelle Schema wird vom *Schemaprozessor* verarbeitet. Dieser legt ein *Datenwörterbuch* (Datenbankkatalog, auch Datenkatalog; *Data Dictionary*, DD) an. Es enthält unter anderem die konzeptionellen Schemata der Datenbanken, Daten über Abbildungen und Zugriffsrechte und Statistiken über Datenzugriffe. Im Datenwörterbuch werden also datenbankinterne Informationen gespeichert, die sowohl als Entwurfshilfe und zur Pflege und zum Ausbau der Datenbank als auch zur Dokumentation dienen. Das Datenwörterbuch stellt somit ein Datenbanksystem in einem Datenbanksystem dar, es wird daher auch als *Metadatenbank* bezeichnet.

In einem Unternehmen müssen für die Pflege der drei Ebenen verantwortliche Instanzen geschaffen werden. Der Vorschlag von ANSI/SPARC sieht dafür einen Anwendungs-Administrator (*application administrator*) auf der externen Ebene vor, der den Anwender bei der formalen Beschreibung seiner Sicht unterstützt, einen Unternehmens-Administrator (*enterprise administrator*) auf der konzeptionellen Ebene für die Pflege des Datenbestandes aus logischer Gesamtsicht, der auch für Probleme des Datenschutzes (Vergabe von Zugriffsrechten) und der Datenintegrität zuständig ist, und den Datenbank-Administrator (*database administrator*) auf der internen Ebene der physischen Datenorganisation.

Von ANSI/SPARC sind keine weiteren detaillierten Ausführungen (z.B. Schemabeschreibungssprache) zu diesem Konzept vorgelegt worden. Das 3-Schemata-Konzept hat sich aber als Entwurfskonzept und in der Terminologie zu Datenbanksystemen weitgehend durchgesetzt.

Ein weiteres bekanntes Konzept sei hier nur noch abschließend erwähnt, das DIAM (*Data Independend Accessing Model*) von [Senko 73], das vier Ebenen vorsah.

1.6 Datenbanksprachen

In diesem Abschnitt soll es (noch) nicht um eine konkrete Datenbanksprache gehen, sondern um eine Systematisierung der verschiedenen Aspekte, die eine Datenbanksprache abdecken sollte. Die Vorstellungen, die hierzu im CODASYL-Konzept entwickelt wurden, werden hier aufgegriffen und erweitert. Man kann folgende Arten von Datenbanksprachen bzw. Aspekte in einer integrierten Datenbanksprache unterscheiden:

Datendefinitionssprachen (*Data Definition Language*, DDL)

Datendefinitionssprachen dienen zur formalen Beschreibung des konzeptionellen Schemas, also des gesamten Datenbestandes einer Datenbank, und des externen Schemas, also der Daten aus der Sicht einer Anwendung. Dies beinhaltet zum einen die Beschreibung der Datenobjekte und ihrer Beziehungen zueinander, aber auch Aspekte der Datenintegrität und der logischen Zugriffspfade zu den Daten.

Datenmanipulationssprachen (*Data Manipulation Language*, DML)

Datenmanipulationssprachen ermöglichen die Formulierung von Operationen auf Daten. Dies sind insbesondere die Grundoperationen, nämlich das Aufsuchen, Einfügen, Ändern und Löschen von Daten. Dabei kommt in Datenbanken naturgemäß der Suche nach Daten eine besondere Bedeutung zu. Bezogen auf diesen Teilaspekt spricht man auch von einer *Abfragesprache* (*Data Query Language*, DQL).

In Bezug auf den Datenzugriff unterscheidet man prozedurale und deskriptive Sprachen. In prozeduralen Sprachen ist die Zugriffsbeschreibung vorgehens- (ablauf-) orientiert. Es wird angegeben, *wie* die Daten zu beschaffen sind. In deskriptiven Sprachen geschieht die Zugriffsbeschreibung durch die gesamtheitliche Beschreibung der gewünschten Daten. Es wird angegeben, *welche* Daten zu beschaffen sind, z.B. „Alle Bücher zum Thema Datenbanken, die nach 1991 erschienen sind“.

In Bezug auf die Abfragemöglichkeiten kann man zwischen Systemen mit freien Fragen, die mit Hilfe entsprechender Sprachkonstrukte formuliert werden können, und Systemen mit vorgegebenen (vorprogrammierten) Fragen (z.B. „Kontostand des Kunden mit der Kontennummer nnnnn?“ in einem Banken-Buchungssystem) unterscheiden.

Speicherbeschreibungssprachen (*Data Storage Description Language*, DSDL)

Sie dienen zur Beschreibung der Abbildung des konzeptionellen Schemas auf das interne Schema und damit der physischen Datenunabhängigkeit. Meist wird das konzeptionelle Schema jedoch unmittelbar auf ein betriebssystem-konformes Dateisystem abgebildet, so daß keine speziellen DSDL-Sprachkonstrukte verwendet werden.

Daten-Kontrollsprache (*Data Control Language*, DCL)

Mit Hilfe der Daten-Kontrollsprache lassen sich Aspekte der Datenintegrität einer Anwendung formulieren. Darunter fällt die Zuteilung von Zugriffsrechten, insbesondere aber alle Anweisungen, die den koordinierten Zugriff mehrerer Anwender auf eine Datenbank steuern (Synchronisation von Transaktionen, siehe Kapitel 5).

Datenbanksprachen können als selbständige Sprache realisiert sein, oder in Form zusätzlicher Anweisungen oder Prozeduren in eine Programmiersprache, der sogenannten *Wirtssprache* (*host language*), eingebettet (*embedded*) sein.

Es soll noch einmal betont werden, daß die beschriebenen Sprachen in einem Datenbanksystem meist nicht getrennt vorhanden sind, sondern mehr oder weniger in einer Sprache integriert vorliegen. So enthält z.B. die weit verbreitete und international standardisierte Datenbanksprache SQL (*Structured Query Language*) für relationale Datenbanksysteme entgegen ihrer Namensgebung die Aspekte einer DDL, DML, QL und DCL.

1.7 Aufgaben

A 1.1

Erläutern Sie die Begriffe Datenunabhängigkeit und Datenintegrität. Welche Aspekte sind hinsichtlich der Datenintegrität zu unterscheiden?

A 1.2

Nennen Sie die grundlegenden Prinzipien, auf denen das Datenbank-Konzept beruht. Stellen Sie ein Datenbanksystem schematisch dar und erläutern Sie die zugehörigen Begriffe.

A 1.3

Erläutern Sie das 3-Schemata-Konzept für Datenbanksysteme nach ANSI/SPARC. Welche Schemeta unterscheidet man und was beschreiben sie?

A 1.4

Was ist ein Schemaprozessor und was versteht man unter einem Datenwörterbuch (Datenbankkatalog; *data dictionary*)?

A 1.5

Welche Schemata werden nach dem CODASYL-Standard unterschieden? Ordnen Sie diese den Schemata nach ANSI/SPARC zu.

A 1.6

Beschreiben Sie das Zusammenwirken von Anwenderprogramm, Datenbanksystem und Betriebssystem beim Zugriff auf ein Datenobjekt in einem Datenbanksystem nach dem CODASYL-Standard (Skizze).

A 1.7

Welche Arten von Datenbanksprachen unterscheidet man hinsichtlich ihrer Funktion? Welcher Ebene des 3-Schemata-Konzeptes sind sie eventuell zuzuordnen? Was versteht man unter einer „prozeduralen“ und einer „deskriptiven“ Sprache?

2 Entwurf von Datenbank-Anwendungen

Der Entwurf einer Datenbank-Anwendung folgt in seinem prinzipiellen Ansatz und Ablauf dem einer jeden Anwendungsprogrammierung. Für eine konkrete Anwendung muß zunächst aus dem real existierenden Gesamtsystem („reale Welt") ein der Anwendung entsprechender, vereinfachter und diskretisierter Ausschnitt („Miniwelt") abgegrenzt werden, der den interessierenden Teilaspekt einer Anwendung umfaßt. Dieser Ausschnitt ist dann in eine formalisierte Darstellung, *Modell* genannt, zu bringen. Naturgemäß steht bei Datenbank-Anwendungen die Beschreibung der Datenobjekte und ihrer Beziehungen und Abhängigkeiten untereinander im Vordergrund. Von großer Wichtigkeit sind aber auch Fragen des Datenschutzes, der Datenkonsistenz und der Datensicherheit.

In der Phase der *Problemanalyse* sind alle Anforderungen einer Datenbank-Anwendung zu erfassen. Es muß festgestellt werden, welche Daten zu speichern sind, wie sie gepflegt werden sollen und welche Auswertungen vorgenommen werden sollen. Zur Unterstützung der Datenkonsistenz sind *Integritätsbedingungen* (*integrity constraints*) zu formulieren, d.h. Wertebereiche und Abhängigkeiten der Daten zu bestimmen. Auch die Verantwortlichkeiten für die korrekte Eingabe und Pflege der Daten und die damit verbundenen Zugriffsrechte auf die Daten sind festzulegen. Die Zugriffsrechte sind auch im Sinne des Datenschutzes zuzuordnen.

Es folgt der *konzeptionelle Entwurf*. Die in der Problemanalyse erfaßten Anforderungen werden in ein konzeptionelles Schema und in die verschiedenen externen Schemata der Anwendungs-Programme umgesetzt. Es empfiehlt sich, die Beschreibung dieser Schemata in einer von deren Implementierung unabhängigen Form vorzunehmen. Die zur formalen Beschreibung der Daten auf *logischer* Ebene zur Verfügung stehenden Datenstrukturen bezeichnet man zusammenfassend als *Datenmodell*. Ein in der Datenbanktechnik (und darüber hinaus im allgemeinen Software Engineering) bekanntes und hierzu häufig verwendetes Datenmodell ist das Entity-Relationship-Modell, auf das im folgenden näher eingegangen wird.

Verschiedene Datenbank-Verwaltungssysteme stellen ihrerseits unterschiedliche Datenmodelle zur Verfügung, so daß unter Umständen zwischen den Modellierungsmöglichkeiten beim konzeptionellen Entwurf und denen in einem konkreten Datenbanksystem Unterschiede bestehen. Neben dem konzeptionellen Schema ist daher das *logische Schema* zu entwerfen, das die implementierungsabhängige Variante des konzeptionellen Schemas darstellt.

Daran schließt sich die *Implementierung* der Datenbankanwendung mit Hilfe der Datenbanksprache und ausgewählter Programmiersprachen (als Wirtssprachen) und Entwicklungstools an. Da Datenbanksysteme alle Grundfunktionen zum Einrichten von Datenbeständen, der Eingabe, Pflege und Abfrage von Daten anbieten, können die wesentlichen Funktionen einer Anwendung schnell implementiert werden. Mit Hilfe der *Entwicklungstools* (Programmgeneratoren für Masken, Berichte, grafische Darstellungen) läßt sich auch die Bedienungsoberfläche und deren Funktionen rasch entwickeln, so daß der Entwurf in einer frühen Entwicklungsphase überprüft und gegebenenfalls korrigiert werden kann. Diese als *Prototyping* bezeichnete Entwicklungsmethode führt jedoch häufig zu Realisierungen, die für die endgültige Lösung tiefgreifend zu überarbeiten sind.

Nach dem *Test* und der *Inbetriebnahme* werden sich im Laufe einer längeren Betriebsphase Fehler und zusätzliche Anforderungen ergeben, die eine *Wartung* und *Überarbeitung* der Datenbank-Anwendung erforderlich machen. Strukturelle Änderungen während der Betriebsphase sollten daher von einem Datenbank-Verwaltungssystem ermöglicht werden.

Die *Dokumentation* einer Datenbank-Anwendung ergibt sich zum größten Teil aus den formalisierten Beschreibungen der Entwurfsschritte, wie sie in den folgenden Abschnitten dargestellt werden. Eine Ausnahme bildet die Dokumentation der Problemanalyse, für die es keine generelle Darstellungsform gibt, so daß diese weitgehend verbal abzufassen ist.

Es sei an dieser Stelle neben den Ausführungen in den folgenden Abschnitten auf weitere Überlegungen zum Datenbank-Entwurf, insbesondere mit Hilfe des relationalen Modells, in den Abschnitten 3.3.3 (Normalformen) und 3.3.4 (Globale Entwurfskonzepte) verwiesen.

2.1 Objekte, Objekttypen, Schlüssel

Grundlage der folgenden Ausführungen ist das **Entity Relationship Model (ERM)** nach P.P.S. Chen [Chen 76]. Zugleich werden Bezeichnungen aus anderen Ansätzen der Datenmodellierung berücksichtigt (z.B. CODASYL, Relationen-Modell).

Elemente der realen Welt oder der Vorstellungswelt (d.h. Dinge bzw. Begriffe) werden *Objekte* (*entities*) genannt.

Beispiel

Eine bestimmte Person	(Müller),
eine bestimmte Stadt	(Berlin),
eine bestimmte Firma	(COMPU GmbH).

Andere Bezeichnungen für „Objekt" sind: Entität, Exemplar, Vorkommen, Ausprägung (*occurence, instance*).

Den Objekten lassen sich bestimmte Merkmale, *Attribute* (*attributes*) zuordnen. Objekte mit gleichen Attributen lassen eine Klassifikation in *Objekttypen* (*entity sets*) zu.

Beispiel Objekttyp : Student
Attribute : Name, Matr.Nr., Adresse, Studiengang

Andere Bezeichnungen für „Objekttyp" sind: Entitätsmenge, Objektart, Entity-Typ. Objekttypen werden als *zeitinvariant* angenommen (d.h. die zugeordneten Attribute ändern sich nicht).

Jedes Attribut kann bestimmte Attributwerte (*values*) aus einem Wertebereich (*domain*) annehmen.

Beispiel Objekt des Objekttyps „Student":

Name: Müller, Otto
Matr.Nr.: 58634
usw.

Die Definition von Objekttypen und ihren Attributen ist natürlich stark davon geprägt, welche Aspekte für eine Anwendung relevant sind. Ein besonderes Problem ist dabei die *Überlappung* von Objekttypen, die dann vorliegt, wenn ein Objekt verschiedenen Objekttypen zuzuordnen ist.

Beispiel An einer Hochschule können Doktoranden gleichzeitig auch Studenten und auch Mitarbeiter sein.

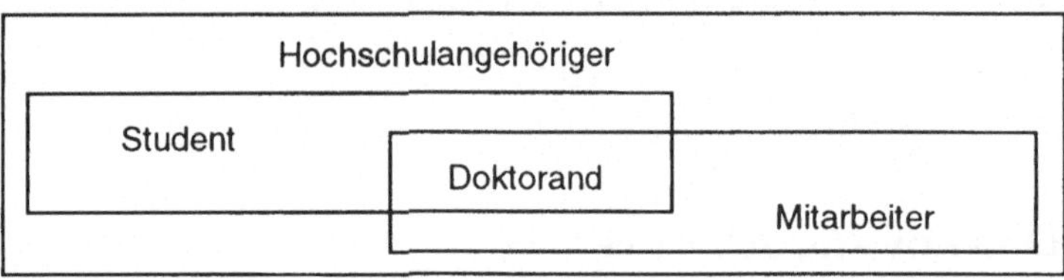

Die Lösung des Problems ist, einen übergeordneten Objekttyp zu definieren, hier „Hochschulangehöriger", dem die allen untergeordneten Objekttypen gemeinsamen Attribute (z.B. Name, Adresse, usw.) zugeordnet werden. Den untergeordneten Objekttypen werden nur die sie speziell kennzeichnenden Attribute zugeordnet (z.B. Studiengang des Studenten, usw.).

Es muß darauf hingewiesen werden, daß die Unterscheidung von Objekttyp (Menge) und Objekt (Element) sprachlich nicht immer exakt eingehalten wird. Häufig wird von einem Objekt gesprochen (bzw. geschrieben), wenn ein Objekttyp gemeint ist. Dies geht jedoch im allgemeinen aus dem Kontext hervor.

Um ein oder mehrere Objekte aus einer Menge von Objekten herausgreifen zu können, kann man sich ihrer Attributwerte bedienen. Dies kann der Wert eines einzelnen Attributes sein oder es können die Werte einer bestimmten Kombination von Attributen sein. Zum Beispiel könnte man aus einer Menge von Personen die herausgreifen, die den Namen „Müller" tragen und deren Geburtsjahr „1970" ist. Wir definieren in diesem Zusammenhang folgende Begriffe:

Identifizierende Attributkombination (auch *„superkey"*)

Kombination von Attributen, deren Werte zusammengenommen ein Objekt *eindeutig* identifizieren.

Schlüsselkandidat oder Schlüssel (*candidate key; key*)

Eine *minimale* identifizierende Attributkombination.

(Minimal in dem Sinne, daß kein Attribut weggelassen werden kann, ohne daß die Eigenschaft, identifizierend zu wirken, verloren geht).

Primärschlüssel (*primary key*)

Zur eindeutigen Identifikation von Objekten *festgelegter* Schlüsselkandidat.

Sekundärschlüssel (*secondary key*)

Jede beliebige Attributkombination.

Zweck ist das Auffinden von Objekten mit vorgegebenen Attributwerten (i.a. qualifizieren sich *mehrere* Objekte).

Beispiel

Der Objekttyp „Student" sei durch seine Matrikelnummer, seinen Namen und Vornamen, Geburtsort, sein Geburtsdatum, seine Adresse, Studienrichtung usw. beschrieben.

Die Attributkombination (Name, Vorname, Geburtsort, Geburtsdatum) stellt eine identifizierende Attributkombination dar. Sie ist zugleich ein Schlüsselkandidat, weil sie minimal ist. Die eindeutig vergebene Matrikelnummer ist ebenfalls ein Schlüsselkandidat. Sie wird aus naheliegenden Gründen als Primärschlüssel ausgewählt.

Die Studienrichtung stellt einen Sekundärschlüssel dar.

ANMERKUNG:

Häufig wird ungenau von einem „Schlüssel" gesprochen, wenn eigentlich der *Wert* des Schlüssels (Attributkombination) gemeint ist, dies geht jedoch meist aus dem Kontext hervor.

Zur vereinfachten Angabe eines Objektes genügt die bloße Angabe seines Primärschlüssels (Student mit der Matrikelnummer nnnn).

Die Beschreibung eines Objekttyps erfolgt meist in der Form, daß der Name des Objekttyps und dahinter in Klammern die Liste der Attribute angegeben wird. Die Attribute, die zum Primärschlüssel gehören, werden unterstrichen.

Beispiel

Objekttyp Student:

Student(<u>Matr.Nr.</u>, Name, Vorname, Adresse, Fachbereich, ...)

2.2 Beziehungen und ihre Darstellung

Die Objekttypen einer Anwendung stehen i.a. in einer *Beziehung* (*relationship, assoziation*) zueinander.

Beispiel

Studenten	belegen	**Vorlesungen**
⇧	⇧	⇧
Objekttyp	Beziehung	Objekttyp

Die im obigen Beispiel dargestellte Beziehung ist eine 2-stellige Beziehung zwischen den beiden Objekttypen „Studenten" und „Vorlesungen". An einer Beziehung können aber auch mehr als zwei Objekttypen beteiligt sein. Man spricht allgemein von k-stelligen Beziehungen.

Beispiel

3-stellige Beziehung:

Studenten hören **Vorlesungen** bei bestimmten **Professoren**

Ein Objekttyp kann auch mit sich selbst in Beziehung stehen.

Beispiel

2-stellige Beziehung über dem Objekttyp „Studenten":

Studenten sind Tutoren von **Studenten**

Einer Beziehung können Attribute zugeordnet sein.

Beispiel

Studenten sind Tutoren von **Studenten**

⇧

mit n Stunden/Woche

ANMERKUNGEN:

1. Die Unterscheidung von Beziehungen und Objekttypen ist oft willkürlich.

Beispiel

Die Beziehung „sind Tutoren von" kann auch als Objekttyp „Tutoren" mit dem Attribut „Arbeitszeit in Stunden/Woche" angesehen werden:

Studenten sind **Tutoren** von **Studenten**

2. Die Unterscheidung von Attributen und Objekttypen ist oft willkürlich.

Beispiel

Termine einer Vorlesung können als Attribute des Objekttyps „Vorlesungen" oder als eigener Objekttyp „Termine" aufgefaßt werden. Im letzteren Falle erhält man:

Vorlesungen finden statt **Termine**

Für die Beschreibung von Beziehungen interessiert nun nicht allein, daß und in welcher Beziehung im semantischen Sinne die Objekttypen zueinander stehen. Es ist auch von Interesse, wie die Struktur dieser Beziehungen aussieht. Auch zur Unterstützung der Datenkonsistenz ist es wichtig festzuhalten, wieviele Objekte eines Datenobjekttyps mit wievielen Datenobjekten eines anderen Typs in Beziehung stehen dürfen. Wenn man z.B. die Beziehung „leiblicher Vater – Sohn" über dem Objekttyp „Person" darstellen möchte, so ist es offensichtlich, daß jeder Sohn nur einen leiblichen Vater haben kann. Um Angaben dieser Art machen zu können, definieren wir die Komplexität von Beziehungen:

Komplexität von Beziehungen

Angabe über die Anzahl der Objekte, mit denen ein Objekt eines Objekttyps in einer Beziehung zu Objekten eines anderen Objekttyps stehen darf.

Derartige Angaben können natürlich mehr oder weniger genau gemacht werden. Eine zu genaue Beschreibung, etwa durch den Versuch, exakte Zahlen anzugeben, könnte eine unnötige Festlegung darstellen und für das Problem der strukturellen Darstellung von Beziehungen irrelevant sein. Zwei Darstellungsarten sind üblich und haben sich in praktischen Anwendungen bewährt. Die eine stellt eine etwas grobere Unterteilung der Beziehungen in einfache und komplexe Beziehungen dar, die andere eine etwas feinere Unterteilung mit der Angabe von sogenannten Komplexitätsgraden.

Grobe Unterteilung in einfache und komplexe Beziehungen

Betrachtet werden zwei Objekttypen E_1 und E_2.

Einfache Beziehung:

Jedes Objekt von E_1 steht mit *genau einem* Objekt von E_2 in Beziehung.

Student gehört an **Fachbereich**

Dieser Sachverhalt wird im **Bachmann-Diagramm** [Bachmann 69] graphisch durch *einen* Pfeil dargestellt, die Namen der Objekttypen werden in Rechtecke gesetzt:

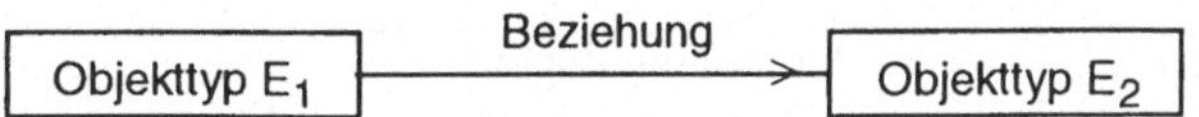

Komplexe Beziehung:

Jedes Objekt von E_1 steht mit beliebig vielen Objekten von E_2 in Beziehung.

Studenten hören **Vorlesungen**

Im Bachmann-Diagramm wird dies durch einen Doppel-Pfeil dargestellt:

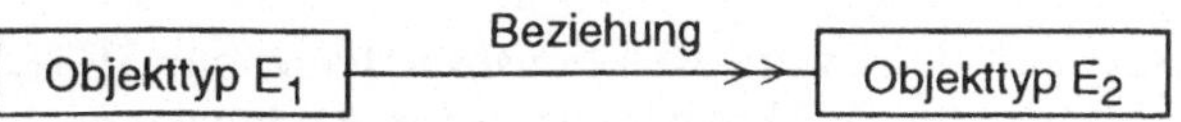

Nimmt man die zu einer Beziehung *inverse* Beziehung hinzu, so erhält man vier Beziehungsarten:

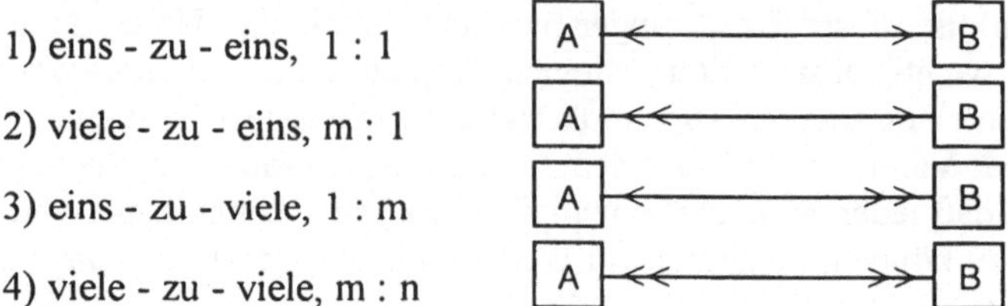

Ein in der Literatur verbreitetes Beispiel zur Verdeutlichung dieses Sachverhaltes ist das Beispiel der Eheformen.

Beispiel Eheformen

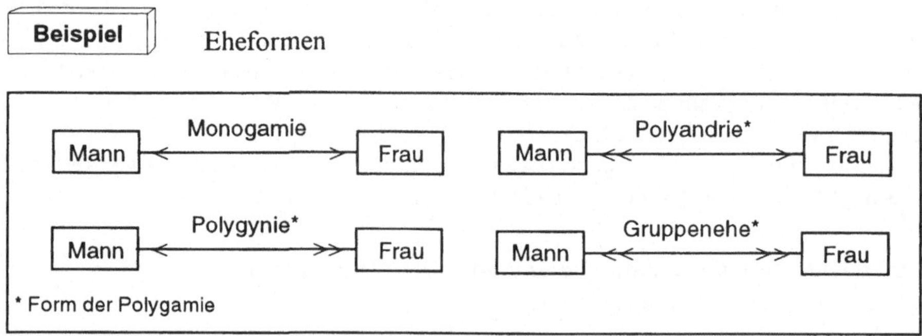

Feinere Unterteilung der Beziehungen

Eine feinere Unterteilung unterscheidet vier Beziehungstypen und charakterisiert sie durch die Angabe von *Komplexitätsgraden* (Tabelle 2-1).

Tabelle 2-1 Beziehungstypen und Komplexitätsgrade

Anzahl der zugeordneten Objekte in E_2	Komplexitätsgrad (Beziehungstyp)
genau 1	1 (einfache Beziehg.)
0 oder 1	c (konditionelle ~)
mindestens 1	m (multiple ~)
0, 1 oder mehrere	mc (multipel-konditionelle ~)

Als graphische Darstellung bietet sich das **Entity-Relationship-Diagramm** (ERD) nach CHEN an, siehe Bild 2-1. Die Namen der Objekttypen werden in Rechtecke gesetzt, die Namen der Beziehungen in Rauten, Attributnamen in Ellipsen. Aus Übersichtlichkeitsgründen werden jedoch meist die Attribute von Objekttypen nicht dargestellt (und dafür im Kontext getrennt angegeben, Form siehe Ende des Abschnitts 2.1), sondern nur die von Beziehungen.

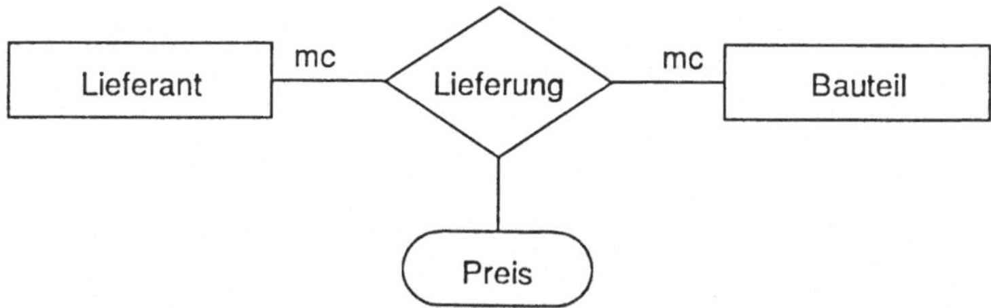

Bild 2-1 Elemente eines Entity-Relationship-Diagramms

Für die Angabe der Komplexitätsgrade an den Kanten des Graphen gibt es keine einheitliche Anordnung. Bei ausschließlich 2-stelligen Beziehungen folgt man meist dem Vorschlag von CHEN. Die Anordnung entspricht dann im Prinzip der im Bachmann-Diagramm, d.h. der Komplexitätsgrad wird auf der Kante angegeben, die auf den Objekttyp E_2 weist (siehe Bild 2-2).

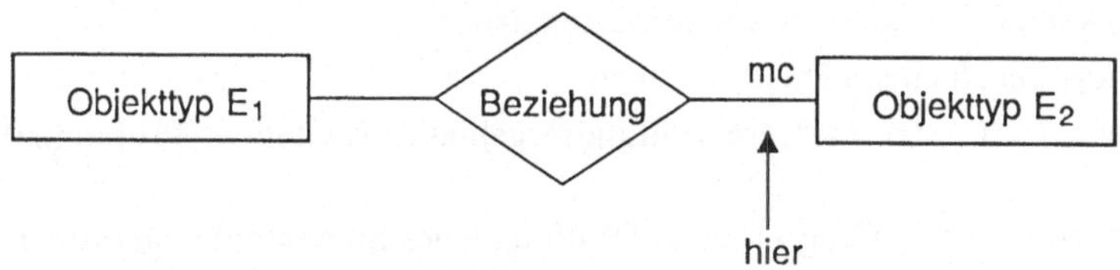

Bild 2-2 Übliche Anordnung des Komplexitätsgrades (nach CHEN)

Bei k-stelligen Beziehungen führt diese Anordnung aber zu Schwierigkeiten, weil mehrere Angaben notwendig wären und nicht klar ersichtlich wäre, auf welchen der Objekttypen E_{1i} (i=1...k-1) sich die jeweilige Angabe bezieht. In [Schlageter 83] wird daher eine andere Anordnung vorgeschlagen, nämlich den Komplexitätsgrad von E_{1i} auf der Kante anzugeben, die von E_{1i} ausgeht, und dabei nur den höchsten Komplexitätsgrad (1 ... mc) zu berücksichtigen. Ein Beispiel für eine einfache Verwaltung von studentischen Daten mit dieser Notation zeigt Bild 2-3.

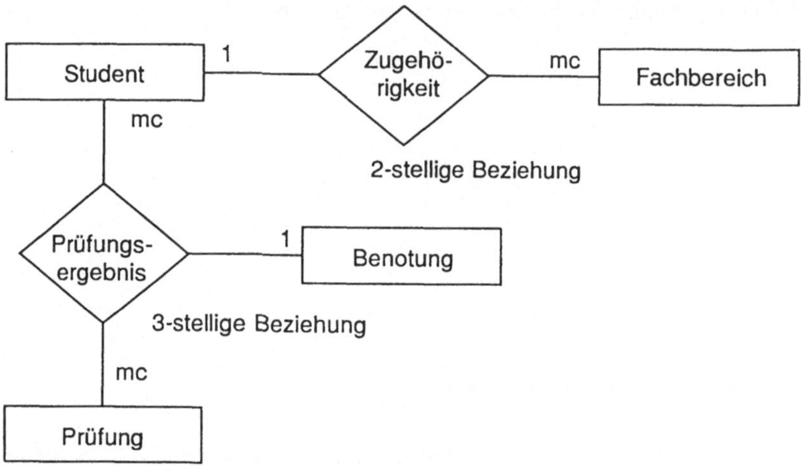

Bild 2-3 Studentenverwaltung (vereinfacht)
Anordnung der Komplexitätsgrade nach Schlageter

Die verbale Beschreibung von Bild 2-3 lautet:

- Ein Fachbereich kann 0, 1 oder mehrere Studenten haben.
- Ein Student gehört genau einem Fachbereich an.
- Ein Student kann 0, 1 oder mehrere Prüfungsergebnisse (Noten in Prüfungen) haben.
- Eine Note ist genau einem Prüfungsergebnis (Prüfung eines Studenten) zugeordnet.
- Eine Prüfung kann 0, 1 oder mehrere Prüfungsergebnisse (Noten von Studenten) haben.

Beschreibung der **Objekttypen**:

```
FACHBEREICH(FBNR, FBNAME, DEKAN)
STUDENT(MATRNR, NAME, GEB, ADR, FBNR)
PRÜFUNG(PNR, FACH, PRÜFER)
BENOTUNG(PNR, MATRNR, NOTE)
```

In diesem Buch wird die Darstellung nach CHEN gewählt, weil fast ausschließlich 2-stellige Beziehungen auftreten. Das folgende Beispiel einer einfachen Verwaltung studentischer Daten in Bild 2-4 ist gegenüber dem Beispiel in Bild 2-3 entsprechend abgeändert worden.

Es ist zu beachten, daß auch die Namen der Beziehungen zum Teil geändert worden sind, weil sich mit der Umstrukturierung auch ihre Bedeutung geändert hat.

Den Abschluß dieser Ausführungen zum Thema Beziehungen von Objekttypen soll die Betrachtung einer speziellen Beziehung bilden, die uns in den folgenden Kapiteln wieder begegnen wird, die hierarchische Beziehung.

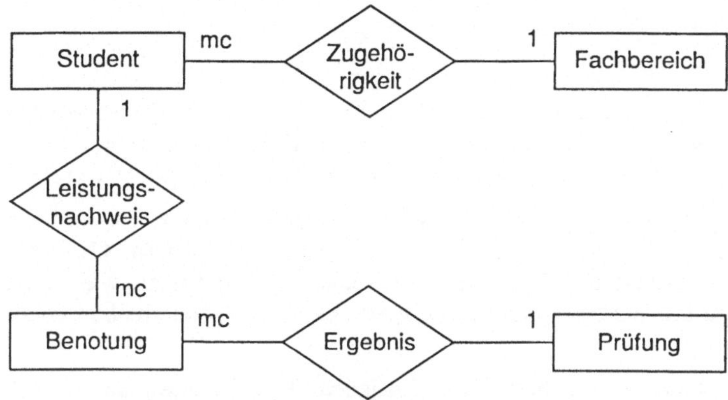

Bild 2-4 Studenten-Verwaltung (vereinfacht)
Anordnung der Komplexitätsgrade nach CHEN

Hierarchische Beziehung

Eine hierarchische Beziehung ist eine 2-stellige Beziehung, in der einer der beiden Komplexitätsgrade gleich 1 ist.

Ein Beispiel für eine derartige Beziehung zeigt Bild 2-5. Die entscheidende Konsequenz der obigen Definition ist, bezogen auf das Beispiel, daß die Diplomarbeit von genau einem Professor betreut werden *muß*, d.h. sie ist abhängig von der Existenz eines Betreuers.

Entsprechendes gilt generell in jeder hierarchischen Beziehung.

Bild 2-5 Beispiel einer hierarchischen Beziehung; (Darstellung auf Typ-Ebene)

Das folgende Bild 2-6 stellt das gleiche Beispiel auf der Ebene der Objekte dar (p_i für die Professoren, d_{ij} für die Diplomanden).

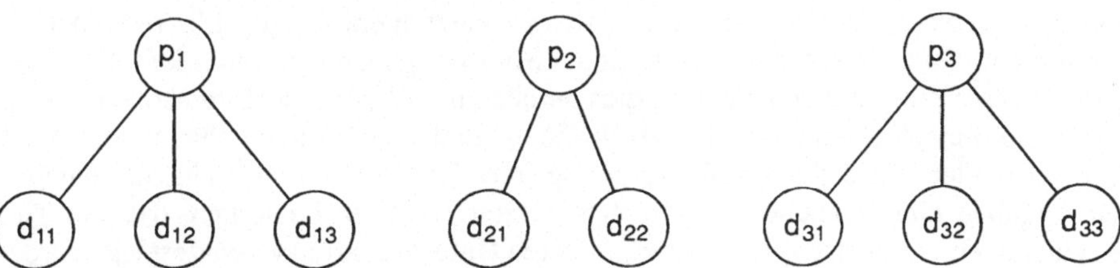

Bild 2-6 Beispiel einer hierarchischen Beziehung
(Darstellung auf Objekt-Ebene)

2.3 Entwurfsbeispiel

Die bisherigen Ausführungen zum Entwurf einer Datenbank-Anwendung, insbesondere zur Modellierung von Objekttypen und deren Beziehungen und Abhängigkeiten untereinander (d.h. des konzeptionellen Schemas), sollen an einem Beispiel verdeutlicht werden.

Wir stellen uns die Aufgabe, das konzeptionelle Schema einer Datenbank zur Archivierung von Tonaufnahmen auf verschiedenen Tonträgern (z.B. Schallplatten, Cassetten, Compact Disk usw.) zu entwerfen. Die Aufgabe ist keineswegs so trivial, wie sie bei flüchtiger Betrachtung zu sein scheint. Man könnte versucht sein, folgendermaßen vorzugehen:

Auf einem Tonträger befinden sich mehrere Titel. Zu jedem Titel möchte man vielleicht den Komponisten, das Orchester (oder Gruppe, Band oder ähnliches), den Dirigenten, die Solisten (Interpreten), die Art der Instrumentierung (z.B. Orchester, Quartett, Jazzband, evtl. auch mit Soloinstrumenten), die Musiksparte (z.B. Klassik, Chanson, Jazz, Oper, Pop usw.) und den Hersteller speichern.

Bei der Beschränkung auf genau einen Objekttyp „Stück" (auf einem Tonträger) müßte ein Tonträger durch eine Anzahl von Objekten vom Typ „Stück" beschrieben werden. Die Zugehörigkeit dieser Objekte (Stücke) zu einem bestimmten Tonträger könnte durch weitere Angaben (Attribute), die z.B. den Tonträger und eine fortlaufende Nummer beinhalten, dargestellt werden. Man erhält dann folgenden Objekttyp:

Stück = (<u>Tonträger</u>, <u>Nummer</u>, <u>Titel</u>, Komponist, Orchester,
Dirigent, Solisten, Instrumentierung, Sparte,
Hersteller).

Viele (sogenannte) Datenbanksysteme lassen zu einem Zeitpunkt nur die Bearbeitung einer Datei ohne Beziehung zu anderen Dateien zu. Sie sind also eigentlich nur einfache Datei-Verwaltungssysteme, die die Möglichkeit bieten, den Satzaufbau der Datei zu definieren, die Datei anzulegen, Datensätze einzugeben, zu ändern, nach bestimmten Merkmalen (Primär- bzw. Sekundärschlüsseln) auszusuchen und zu löschen. Das obige Konzept eines einzigen Objekttyps „Stück" stellt eine mögliche Lösung unseres Problems beim Einsatz solcher einfachen Datei-Verwaltungssysteme dar.

Die Lösung ist aber keineswegs zufriedenstellend. Eigentlich liegen ihr ja schon zwei Objekttypen zugrunde: „Tonträger" und „Titel". Auf einem Tonträger können mehrere Titel gespeichert sein. Umgekehrt kann sich ein Titel auf mehreren Tonträgern befinden. In diesem Falle führt die Speicherung des Titels mitsamt den weiteren Attributen wie Komponist, Orchester, Dirigent, Solisten usw. zu einer mehrfachen, d.h. redundanten, Speicherung von Daten. Ferner ist das Attribut „Solisten" genau betrachtet kein einzelnes Attribut (die Mehrzahl im Namen deutet dies bereits an). Wieviele Solisten sollen gespeichert werden können? Sieht man eine zu große Anzahl vor, wird im allgemeinen Speicherplatz vergeudet. Wird die Anzahl zu gering gewählt, läuft man Gefahr, die entsprechenden Angaben nicht speichern zu können. Weiterhin ist zu bemerken, daß ein Titel von verschiedenen Orchestern, Dirigenten, Solisten (Interpreten) usw. eingespielt worden sein kann. Eigentlich sind also nicht Titel auf Tonträgern abgelegt, sondern Aufnahmestücke.

Eine genauere Analyse des Problems ergibt, daß der Sachverhalt sich folgendermaßen hinreichend genau darstellen läßt (Miniwelt!):

Es sollen einzelne *Tonträger* (Schallplatten, Cassetten, Compact Disks usw.) erfaßt werden. Jeder Tonträger kann Aufnahmestücke bestimmter Spielzeit aus verschiedenen Aufnahmen enthalten. Umgekehrt kann ein Aufnahmestück auf verschiedenen Tonträgern aufgezeichnet sein.

Eine Aufnahme ist u.a. charakterisiert durch den Aufnahmeort, das Aufnahmedatum usw. Bei einer Aufnahme werden im allgemeinen mehrere Aufnahmestücke produziert.

Jedes Aufnahmestück hat einen Titel, umgekehrt kann ein Titel in mehreren Aufnahmestücken vorkommen. Ein Titel ist durch die Titelbezeichnung, den Komponisten, den Texter und die Sparte gekennzeichnet.

Jedem Aufnahmestück lassen sich ferner Solisten (und deren Instrument) zuordnen.

Jedes Aufnahmestück kann in Teilstücke aufgeteilt sein, die durch eine Bezeichnung und die Spielzeit gekennzeichnet sind.

Insgesamt sollen folgende Einzelangaben erfaßt werden:

Tonträger:

TTNR	laufende Nummer des Tonträgers,
TTART	Tonträger-Art (Cassette, CD, LP usw.),
BEZ	Bezeichnung (Gesamttitel des Tonträgers),
HST	Hersteller,
HSTDAT	Herstellungs-Datum,
BESDAT	Beschaffungs-Datum,
GSPZ	Gesamt-Spielzeit,

Aufnahme:

AUFNR	Aufnahmenummer,
KLGK	Klangkörper (Orchester, Band usw.),
DIRI	Dirigent,
AUFORT	Aufnahmeort,
AUFDAT	Aufnahmedatum,

Aufnahmestück:

ASNR	Aufnahmestück-Nummer,
ASSPZ	Spielzeit des Aufnahmestückes,

Titel:

TNR	Titelnummer,
TBEZ	Titelbezeichnung,
KOMPON	Komponist,
TEXTER	Texter,
SPARTE	Sparte (Pop, Jazz, Klassik usw.),

Aufnahme-Teilstück:

ASNR	Aufnahmestück-Nummer
TSNR	Teilstück-Nummer (relativ zum Aufnahmestück!),
TSBEZ	Teilstück-Bezeichnung,
TSSPZ	Teilstück-Spielzeit.

Das BACHMANN-Diagramm des konzeptionellen Schemas dieser Datenbank ist in Bild 2-7 dargestellt.

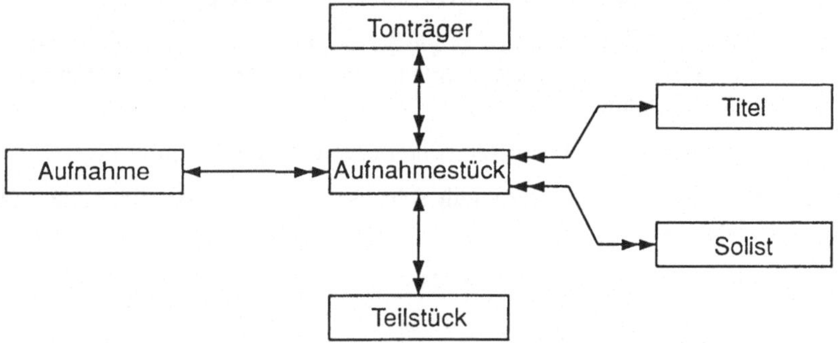

Bild 2-7 BACHMANN-Diagramm der Tonträger-Archivierung

Für die einzelnen Attribute sind noch die Datentypen und eventuell einzuhaltende Wertebereiche festzulegen. Ferner sind die Abhängigkeiten der Objekttypen zu erfassen. So ist es z.B. wichtig festzuhalten, daß ein Aufnahmestück nicht gelöscht werden darf, wenn noch ein Tonträger mit diesem Aufnahmestück existiert. Alle vorzusehenden Auswertungen (Fragen) in der Datenbank-Anwendung sind zu erfassen und zu prüfen, ob sie mit Hilfe des Datenbank-Schemas ausführbar sind. Wird zum Beispiel die Frage gestellt, welcher Solist auf welchen Tonträgern zu hören ist, müssen nach dem vorliegenden Schema zunächst die entsprechenden Aufnahmestücke und dann die gesuchten Tonträger selektiert werden.

Abschließend sei an dieser Stelle nochmals auf weitere Überlegungen zum Datenbank-Entwurf, insbesondere mit Hilfe des relationalen Modells, in den Abschnitten 3.3.3 (Normalformen) und 3.3.4 (Globale Entwurfskonzepte) verwiesen. Ferner ist anzumerken, daß neben dem Entity-Relationship-Modell (ERM) viele weitere Modelle vorgeschlagen worden sind. Sie werden meist als *semantische Datenmodelle* bezeichnet, weil sie versuchen, mehr semantische Information über die jeweilige Anwendung in das Modell einzubringen. Eines der wichtigsten, das auch im Bereich des Software-Engineering häufig verwendet wird, ist das *erweiterte relationale Modell* [Codd 79]. Es wird kurz mit RM/T bezeichnet. T ist der Anfangsbuchstabe des Ortes Tasmania, an dem das Modell erstmals vorgestellt wurde. In diesem Modell werden u.a. die Beziehungen als Objekte dargestellt.

2.4 Aufgaben

A 2.1

Erläutern Sie die Begriffe Objekt, Attribut, Objekttyp, Wertebereich.

A 2.2

Erläutern Sie die Begriffe Schlüsselkandidat, Primärschlüssel, Sekundärschlüssel.

A 2.3

Beziehungen zwischen Objekttypen lassen sich grob in einfache und komplexe Beziehungen unterteilen. Was versteht man darunter und wie werden diese Beziehungen im BACHMANN-Diagramm dargestellt?

A 2.4

Eine feinere Unterteilung klassifiziert vier Beziehungstypen. Erläutern Sie diese und geben Sie die zugehörigen Komplexitätsgrade an.

A 2.5

In einer Bibliothek werden die Bücher nach Sachgebieten getrennt und darin mit einer fortlaufenden Nummer versehen in die Regale gestellt. Die Inventarnummer setzt sich aus der Jahreszahl des Bucheinkaufs und einer fortlaufenden Nummer zusammen. Weitere Angaben zu jedem Buch sind maximal drei Autorennamen, der Titel, der Verlag und das Erscheinungsjahr. Die Bibliotheksbenutzer sind durch eine Mitgliedsnummer, den Namen, die Postleitzahl, den Ort, die Straße und das Eintrittsdatum erfaßt. Bei der Entleihung eines Buches wird das Entleihdatum festgehalten.

Vereinbarte Abkürzungen:

`SGK`	: Sachgebiet-Kennung
`SGNR`	: laufende Nummer innerhalb des Sachgebietes
`SACHGB`	: Sachgebiet-Bezeichnung
`JAHR`	: Einkaufsjahr
`BUNR`	: laufende Buchnummer innerhalb des Jahres
`AUT1`	: Autor 1
`AUT2`	: Autor 2
`AUT3`	: Autor 3
`TITEL`	: Titel
`VERLAG`	: Verlag
`ESJ`	: Erscheinungsjahr
`MITNR`	: Mitgliedsnummer
`NAME`	: Name
`PLZ`	: Postleitzahl
`ORT`	: Ort
`STRA`	: Straße
`DATM`	: Eintrittsdatum des Mitglieds
`DATE`	: Datum der Entleihung eines Buches

Entwerfen Sie ein entsprechendes Datenbankschema.

a) Geben Sie die (möglichst bezeichnenden) Namen der Objekttypen und in Klammern dahinter die Abkürzungen für deren Attribute an. Primärschlüssel sind zu unterstreichen.

   Achtung: Zur Feststellung, ob ein Buch entliehen ist, soll nicht der gesamte Buchbestand durchsucht werden müssen!

b) Stellen Sie das Datenbankschema als Entity-Relationship-Diagramm dar.

A 2.6

Es ist ein Datenbank-Schema zur Verwaltung der finanziellen Ausgaben einer Firma zu entwerfen.

Die Mittel-Verwaltung kann stark vereinfacht so beschrieben werden:

Die eingehenden Mittel werden in einer Mitteleingangsliste mit Betrag, Datum und Bemerkung festgehalten.

Innerhalb der Firma gibt es mehrere Instanzen, die im Rahmen des ihnen zugewiesenen Geldes Ausgaben tätigen dürfen. Diese Instanzen sind primär durch ein eindeutiges Kürzel und ihren Namen gekennzeichnet. Ihnen ist jeweils insgesamt ein bestimmter Geldbetrag zugewiesen worden (Haben), und sie haben jeweils insgesamt einen bestimmten Geldbetrag ausgegeben (Soll).

Die Mittelzuweisungen an die Instanzen werden in einer Mittelzuweisungsliste mit Kürzel (der Instanz), Betrag, Datum und Bemerkung erfaßt.

Die Ausgaben der Instanzen werden in einer Ausgabenliste mit Kürzel (der Instanz), Betrag, Datum und Bemerkung erfaßt.

Die Summe der insgesamt eingegangenen Mittel, die Summe der den Instanzen insgesamt zugewiesenen Mittel und die Summe der von den Instanzen insgesamt ausgegebenen Mittel wird in einer Mittelliste auf dem aktuellen Stand gehalten (die Liste enthält also nur ein Tupel).

Stellen Sie das konzeptionelle Schema der Finanzverwaltung in Form eines BACHMANN-Diagramms dar. Spezifizieren Sie ferner die Objekttypen (Name, Attribute, Primärschlüssel) in der dafür üblichen Art.

3 Datenmodelle

Die zur Beschreibung von Daten und deren Beziehungen untereinander auf *logischer* Ebene zur Verfügung stehenden Datenstrukturen bezeichnet man zusammenfassend als Datenmodell. Datenmodelle dienen zur formalen Beschreibung des konzeptionellen (bzw. logischen) Schemas und der externen Schemata mit Hilfe entsprechender Datendefinitionssprachen. Sie sollen auch die Sicherstellung der Datenkonsistenz unterstützen. In den folgenden Abschnitten sollen zunächst die drei „klassischen" Datenmodelle vorgestellt werden:

- das hierarchische Modell,
- das Netzwerkmodell und
- das relationale Modell.

Die Darlegungen erfolgen dabei stets in der gleichen Reihenfolge. Zunächst werden die Strukturelemente des jeweiligen Modells angegeben, dann die Darstellung von Strukturen erläutert und schließlich die Datendefinition und die Datenmanipulation mit Hilfe von typischen Datenbanksprachen beispielhaft aufgezeigt. Bei der Diskussion des relationalen Modells wird zusätzlich sehr ausführlich auf die sogenannten Normalformen der Datendarstellung eingegangen und über die Beispiele hinaus im Anhang ein Überblick über die Datenbanksprache SQL (*Structured Query Language*) gegeben.

Ein weiterer Abschnitt ist den objektorientierten Datenbanksystemen gewidmet. Wenn auch relationale Datenbanksysteme zur Zeit den Standard darstellen und ihre Leistungsfähigkeit für viele Anwendungsgebiete unter Beweis gestellt haben, so haben sie sich für bestimmte Anwendungen (z.B. im Bereich CAD/CAM) als nicht hinreichend flexibel und effizient erwiesen. Man versucht daher, den objektorientierten Ansatz der Datenmodellierung und der Datenmanipulation, wie er von einigen Programmiersprachen her bekannt ist, auch auf Datenbanksysteme zu übertragen.

3.1 Hierarchisches Datenmodell (HDM)

Im hierarchischen Modell können primär nur hierarchisch-baumartige Beziehungen von Objekttypen dargestellt werden. Da reale Beziehungen oft aber von netzwerkartiger Struktur sind, erlauben Erweiterungen des Modells auch deren Darstellung. Dieses Modell wurde von IBM in dem Datenbanksystem IMS (*Information Management System*) angewendet. Eine erste Version war 1971 kommerziell verfügbar. Es ist mit seinen Weiterentwicklungen unter verschiedenen Betriebssystemen (IMS/VMS, 1978) eines der weitestverbreiteten Datenbanksysteme. Da es zu einer Zeit konzipiert und implementiert wurde, in der die grundsätzlichen Überlegungen zu Datenbanksystemen noch voll im Gang waren, kennt es noch keine strenge Trennung der Ebenen und Schemata.

3.1.1 Strukturelemente des hierarchischen Datenmodells

Strukturelemente des hierarchischen Datenmodells (HDM) sind Objekttypen und *unbenannte* hierarchische Beziehungen (siehe Abschnitt 2.2), die strukturell zu sogenannten Wurzelbäumen zusammengefügt werden können.

Unter einem (gerichteten) *Wurzelbaum* versteht man einen Graphen aus Knoten und Kanten, der frei von Zyklen (in sich geschlossenen Pfaden) ist, und in dem genau ein Knoten, nämlich die Wurzel (*root*), keine Vorgänger-Knoten hat und alle anderen Knoten je genau einen Vorgänger haben. Bild 3-1 zeigt einen Wurzelbaum und verdeutlicht einige grundlegende Begriffe in diesem Zusammenhang.

Man erkennt, daß Wurzelbäume üblicherweise so dargestellt werden, daß die Wurzel nach oben zeigt. *Blätter* nennt man die Endknoten, also Knoten, die keine Nachfolger haben. Alle anderen Knoten (außer der Wurzel) heißen *innere Knoten*. Nachfolger des gleichen Vorgängers nennt man *Nachbarn*. Ein *Pfad* ist eine Folgen von unmittelbar aufeinander folgenden Kanten. Als *Pfadlänge* bezeichnet man die Anzahl der Kanten zwischen zwei beliebigen Knoten. Das *Niveau* eines Knotens ist die um eins erhöhte Pfadlänge des Pfades von der Wurzel zu diesem Knoten. Die *Höhe* eines Wurzelbaumes ist die maximale Pfadlänge aller Pfade, die von der Wurzel zu einem Blatt führen. Von einem *geordneten* k-nären Wurzelbaum spricht man, wenn für die (maximal) k Nachfolger eines Knotens eine Reihenfolge nach irgendeinem Ordnungskriterium vorgegeben ist. Im übrigen sei auf [Lange 87] verwiesen.

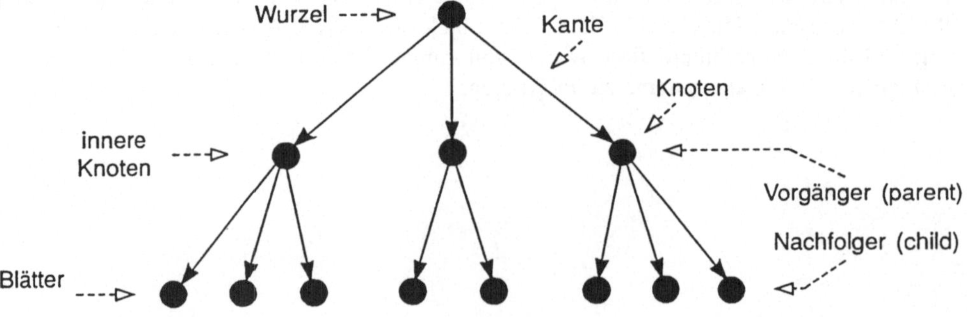

Bild 3-1 Wurzelbaum

Das hierarchische Modell gestattet es also, Objekttypen, die in einer unbenannten hierarchischen Beziehung zueinander stehen, zu einer wurzelbaumartigen Struktur zusammenzufügen. Das Ergebnis ist ein *Wurzelbaum-Typ*, auch *Hierarchie-Typ* genannt. Dabei müssen alle Objekttypen in einem Hierarchie-Typ voneinander verschieden sein (sonst wäre er kein Baum!). Die Eigenschaft „unbenannt" besagt, daß im Gegensatz zur Darstellung im Entity-Relationship-Diagramm die Kanten keine Bezeichnung für die Beziehung haben.

Ähnlich, wie ein natürlicher Wald aus einzelnen Bäumen besteht, bezeichnet man auch in der Graphentheorie eine Menge von einzelnen Wurzelbäumen als einen Wald. In diesem Sinne kann die Gesamtstruktur der Daten einer hierarchischen Datenbank als ein Wald von disjunkten Wurzelbaum- (Hierarchie-) Typen aufgefaßt werden.

Zusätzlich muß gesagt werden, daß es sich um geordnete Wurzelbäume handelt, und zwar in zweifacher Hinsicht: Auf der Typ-Ebene stellen die Hierarchie-Typen geordnete Wurzelbäume dar, d.h. die Nachfolger eines beliebigen Objekttyps (Knotens) sind geordnet. Auf der Objekt-Ebene sind die Objekte eines Objekttyps ebenfalls geordnet. Daraus resultiert eine „totale hierarchische Ordnung" über allen Objekten eines Hierarchie-Typs. Dies besagt, daß ausgehend vom ersten Objekt des Wurzel-Objekttyps festgelegt ist, welches Objekt das jeweils nächste Objekt in dieser Reihenfolge ist. Bild 3-2 zeigt dies an einem Beispiel.

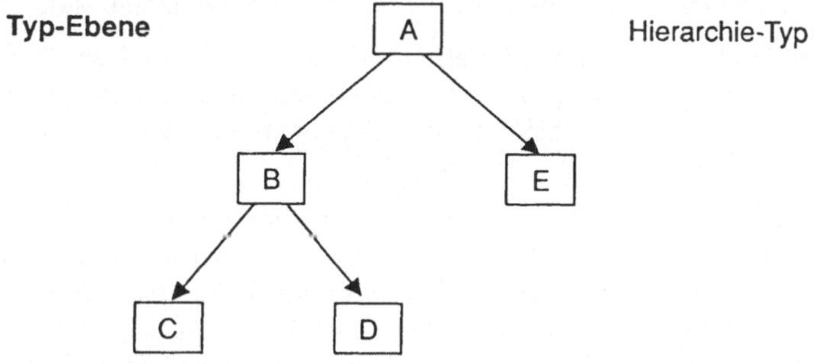

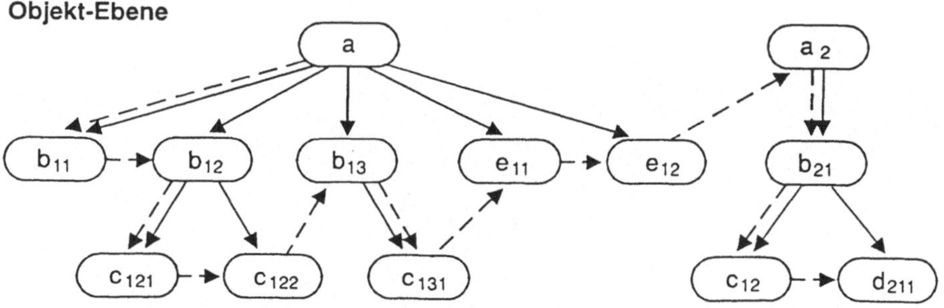

Bild 3-2 Totale hierarchische Ordnung in einem Hierarchie-Typ (nach [Schlageter 83])

Dazu eine Anmerkung: Die totale hierarchische Ordnung ist gleich der Reihenfolge der Knoten, die sich ergibt, wenn man einen Wurzelbaum in der sogenannten *Präordnung* (Hauptreihenfolge; *preorder*) traversiert (durchläuft). Die dabei angewandte Regel besagt: Notiere den Knoten, der aufgesucht wird, und untersuche dann alle von diesem Knoten ausgehenden untergeordneten Teilbäume. Man beachte, daß dies eine rekursive Vorschrift ist, d.h. mit jedem Knoten eines beliebigen Teilbaums ist genau so zu verfahren.

Im hierarchischen Modell ist jedes Wurzel-Objekt über einen Primärschlüssel erreichbar, alle anderen Objekte gemäß der hierarchischen Ordnung. Der Zugriff auf Datenobjekte erfolgt also entlang den logischen Zugriffspfaden, die in Bild 3-2 durch die Kanten auf Objekt-Ebene dargestellt sind. Dies setzt seitens des Anwenders eine genaue Kenntnis der Datenbankstruktur voraus und bedingt eine prozedurale Beschreibung des Zugriffs. Man spricht bildlich von einem „Navigieren" durch die Datenbank.

3.1.2 Darstellung von Strukturen im HDM

In einem streng hierarchischen Modell können netzwerkartige Strukturen nicht dargestellt werden. Eine m:n-Beziehung, wie z.B. die Beziehung zwischen Lieferanten und Bauteilen, kann nur durch zwei getrennte Hierarchie-Typen beschrieben werden. Der eine stellt dar, welcher Lieferant welche Bauteile liefert, der andere stellt dar, welches Bauteil von welchen Lieferanten geliefert wird (und was es bei diesem Lieferanten kostet). Das bedeutet aber, daß gleiche Objekte mehrfach gespeichert werden, es tritt Redundanz auf.

Abweichend vom ausschließlich hierarchischen Modell müssen zusätzliche logische (und physische) Zugriffspfade geschaffen werden, um z.B. m:n-Beziehungen darstellen zu können und Redundanz zu vermeiden. In realisierten Datenbanksystemen, wie dem IMS von IBM, ist dies natürlich geschehen.

Ein Beispiel zur Vermeidung von Redundanz ist in Bild 3-3 dargestellt. Es zeigt zwei Hierarchie-Typen („Tätigkeiten" und „Angestellte"), in denen je einmal der Objekttyp „Angestellter" vorkommt. Um Redundanz zu vermeiden, wird mit Hilfe eines „*logical child pointer*" (Zeiger zum logischen Sohn) auf den Hierarchie-Typ „Angestellte" verwiesen. Dem Bild ist übrigens zu entnehmen, daß üblicherweise eine hierarchische Beziehung nur durch *einen* Pfeil dargestellt wird (andere Beziehungstypen treten hier ja nicht auf).

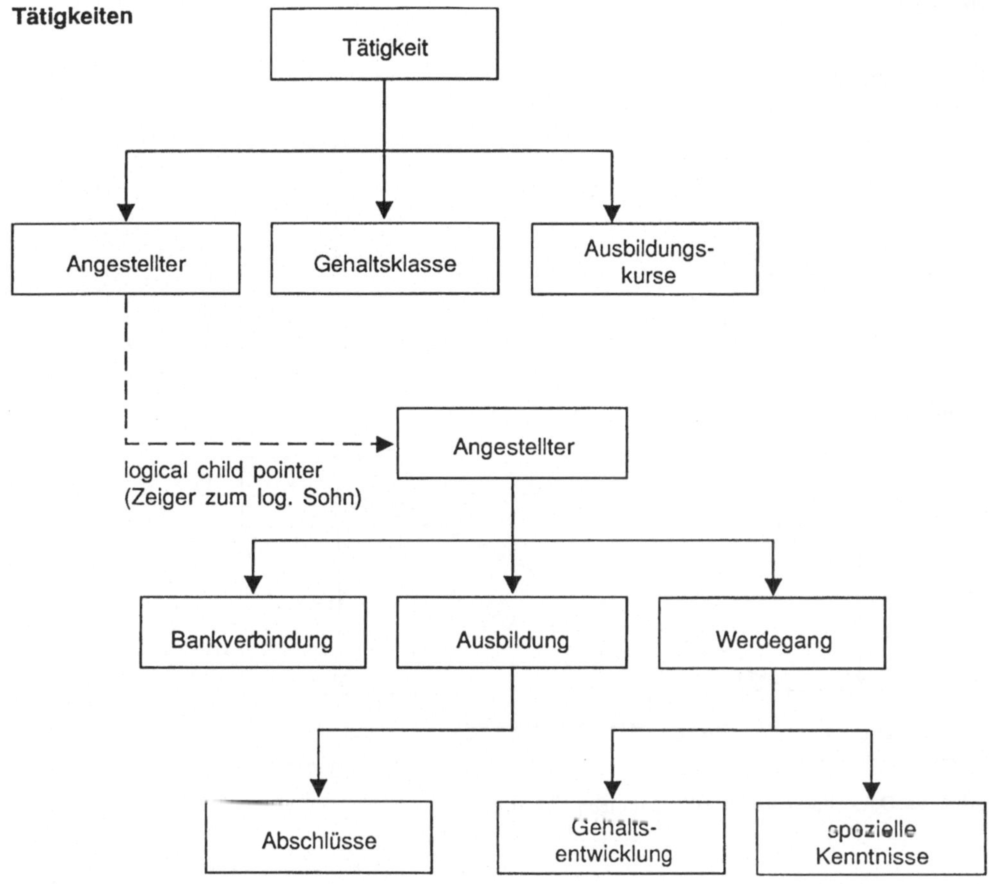

Bild 3-3 Redundanz-Vermeidung durch logische Zeiger ([Martin 77])

Die Darstellung einer m:n-Beziehung am Beispiel der Beziehung „Bauteil-Lieferant" zeigt Bild 3-4. Beim sogenannten „physischen Pairing" enthalten die zusätzlich eingeführten Objekttypen B-L und L-B die logischen Zeiger (gestrichelte Linien) auf die Lieferanten bzw. Bauteile. Diesen Objekttypen können auch Attribute zugeordnet werden, die eigentlich der Beziehung „Bauteil-Lieferant" zuzuordnen sind. Hier ist dies der Preis, den ein Lieferant für ein Bauteil nimmt. Für jedes Bauteil existieren im Objekttyp B-L soviele Objekte (und damit Zeiger und Preise), wie es Lieferanten zu diesem Bauteil gibt. Für jeden Lieferanten existieren im Objekttyp L-B soviele Objekte (und damit Zeiger und Preise), wie es Bauteile von diesem Lieferanten gibt. Der Nachteil des „physischen Pairing" ist offenkundig: die Preise sind doppelt gespeichert. Dieser Nachteil wird beim sogenannten „virtuellen Pairing" vermieden.

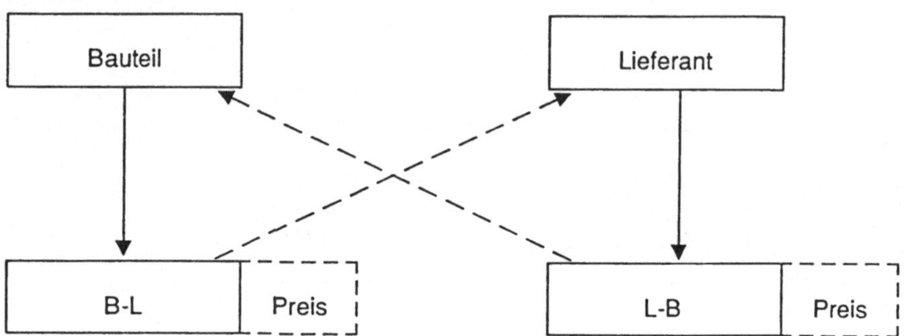

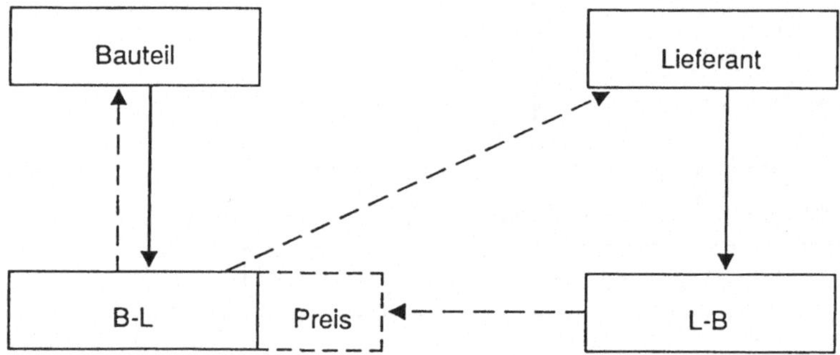

Bild 3-4 Darstellung von m:n-Beziehungen ([Martin 77])

3.1.3 Datendefinition im HDM

Das hierarchische Datenbanksystem IMS von IBM geht nicht von einer 3-Schemata-Architektur aus. So gibt es auch keine genaue Unterscheidung eines konzeptionellen und internen Schemas sowie der externen Schemata. Logische Datenmodellierung und physische Datenorganisation sind ineinander verwoben. Auch die Terminologie ist sehr verschieden von der heute allgemein üblichen. Es soll daher zunächst ein Überblick über die Struktur dieser Datenbank gegeben und dabei einige typische Begriffe erläutert werden. Die Beschreibung erfolgt auf Objekt-Ebene.

DB: Menge von *Physical Databases* (PDB). Dies sind Dateien.

PDB: Sie enthält alle Ausprägungen (Hierarchien, Wurzelbäume) *eines* Hierarchietyps.
Eine PDB besteht aus *Physical Database Records* (PDBR):

PDBR: Er enthält *eine* Hierarchie (Wurzelbaum) eines Typs.
Ein PDBR besteht aus *Segmenten* (*segment occurences*):

Segment: Es enthält *ein* Objekt einer Hierarchie.

Segmente sind die *logische Zugriffseinheit* für den Anwender.

Ein spezielles Segment ist das *Wurzelsegment* (*root segment*); ihm ist ein Primärschlüssel zuzuordnen.

Ein Segment besteht aus *Feldern* (*field occurences*):

Feld: Es enthält *einen* Attributwert eines Objektes.

Die Datendefinition erfolgt im Datenbanksystem IMS von IBM mit Hilfe der Sprache DL/I (*Data Language I*). Jede PDB (*Physical Database*) wird durch eine *Database Description* (DBD) beschrieben.

Beispiel Hierarchische Beziehung Lieferant – Bauteil

Die beiden Objekttypen seien folgendermaßen beschrieben (dies ist eine starke Vereinfachung einer realen Beschreibung):

```
Lieferant(LfNr, Name, Adresse, TelNr)
Bauteil(TeilNr, Bezeichng, Gewicht, Preis)
```

Database Description:

```
DBD NAME    = LIEFBAU, ACCESS = HIDAM
SEGM NAME   = LIEFERANT, BYTES = 70
FIELD NAME = (LFNR, SEQ, U), BYTES = 5, START = 1
FIELD NAME = NAME, BYTES = 20, START = 6
FIELD NAME = ADRESSE, BYTES = 30, START = 26
FIELD NAME = TELNR, BYTES = 15, START = 56
SEGM NAME   = BAUTEIL, PARENT = LIEFERANT, BYTES = 55
FIELD NAME = (TEILNR, SEQ, U), BYTES = 10, START = 1
FIELD NAME = BEZEICHNG, BYTES = 30, START = 11
FIELD NAME = GEWICHT, BYTES = 5, START = 41
FIELD NAME = PREIS, BYTES = 10, START = 46
```

Dazu einige Anmerkungen:

1. `LIEFBAU` ist der Name der PDB.
2. Das erste Segment ist stets ein Wurzelsegment.
3. Die beiden Felder `LFNR` und `TEILNR` sind Sequenzfelder („SEQ"); sie dienen zur Festlegung der Sortierfolge:

   `U`: unique (eindeutig; Primärschlüssel),

   `M`: multiple (der Schlüssel darf mehrfach auftreten).
4. `BYTES`: Längenangabe.
5. `START`: Beginn eines Feldes innerhalb des Segmentes in Bytes (damit ist die Reihenfolge der Felder unabhängig von der Auflistungs-Reihenfolge).
6. Bei den Nicht-Wurzelsegmenten muß das jeweilige Vorgänger-Segment angegeben werden (`PARENT=...`).

Strukturbezogene Information wird beim IMS also durch die gegenseitige hierarchische Zuordnung von Objekttypen beschrieben. Diese Zuordnungen stellen die logischen Zugriffspfade dar. Wie schon in Abschnitt 3.1.2 erwähnt, bietet IMS darüber hinaus die Möglichkeit, hierarchische Strukturen über *logische Zeiger* miteinander zu verketten. Dazu kann man z.B. in der Klausel `PARENT =` ... neben dem physischen Vorgänger (*physical parent*) auch einen logischen Vorgänger (*logical parent*) und den dazugehörigen Zeiger mit `POINTER =` ... angeben. Dadurch können Beziehungen sowohl zwischen Teilen einer PDB als auch zwischen verschiedenen PDBs definiert werden. Darüber hinaus lassen sich Teile von PDBs einschließlich ihrer logischen Beziehungen als *Logical Databases* (LDB) definieren.

Schließlich können auch Anwender-Sichten auf den Datenbestand, vergleichbar den externen Schemata, definiert werden. Diese können Teile einer PDB oder LDB sein. Dazu wird der Teilbaum formal komplett beschrieben und die für den Anwender sichtbaren Objekttypen ausgewählt. Dies geschieht in sogenannten *Program Communication Blocks* (PCB). Alle PCBs bilden zusammen den *Program Specification Block* (PSB).

Beispiel

Angenommen, der in Bild 3-5 links dargestellte Wurzelbaum-Typ entspräche einer LDB mit dem Namen `XYZ`. Eine Anwendung benötige nur den Zugriff auf Daten der Objekttypen `A` und `D`.

```
PCB TYPE    = DB, DBNAME = XYZ, ...
SENSEG NAME = A, PROCOPT = G
SENSEG NAME = B, PARENT  = A, PROCOPT = K, ...
SENSEG NAME = D, PARENT  = B, ...
PSBGEN LANG = COBOL, PSBNAME = EXT1
END
```

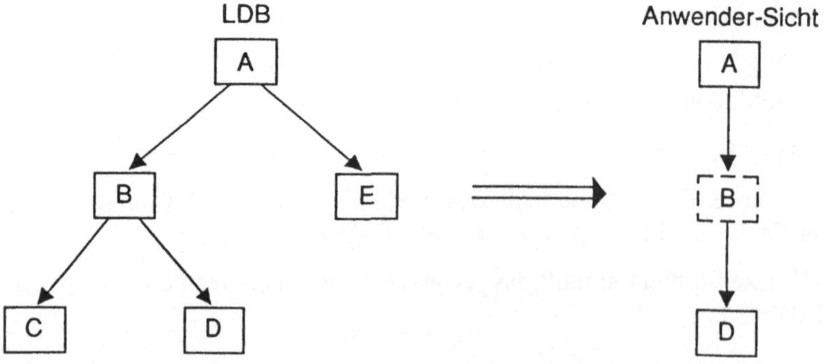

Bild 3-5 Zur Definition eines „program communication block“

ANMERKUNGEN:

1. Es müssen immer alle Segmente eines Teilbaumes (bei der Wurzel beginnend!) angegeben werden.
2. `TYPE = DB` dient zur Abgrenzung gegenüber einem Terminal-PCB.
3. Angabe der Segmente des Teilbaums mit `SENSEG` („Sensitive Segmente").
4. Mit `PROCOPT` (Processing Option) werden die Benutzungs-Optionen angegeben:
   `G`: get (nur Lesen erlaubt)
   `R`: replace (Lesen und Schreiben erlaubt)
   `I`: insert (Einfügen erlaubt)
   `D`: delete (Löschen erlaubt)
   `K`: key (für „*key only*", d.h. das Segment wird beim Navigieren durch die DB durchlaufen, aber dem Benutzer nicht zugänglich gemacht – dadurch Gewährleistung der Vollständigkeit der Pfade).
5. `LANG = COBOL`: Das Anwenderprogramm ist in COBOL geschrieben.
6. `PSBNAME = EXT1: EXT1` ist der Name des „externen Schemas".

Zusammenfassend veranschaulicht Bild 3-6 die IMS-Datenbank-Modellierung. Es wird deutlich, daß eine konsequente Trennung der Ebenen gemäß dem 3-Schemata-Konzept nicht vorhanden ist. Physische und logische Datenbeschreibung sind miteinander verwoben. Darüber hinaus bleibt festzuhalten, daß erst durch die Einführung von logischen Zeigern über die hierarchischen Strukturen hinaus auch netzwerkartige Strukturen dargestellt werden können.

3.1.4 Datenmanipulation im HDM

Als Datenmanipulationssprache dient im Datenbanksystem IMS ebenfalls die Sprache DL/I. Es ist aber auch möglich, die Daten aus Wirtssprachen, wie z.B. COBOL, PL/I und FORTRAN, heraus zu manipulieren. Dies geschieht mit Hilfe entsprechender Prozeduraufrufe.

Es gibt u.a. folgende DL/I-Anweisungen zur Datenmanipulation:

1. `GET UNIQUE (GU)`: Zum Erreichen eines benannten Datensegmentes in der DB (über den Primärschlüssel).
2. `GET NEXT (GN)`: Zum Erreichen des nächsten Datensegmentes (in der totalen hierarchischen Ordnung).
3. `GET NEXT WITHIN PARENT (GNP)`: Zum Erreichen des nächsten Nachbar-Objektes vom selben Vorgänger.
4. `GET HOLD UNIQUE (GHU)`.
5. `GET HOLD NEXT (GHN)`.
6. `GET HOLD NEXT WITHIN PARENT (GHNP)`:
   Wie 1., 2., 3., jedoch mit Reservierung der Segmente für das Ändern oder Entfernen (keine anderen Operationen können bis zur Freigabe ausgeführt werden).
7. `REPLACE (REPL)`: Ändern eines Segmentes nach 4., 5. oder 6.
8. `DELETE (DLET)`: Entfernen (als entfernt kennzeichnen) eines Segmentes nach 4., 5. oder 6.
9. `INSERT (ISRT)`: Einfügen eines Segmentes.

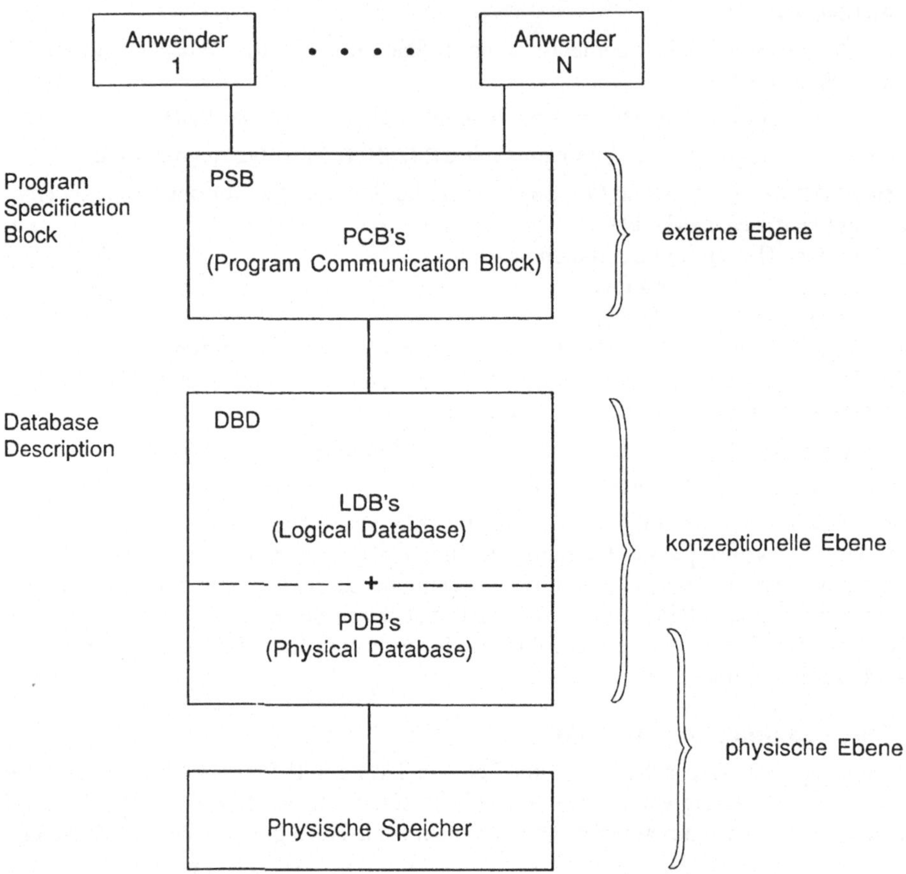

Bild 3-6 IMS-Datenbank-Modellierung

Anhand der GET-Anweisungen wird die prozedurale Vorgehensweise bei der Bearbeitung von Daten deutlich („Navigieren“ durch die Datenbank). Der Anwender muß sehr genaue Kenntnisse von der Struktur der Daten besitzen, die insbesondere durch die logischen Zeiger beliebig komplex sein kann.

3.2 Netzwerk-Datenmodell (NDM)

Im Gegensatz zum hierarchischen Datenmodell lassen sich im Netzwerk-Modell, wie der Name schon sagt, ohne zusätzliche Konzepte netzwerkartige Beziehungen definieren. Allerdings werden wir sehen, daß auch hier strukturbezogene Information durch die Definition von „Verbindungen“ zwischen Objekttypen dargestellt wird und damit wiederum eine prozedurale Datenverarbeitung induziert wird. Das Netzwerk-Datenmodell liegt dem CODASYL/DBTG-Vorschlag (1971) zugrunde. Hier wurde der erfolgreiche Versuch unternommen, einen Standard für Datenbanksysteme zu schaffen. So wundert es nicht, daß eine Reihe von Implementierungen verschiedener Firmen existieren (z.B. DMS von UNIVAC, IDS/II von HONEYWELL, UDS/V2 von Siemens).

3.2.1 Strukturelemente des Netzwerk-Datenmodells

Strukturelemente des Netzwerk-Datenmodells sind, wie beim hierarchischen Modell, wiederum Objekttypen und hierarchische Beziehungen (1:mc-Beziehungen), die hier *Set-Typen* genannt werden. Der Begriff „Set" stellt in diesem Zusammenhang eine unglückliche Bezeichnung dar, er hat nichts mit der üblichen mathematischen Bedeutung (nämlich Set im Sinne einer Menge) zu tun. Im Unterschied zum hierarchischen Modell können im Netzwerkmodell a priori mit Set-Typen netzwerkartige Strukturen definiert werden. Eine weiterer Unterschied besteht darin, daß Set-Typen *benannte* Beziehungen sind, d.h. sie tragen einen Namen. Ihnen können allerdings ebenfalls keine Attribute zugeordnet werden. Kurzgefaßt ist ein Set-Typ also eine benannte hierarchische Beziehung ohne Attribute (Bild 3-7).

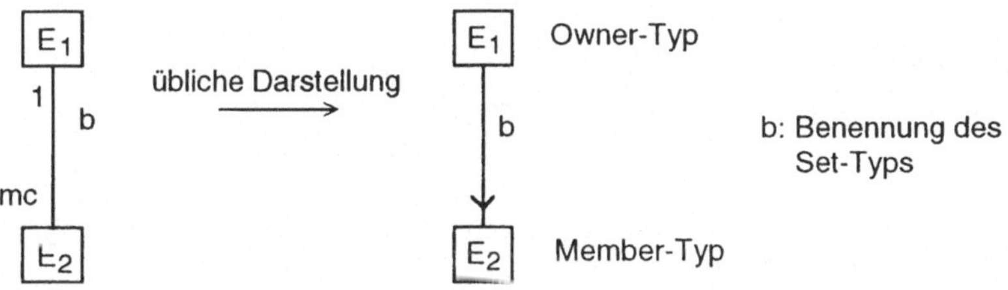

Bild 3-7 Darstellung eines Set-Typs

Die Darstellung gemäß dem Entity-Relationship-Diagramm wird hier üblicherweise wieder durch die Darstellung mit einem Pfeil ersetzt, der die hierarchische Beziehung verdeutlichen soll. Der Pfeil darf aber nicht im Sinne einer gerichteten Kante entsprechend der Graphentheorie interpretiert werden (woraus folgen würde, daß der Knoten E_1 nicht vom Knoten E_2 aus erreichbar wäre). Der Name der Beziehung ist an die Kante zu schreiben. Der hierarchisch übergeordnete Objekttyp wird *Owner-Typ* genannt, der untergeordnete Objekttyp wird *Member-Typ* genannt.

Einem Set-Typ entsprechen auf der Objekt-Ebene mehrere Sets. Jedes *Set* besteht aus genau einem Owner und 0, 1 oder mehreren Membern. Ein Set ohne Member wird *leeres Set* (*empty set*) genannt. Die Member eines Set sind geordnet. Wird keine Ordnung definiert, so ist diese durch die Reihenfolge gegeben, in der die Member in das Set eingefügt werden. Ein Objekt kann in den Sets eines Set-Typs höchstens einmal als Owner und/oder höchstens einmal als Member auftreten (aber durchaus in mehreren Sets *verschiedenen* Typs).

3.2.2 Darstellung von Strukturen im NDM

Die Darstellung einer 1:m-Beziehung ist im Netzwerk-Datenmodell natürlich trivial, sie wird durch einen Set-Typ dargestellt. Die Darstellung von m:n-Beziehungen wird durch einen einfachen „Trick“ ermöglicht (der uns auch im Relationen-Modell wiederbegegnen wird):

Zwischen die beiden Objekttypen der m:n-Beziehung wird ein *Kett-Objekttyp* (*link entity type*) eingefügt, der mit den beiden anderen Objekttypen je einen Set-Typ bildet. Die beiden Objekttypen sind darin jeweils die Owner. Bild 3-8 zeigt dies auf der Typ-Ebene am Beispiel der Beziehung Bauteil-Lieferant.

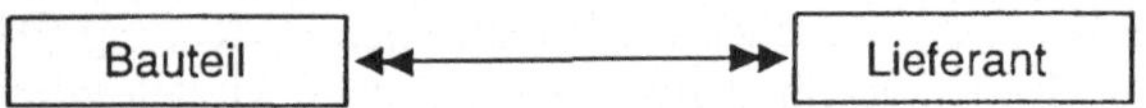

geht über in:

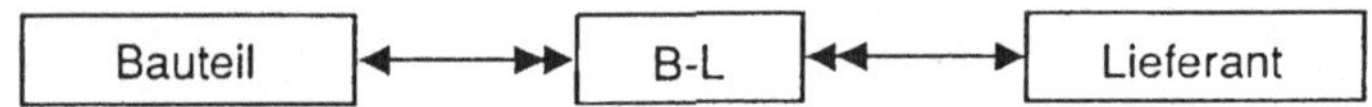

BACHMANN-Diagramm mit **Kett-Typ** B-L

Bild 3-8 Darstellung von m:n-Beziehungen mittels Kett-Typ (Typ-Ebene)

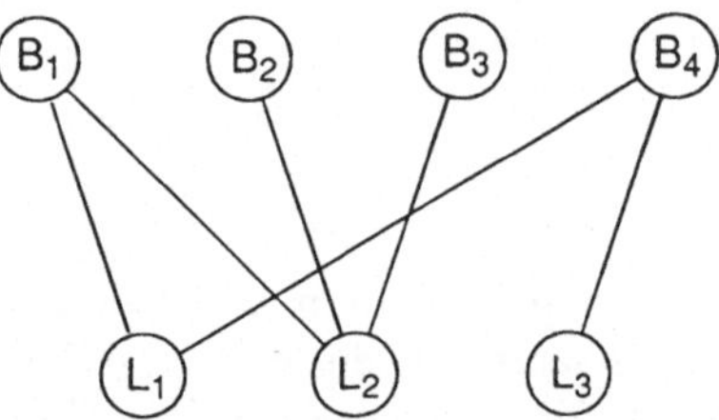

Beziehung Bauteil - Lieferant

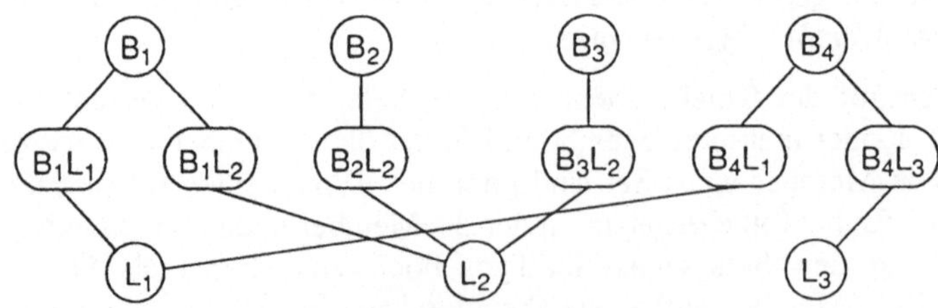

zugehörige Sets

Bild 3-9 Darstellung von m:n-Beziehungen mittels Kett-Typ (Objekt-Ebene)

Das gleiche Beispiel auf der Objekt-Ebene ist in Bild 3-9 wiedergegeben. Sind der Beziehung Attribute zugeordnet (z.B. der Preis, den ein Lieferant für ein Bauteil verlangt), so können diese Attribute dem Kett-Entity-Typ zugeordnet werden.

Objekttypen können auch mit sich selbst in einer Beziehung stehen. Z.B. kann ein Bauteil Teil eines anderen Bauteils sein. Strukturell spricht man von einer Schleife. Beziehungen dieser Art lassen sich ebenfalls mit Hilfe von Kett-Entity-Typen darstellen (Bild 3-10).

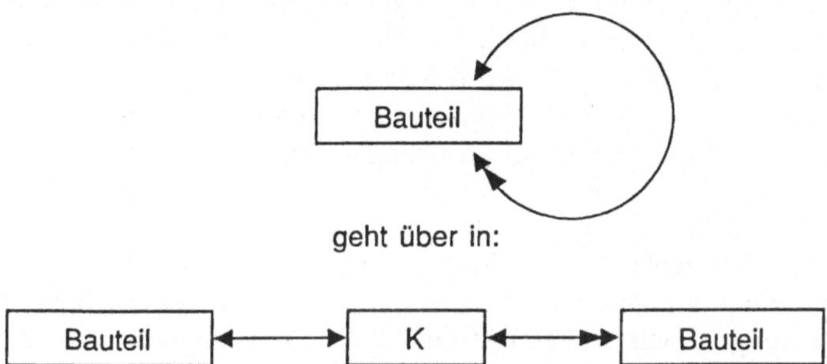

Bild 3-10 Darstellung von Schleifen (Typ-Ebene)

Dazu eine Anmerkung: Seit [CODASYL 78] sind zwar Set-Typen mit demselben Owner- und Member-Typ erlaubt, so daß sich Schleifen direkt darstellen ließen. Eine entsprechende Spezifikation der Datenmanipulationssprache steht aber noch aus. Es empfiehlt sich daher eine Modellierung gemäß Bild 3-10.

3.2.3 Datendefinition im NDM

Die folgenden Ausführungen basieren auf den CODASYL-Vorschlägen, speziell auf denen des DDLC (*Data Definition Language Committee*) nach [CODASYL 81]. Diese Vorschläge enthalten einige Erweiterungen gegenüber dem bisher Gesagten:

1. Ein Set-Typ kann mehr als einen Member-Typ besitzen.
2. Attribute können strukturiert sein (sie können Felder und Verbunde sein).

   Mit Hilfe *Singulärer Sets* können Objekte in einer vorgegebenen Sortierfolge durchlaufen werden. Singuläre Sets bestehen zu diesem Zweck aus genau einem Set, dessen Owner nicht spezifiziert zu werden braucht („*OWNER IS SYSTEM*“) und für dessen Member die gewünschte Sortierordnung angegeben wird.

Die Terminologie ist auch in CODASYL-Datenbanksystemen verschieden von der bisher benutzten und bei allgemeinen Betrachtungen üblichen. Sie lehnt sich stark an die Begriffe in der Programmiersprache COBOL an. Ein Objekttyp wird *Rekord-Typ* genannt; ein Rekord entspricht somit einem Objekt. Ein Rekord ist die Zugriffseinheit für den Anwender (man beachte, daß diese im hierarchischen Modell das Segment ist, das seinerseits Teil eines Rekords ist). Ein Rekord besteht aus *Datenelementen* (*data item*), die unstrukturiert und benannt sind (einfache Variablen). Diese lassen sich zu benannten *Datengruppen* (*data aggregates*) zusammenfassen, die somit strukturiert sind. Dabei werden zwei Arten von Datengruppen unterschieden: *Vektoren*, dies sind Folgen von Datenelementen gleicher Charakteristik, und *Wiederholungsgruppen (repeating groups)*, diese bestehen aus Datenelementen, Vektoren und Wiederholungsgruppen. Sie erscheinen in einem Rekord mehrfach (Definition mit Hilfe der Klausel `OCCURS n TIMES`, n ist die Anzahl). Daraus resultiert, daß Attribute in CODASYL-Datenbanksystemen strukturell Verbunde und Felder sein können.

Die CODASYL-Terminologie kennt zwei Schlüsselarten. Der *Rekord-Schlüssel* (*record key*) besteht aus einem oder mehreren Datenelementen. Er dient zum Aufsuchen eines oder mehrerer Rekords unabhängig von ihrer Set-Zugehörigkeit. Rekord-Schlüssel können Primär- oder Sekundärschlüssel sein (dies wird mit der Klausel `DUPLICATES ARE [NOT] ALLOWED` bestimmt). Mehrere Rekord-Schlüssel sind möglich. Optionen (`ASCENDING/DESCENDING`) ermöglichen die logisch fortlaufende Verarbeitung der Rekords eines Rekord-Typs gemäß dem Schlüssel unabhängig von der physischen Speicherung. Der *Datenbank-Schlüssel* (*database key*) ist ein zur *Laufzeit* eines Anwender-Programms oder einer Terminal-Sitzung (*run unit*) vom DBMS verwalteter interner Primärschlüssel (in Form einer Ganzzahl), der dem Programm bei jedem Zugriff auf einen Rekord übergeben wird. Er kann zum wiederholten Zugriff auf einen Rekord benutzt werden. Dazu eine Anmerkung: Nach früheren CODASYL-Vorschlägen sollte der Datenbank-Schlüssel ein von der Laufzeit der Anwendung unabhängiger Primärschlüssel sein und über mehrere Terminal-Sitzungen hinweg gelten. Seit [CODASYL 78] ist er nur noch innerhalb einer run unit definiert!

Der CODASYL-Vorschlag sieht zwei verschiedene Datendefinitionssprachen (DDL) vor, die Schema-DDL und die Subschema-DDL. Bevor an einem Beispiel die Schema-Definition vorgestellt wird, sollen vorbereitend einige Erläuterungen zu bestimmten Klauseln der Schema-Definition gegeben werden, damit das Beispiel von vornherein verständlicher wird.

Eine besondere Integritätsbedingung für die Daten kann in CODASYL-Datenbanksystemen durch die Art der *Zugehörigkeit* eines Member zu einem Set formuliert werden. Zum einen läßt sich mit Hilfe der Klausel

`INSERTION IS` automatic/manual

spezifizieren, daß ein Member entweder *automatisch* in alle Sets eingefügt wird, zu denen es (gemäß der `SET SELECTION IS THROUGH`- Klausel, siehe unten) gehört, oder es wird *gezielt* (manuell) in ein Set durch eine entsprechende DML-Anweisung eingefügt.

Zum anderen kann mit Hilfe der Klausel

`RETENTION IS` fixed/mandatory/optional
(*to retent*: zurückhalten)

spezifiziert werden, daß ein Member während seiner Existenz in der Datenbank in genau *dem* Set bleiben muß, in das es einmal eingefügt worden ist, oder daß es wenigstens in *irgendeinem* Set desselben Set-*Typs* bleiben muß (das Set kann aber gewechselt werden), oder daß es gegebenenfalls aus dem Set *entfernt* werden darf (es bleibt aber evtl. in einem Set anderen Typs erhalten). Hierfür ein Beispiel:

Ein Kind hat einen leiblichen Vater;
es kann im Laufe seines Lebens verschiedenen Familien angehören;
es kann in eine bestimmte Schule gehen oder auch nicht.

Die RETENTION-IS-Klausel ermöglicht also die Formulierung einer semantischen Integritätsbedingung.

Beim Speichern oder Aufsuchen eines Member muß das entsprechende Set (d.h. dessen Owner) eines Set-Typs ausgewählt werden können. Dies geschieht mit Hilfe der Klausel

```
SET SELECTION IS THROUGH ....
```

Mit ihr wird ein entsprechender Suchpfad festgelegt, indem Parameter zur Auswahl des Set-Typs und Parameter bzw. Bedingungen zur Auswahl des Owners angegeben werden. Dabei können sehr komplexe Suchpfade über mehrere Set-Typen hinweg formuliert werden. Auf nähere Einzelheiten soll hier nicht eingegangen werden. In einfachen Fällen wird z.B. das aktuelle Set ausgewählt, das gerade beim Navigieren durch die Datenbank aufgesucht worden ist, oder das Set wird durch die Angabe des Primärschlüssels eines Owner des aktuellen Set-Typs ausgewählt, oder dadurch, daß zusätzlich der Name des Set-Typs angegeben wird, usw.

Wir wollen uns jetzt einem Beispiel für die Schema-Definition zuwenden. Das entsprechende logische Schema ist in Bild 3-11 dargestellt.

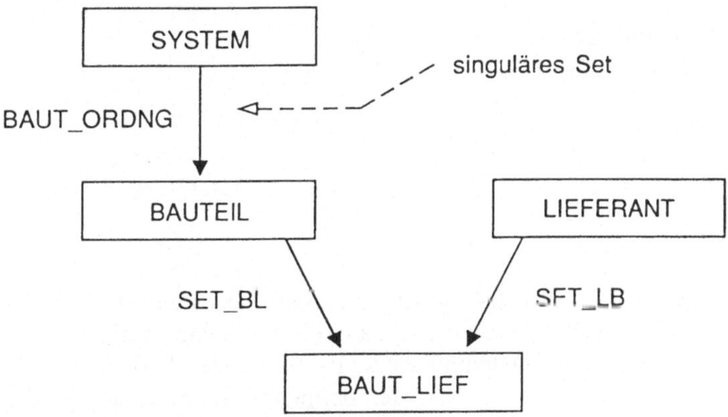

Bild 3-11 Logisches Schema (Beispiel)

Die Schema-Definition dazu (in vereinfachter Form) lautet

```
SCHEMA NAME IS BEISPIEL_DB
   ACCESS-CONTROL LOCK FOR COPY IS 'PASSWORD'
   ACCESS-CONTROL LOCK FOR ALTER IS PROCEDURE AUTHORIZATION
RECORD NAME IS BAUTEIL
   KEY BAUTEIL_KEY IS ASCENDING TEIL_NR
   DUPLICATES ARE NOT ALLOWED
   ACCESS-CONTROL LOCK FOR DELETE IS PROCEDURE DEL_CONTRL
   01 TEIL_NR PIC 9(6)
   01 BEZEICHNG PIC X(20)
    .
    .
    .
```

```
RECORD NAME IS BAUT_LIEF
   01 PREIS PIC 99999.99
RECORD NAME IS LIEFERANT
   KEY LIEF_KEY IS ASCENDING LIEF_NR
   DUPLICATES ARE NOT ALLOWED
   01 LIEF_NR PIC 9(5)
     .
     .
     .
SET NAME IS BAUT_ORDNG
   OWNER IS SYSTEM
   ORDER IS SORTED BY DEFINED KEYS (der Member!)
   MEMBER IS BAUTEIL
   INSERTION IS AUTOMATIC
      RETENTION IS FIXED
   KEY IS ASCENDING TEIL_NR
   SET SELECTION IS THRU BAUT_ORDNG
      OWNER IDENTIFIED BY SYSTEM
SET NAME IS SET_BL
   OWNER IS BAUTEIL
   ORDER IS SYSTEM-DEFAULT
   MEMBER IS BAUT_LIEF
   INSERTION IS ...
   SET SELECTION IS ...
SET NAME IS SET_LB
     .
     .
     .
```

Die meisten Angaben sind aus dem Zusammenhang heraus ohne weiteres verständlich. Es werden zunächst die Rekord-Typen (Objekttypen) und dann die Set-Typen definiert. Die ACCESS-CONTROL-Klauseln dienen der Datenintegrität. Es lassen sich Paßwörter und Anwender-Prozeduren angeben. Die PICTURE-Klauseln definieren in Anlehnung an die Programmiersprache COBOL den Datentyp von Datenelementen (PIC steht für PICTURE; PIC 9(6) ist z.B. ein numerisches Literal mit 6 Dezimalstellen, d.h. eine ganze Dezimalzahl ohne Vorzeichen).

Das CODASYL/DBTG-Konzept sieht für die Anwendungsprogramme eigene Sichten auf den Datenbestand vor, hier Subschemata genannt. Im wesentlichen sind dies Teilstrukturen des Schemas, wobei Rekord-Typen und Set-Typen sowie Datenelemente und Datengruppen weggelassen werden können. Es sind Umbenennungen und in Grenzen auch Umstrukturierungen möglich. Ferner können für Subschemata neue SET-SELEKTION-Klauseln definiert werden. Die Beschreibung wird mit Hilfe spezieller Datendefinitionssprachen für Subschemata vorgenommen, die an die jeweilige Wirtssprache des Anwendungsprogrammes (z.B. COBOL, FORTRAN) angelehnt sind. Auf diese DDL soll im Rahmen dieses Buches nicht näher eingegangen werden, es sei dazu auf [CODASYL 78] und [CODASYL 81] verwiesen.

3.2.4 Datenmanipulation im NDM

Für die Datenmanipulation sieht das CODASYL/DBTG-Konzept die Einbettung der Datenmanipulationssprache in eine Wirtssprache vor. Für COBOL liegt seit 1971 und für FORTRAN seit 1977 eine entsprechende Spezifikation vor, die jeweils 1978 bzw. 1981 überarbeitet wurde.

Im folgenden soll die Datenmanipulation in COBOL behandelt werden. Ein COBOL-Programm gliedert sich in vier Teile:

```
IDENTIFICATION DIVISION,
ENVIRONMENT DIVISION,
DATA DIVISION,
PROCEDURE DIVISION.
```

Die `IDENTIFICATION DIVISION` dient, wie schon aus dem Namen hervorgeht, zur Identifikation des Programms (Programmname, Autor, Installation, Datum usw.). Dieser Teil wird um die Spezifikation von Zugriffsrechten (entsprechend den `ACCESS-CONTROL LOCK`-Klauseln in den Schemata) erweitert:

`ACCESS-CONTROL-KEY` Eintragungen.

In der `ENVIRONMENT DIVISION` wird die rechnerspezifische Anlagenausstattung beschrieben und in einem Abschnitt (`INPUT-OUTPUT SECTION`) werden Dateinamen bestimmte Gerätenamen (System-Dateinamen) zugeordnet, sowie die Dateiorganisation und die Zugriffsart festgelegt.

In der `DATA DIVISION` werden die Daten spezifiziert. Im Abschnitt `FILE SECTION` werden Datensatz-Beschreibungen der Dateien vorgenommen, im Abschnitt `WORKING-STORAGE SECTION` die Datenelemente und Datengruppen spezifiziert. Der `DATA DIVISION` wird ein zusätzlicher Abschnitt vorangestellt, der `SCHEMA SECTION` genannt wird. Dort wird das benutzte Subschema mit der Klausel

```
INVOKE SUB-SCHEMA <Subschema> OF SCHEMA <Schema>
```

vereinbart. Dadurch wird u.a. ein Arbeitsbereich (`USER WORKING AREA, UAW`) und ein Communication-Location-Bereich angelegt (siehe dazu auch Abschnitt 1.5.1 und Bild 1-2). Darin sind enthalten:

1. Je ein *Speicherbereich* für jeden Rekord-Typ des Subschemas.
2. Ein Bereich für *Status-Information*, z.B. über Fehler-Bedingungen.
3. *CURRENCY-Indikatoren* (*currency indicators*).

   Beim Navigieren durch die Datenbank ist es hilfreich festzuhalten, auf welche Rekords zuletzt zugegriffen wurde. Dazu werden vom DBMS die Datenbankschlüssel (siehe Abschnitt 3.2.3) benutzt, und zwar:

- `CURRENT OF RUN UNIT (CRU)`. Dieser enthält generell den Datenbankschlüssel des Rekords, auf den zuletzt zugegriffen wurde.
- `CURRENT OF RECORD TYPE`. Dieser existiert je Rekord-Typ und enthält den Datenbankschlüssel des letzten aktuellen Rekords eines bestimmten Rekord-Typs.
- `CURRENT OF SET TYPE`. Dieser existiert je Set-Typ und enthält den Datenbankschlüssel des letzten aktuellen Rekords eines bestimmten Set-Typs.

Soweit nichts anderes gesagt ist, beziehen sich die meisten Datenmanipulations-Anweisungen auf den CRU.

Ohne Anspruch auf Vollständigkeit und zum Teil nur exemplarisch werden im folgenden die DML-Anweisungen aufgeführt und kurz erläutert.

FIND

Mit der Find-Anweisung wird ein Rekord aufgesucht, dieser wird zum CRU. Einige Formen sind:

- `FIND ANY record-name USING key`
  Finden des (ersten) Rekord mit gegebenem Schlüsselwert.
- `FIND DUPLICATE record-name USING key`
  Finden weiterer Rekords, falls Duplikate erlaubt sind.
- `FIND OWNER WITHIN set-name`
  Ausgehend vom CRU des angegebenen Set-Typs wird der zugehörige Owner aufgesucht.
- `FIND {FIRST | LAST | NEXT | PRIOR } [record-name] WITHIN set-name`
  Ausgehend vom angegebenen Set-Typ und – bei mehreren Member-Typen – vom angegebenen Rekord-Typ wird der erste, letzte, nächste oder vorhergehende Rekord aufgesucht.
- `FIND CURRENT [record-name] [WITHIN set-name]`
  Der aktuelle Rekord vom angegebenen Rekord-Typ *oder* der aktuelle Rekord vom angegebenen Set-Typ wird zum CRU. Ist beides angegeben, so muß der CRU vom angegebenen Rekord-Typ sein.

STORE record-name

Fügt den Record des angegebenen Typs in alle zugehörige Sets der Datenbank ein und aktualisiert die currency indicators:

- bei Membern mit `AUTOMATIC`-Spezifikation müssen auch die entsprechenden Parameter zur Set-Auswahl bereitgestellt werden (`owner` bzw. `currents of sets`),
- bei Ownern wird ein neues leeres Set eingerichtet.

GET [record-name] [,item] ...

Holt den CRU-Rekord in den Arbeitsbereich (UWA), evtl. mit Beschränkung auf bestimmte Datenelemente (item ...).

MODIFY [record-name] [{INCLUDING | ONLY} set-name MEMBERSHIP]

Transferiert den Rekord aus dem UWA (Arbeitsbereich) gemäß dem CRU in die DB. Ist der Rekord-Typ angegeben, so muß der CRU vom angegebenen Typ sein. Zusätzlich kann die Zugehörigkeit eines Member zu einem Set des angegebenen Set-Typs verändert werden (Klauseln `INCLUDING/ONLY`). Wird `ONLY` angegeben, so wird der Datensatz inhaltlich nicht geändert, sondern nur seine Set-

Zugehörigkeit. Aus einer Datenänderung können sich Änderungen in Sortierfolgen ergeben, sie werden automatisch durchgeführt.

ERASE [ALL] [record-name] MEMBERS

Löscht den durch den CRU gegebenen Rekord. Dieser muß vom (mit record-name) angegebenen Typ sein. Der CRU wird bei erfolgreichem Löschen auf Null gesetzt.
Ist der zu löschende Rekord **nur** Member, so wird er gelöscht.
Ist der zu löschende Rekord (auch) Owner, so wird er und damit auch das zugehörige Set (und rekursiv alle darunter liegenden Sets!) nach folgenden Regeln gelöscht:

- Ist `ALL` angegeben, so wird unbeschränkt gelöscht.
- Ohne `ALL` ist der Löschvorgang eines Owner abhängig von der im Schema verwendeten `RETENTION`-Option (`FIXED` | `MANDATORY` | `OPTIONAL`) der Member-Spezifikation in der Set-Definition.

  `FIXED`: Der Owner kann gelöscht werden.

  `MANDATORY`: Der Löschbefehl wird *insgesamt nicht* ausgeführt, es sei denn, das Set ist leer.

  `OPTIONAL`: Der Owner kann gelöscht werden.

  Rekursiv wird nun nach diesen Regeln jedes zu löschende Member in dem Set des Owners geprüft, das zugleich Owner eines weiteren Sets ist.

CONNECT [record-name] to {set-name | ALL}

Diese Anweisung dient zum *manuellen* Einfügen (`INSERTION IS MANUAL` in der Membership-Spezifikation) des CRU-Rekords in ein oder mehrere Sets.

DISCONNECT [record-name] FROM set-name ...

Entfernt den CRU-Rekord aus einem oder mehreren Sets; dies ist nur möglich, falls `RETENTION IS OPTIONAL` angegeben ist.

RECONNECT [record-name] WITHIN set-name ...

Entfernt den CRU-Rekord aus einem Set und fügt ihn in den/die angegebenen Set/Sets ein.

Die Kritik, die hinsichtlich der Datenmanipulation gegenüber dem hierarchischen Modell ausgesprochen worden ist, gilt auch hier: Da strukturbezogene Information durch „Verbindungen" von Datenobjekten dargestellt wird, muß der Anwender genaue Kenntnisse von dieser Struktur besitzen, um die Datenobjekte „navigierend" aufsuchen und manipulieren zu können. Damit ist eine prozedurale Vorgehensweise bei der Verarbeitung der Daten gegeben.

3.3 Relationales Datenmodell (RDM)

Im relationalen Datenmodell können Relationen unterschiedlicher Art, einschließlich hierarchischer und netzwerkartiger Struktur, beschrieben werden. Es wurde von CODD, einem IBM-Mitarbeiter, erarbeitet [Codd 70] und ist bis heute Gegenstand vielfältiger Entwicklungen. Strukturbezogene Information wird in diesem Datenmodell ausschließlich durch den Inhalt von Datenobjekten ausgedrückt. Dies führt dazu, daß der Zugriff auf Daten im wesentlichen deskriptiv erfolgt. Daher ist die Datenmanipulation viel einfacher zu handhaben als in den beiden bisher besprochenen Datenmodellen.

3.3.1 Strukturelemente des relationalen Datenmodells

Einziges Strukturelement dieses Datenmodells ist die Relation. Etwas unscharf betrachtet, kann man unter Relationen irgendwelche Beziehungen zwischen Objekttypen verstehen. Wie wir sehen werden, lassen sich Relationen sehr einfach durch Tabellen darstellen. Um aber den theoretischen Hintergrund dieses Modells zu erfassen, wollen wir zunächst mathematisch präzisieren, was unter einer Relation zu verstehen ist.

Relation

Eine Relation ist eine Teilmenge des kartesischen Produktes von Mengen.

Das, was hier mathematisch abstrakt „Menge“genannt wird, ist in unseren Überlegungen mit „Objekttyp“ gleichzusetzen. Das *kartesische Produkt* von Mengen, geschrieben

$$\mathop{\mathrm{X}}_{i=1}^{n} M_i = M_2 \mathrm{x} \ldots \mathrm{x} M_n,$$

ist die Menge aller **geordneten n-Tupel**

$(x_1, x_2, x_3, ...x_n,)$ mit $x_i \in M_i$.

Ein derartiges n-Tupel wird also gebildet, indem aus jeder Menge (Objekttyp) genau ein beliebiges Element (Objekt) herausgegriffen und im Tupel aufgeführt wird. Indem verschiedene Elemente aus den Mengen herausgegriffen werden, lassen sich unterschiedliche Tupel bilden. Die Tupel sind geordnet, weil die Reihenfolge, in der die Elemente im Tupel aufgeführt werden, der Reihenfolge der Mengen entspricht, aus denen sie herausgegriffen wurden. Die Menge aller möglichen Tupel, die so gebildet werden können, ist das kartesische Produkt.

Beispiel

Wir betrachten zwei Mengen: eine Menge M_S von Studenten, repräsentiert durch deren Matrikelnummern, und eine Menge M_F von Fachbereichen, repräsentiert durch entsprechende Namenskürzel.

$M_S = \{5001, 5003, 5007\}$ (Matr.Nr. der Studenten)
$M_F = \{ET, MA\}$ (Fachbereiche)

Das kartesische Produkt dieser beiden Mengen ist

$M_S \times M_F =$ {(5001, ET), (5003, ET), (5007, ET),
(5001, MA), (5003, MA), (5007, MA)}

Jedes einzelne Tupel beschreibt also die Zugehörigkeit eines bestimmten Studenten zu einem bestimmten Fachbereich. Das kartesische Produkt ist die Menge aller möglichen (denkbaren) Zugehörigkeiten. In Wirklichkeit kann aber ein Student jeweils nur einem Fachbereich angehören. Daher ist die Relation „Student – Fachbereich" eine Teilmenge des kartesischen Produktes:

$R \subseteq M_S \times M_F$
R = {(5001, ET), (5003, MA), (5007, ET)}

Allgemein gilt daher für eine *n-stellige Relation* zwischen den Mengen $M_1, M_2, \ldots, M_n$:

$R \subseteq \mathop{X}\limits_{i=1}^{n} M_i$, worin n der *Grad* der Relation ist.

Für den Sonderfall, daß alle M_i gleich M sind, schreibt man für das kartesische Produkt

$$\mathop{X}\limits_{i=1}^{n} M_i = M^n$$

und nennt $R \subseteq M^n$ eine n-stellige Relation *in* (oder *über*) M.

ANMERKUNG:

Das kartesische Produkt M^n ist nicht zu verwechseln mit der Potenzmenge, welche die Menge aller Teilmengen von M ist.

Für den Sonderfall, daß n=2 ist, nennt man das geordnete 2-Tupel (x_1, x_2) ein geordnetes Paar und $R \subseteq M_1 \times M_2$ eine binäre Relation. Anstelle von $(x_1, x_2) \in R$ für das geordnete Paar schreibt man auch $x_1 R x_2$ und sagt: x_1 und x_2 stehen in der Relation R.

Relationen lassen sich in Form von Tabellen darstellen. Dies ist von großem Vorteil, weil jeder gewohnt ist, bestimmte Sachverhalte in Form von Tabellen darzustellen.

Beispiel Die Relation des obigen Beispiels als Tabelle dargestellt:

FACHBER-ZUGEHÖRIGKEIT ← Relation

Matr#	Fachber.
5001	ET
5003	MA
5007	ET

← Attribute (Spalten)

← Tupel (Zeilen, Ausprägungen)

↑ ↑
Attributwerte (deren Wertebereiche: Domänen)

Das Beispiel gibt zugleich die typischen Begriffe für die Elemente der Tabelle wieder. Man erkennt außerdem, daß eine Relation auch als Teilmenge des kartesischen Produktes zwischen den Wertebereichen (Domänen) der Attribute angesehen werden kann.

Regeln für die Tabelle:

- Keine zwei Zeilen (Tupel) sind identisch (Mengen-Eigenschaft!).
- Die Reihenfolge der Zeilen ist bedeutungslos (Mengen-Eigenschaft!).
- Die Reihenfolge der Attribute in den Spalten ist bedeutungslos, sie muß nur festgelegt sein (geordnete n-Tupel!).
- Für jede Tabelle ist ein Primärschlüssel zu definieren (und durch Unterstreichen zu kennzeichnen).

Einige Begriffe, die im Zusammenhang mit dem relationalen Datenmodell üblich und wichtig sind, sollen an dieser Stelle definiert werden:

Relationstyp:

Typ einer Relation, gekennzeichnet durch einen Namen und die Attribute, z.B. `STUDENT(MATR#, NAME, ADRESSE, FACHBEREICH)`.

Relation:

Teilmenge des kartesischen Produktes über den Wertebereichen der Attribute.

Relationenschema:

Relationstyp zusammen mit den Wertebereichen der Attribute und explizit (und daraus implizit) gegebenen Abhängigkeiten der Attribute untereinander (z.B. aus `MATR#` folgt der Name).

Relationales Datenbankschema:

Menge von Relationenschemata und deren Beziehungen zueinander.

3.3.2 Darstellung von Strukturen im RDM

Zur Darstellung von Strukturen werden im relationalen Datenmodell ausschließlich Relationen benutzt, und zwar in der Form, daß strukturbezogene Information durch den Inhalt der Tabellen angegeben wird.

Relationen werden durch Tabellen dargestellt. Dabei werden die Beziehungen zwischen den Tabellen dadurch modelliert, daß der Primärschlüssel einer Tabelle in anderen Tabellen als sogenannter Fremdschlüssel auftritt. Primärschlüsselwerte in Verbindung mit den Fremdschlüsselwerten bilden also die Information über die Beziehungen zwischen den Objekttypen. Ein Fremdschlüssel läßt sich folgendermaßen definieren:

Fremdschlüssel (*foreign key*)

Ein Fremdschlüssel ist eine Attributkombination in einer Tabelle, die in einer *anderen* Tabelle als Primärschlüssel fungiert.

Wenden wir uns nun der Darstellung verschiedener Beziehungstypen zu.

1:1-Beziehungen:

Sie werden am einfachsten innerhalb *einer* Tabelle dargestellt:

AB

$\underline{A_1}$	A_2	....	$\underline{B_1}$	B_2	....

A_i, B_j: Attribute

Alternativ können sie aber auch als 1:m-Beziehung modelliert werden, die ja als Sonderfall die 1:1-Beziehung einschließt.

1:m-Beziehungen:

Sie werden dargestellt, indem der Primärschlüssel A_1 der Tabelle A als Fremdschlüssel in der Tabelle B auftritt:

A

$\underline{A_1}$	A_2	....

$\underline{B_1}$	B_2	....	A_1

Dazu noch eine wichtige Anmerkung.

Bei geringer Anzahl m von Datenobjekten vom Typ B und wenigen Attributen oder gar nur einem Attribut in B könnte man 1:m-Beziehungen ähnlich wie 1:1-Beziehungen darstellen, indem die Attribute von B wiederholt in den Spalten der Tabelle A auftreten (die Eindeutigkeit der Bezeichner müßte natürlich gewährleistet werden). Als Beispiel wollen wir annehmen, daß zu Prüfungen nicht nur eine Note je Fach erfaßt werden soll, sondern die Noten mehrerer Prüfungsversuche. Man könnte sich dann auf eine bestimmte maximale Anzahl von Versuchen festlegen und die Noten in einer entsprechenden Anzahl von Spalten ablegen. Diese Vorgehensweise ist aber ungünstig, weil z.B. nicht ausgeschlossen werden kann, daß eine spätere Prüfungsordnung eine größere Anzahl von Wiederholungen erlaubt. Generell ist also die oben angegebene Modellierung vorzuziehen. Die Wiederholung in Spalten sollte nur in begründeten Fällen gewählt werden.

m:n-Beziehungen:

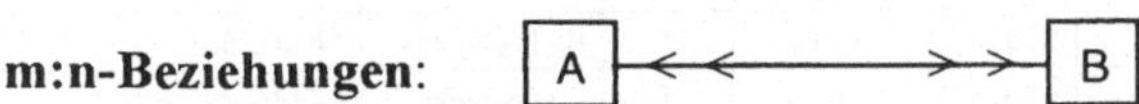

Sie werden durch eine zusätzliche Tabelle C dargestellt. Die Methode ähnelt der, die schon bei der Darstellung von m:n-Beziehungen im Netzwerkmodell angewendet worden ist (siehe Bild 3-9). Man könnte C als Kett-Tabelle (Kett-Objekttyp) bezeichnen, dies ist jedoch nicht üblich. Der Primärschlüssel A_1 der Tabelle A und der Primärschlüssel B_1 der Tabelle B treten als Fremdschlüssel in der Tabelle C auf und bilden dort gemeinsam den Primärschlüssel.

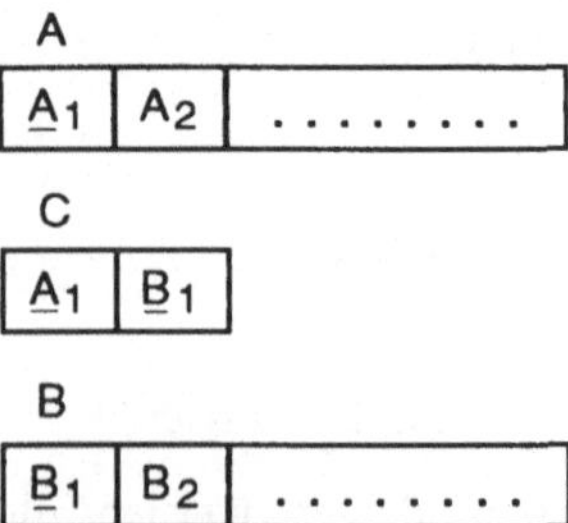

Diese Methode läßt sich auch auf mehrstellige Beziehungen anwenden. Für die Modellierung von Schleifen bedient man sich der gleichen Methodik wie beim Netzwerkmodell (siehe Bild 3-10).

3.3.3 Normalformen (NF)

Die Darstellung von Relationen, d.h. die Modellierung von Datenstrukturen durch den Entwurf geeigneter Tabellen, ist keineswegs unproblematisch oder gar trivial. Die folgenden Überlegungen können über den Rahmen des relationalen Datenmodells hinaus auch auf den Entwurf von Dateisystemen übertragen werden. So, wie der Programmierer um eine gute Strukturierung seines Programms bemüht sein sollte, sollte er auch um eine gute Strukturierung des Datenbestandes bemüht sein. Die gleiche Bedeutung, die der strukturierten Programmierung beim Entwurf von Programmen zukommt, kommt der im folgenden dargelegten Methodik zum Entwurf von Tabellen in Normalformen bei der Strukturierung von großen Datenbeständen zu.

Wir gehen von einem etwas umfangreicheren (aber immer noch vereinfachten) Beispiel der Verwaltung studentischer Prüfungsdaten aus, wie es Tabelle 3-1 zeigt.

Tabelle 3-1 Unnormalisierte Relation PRÜFUNGSDATEN

PRÜFUNGSDATEN										
PNR	FACH	PRÜFER	PRÜFLINGSDATEN							
			MATRNR	NAME	GEB	ADR	FBNR	FBNAME	DEKAN	NOTE
560	TDV	SCHMIDT	056635	Hammer	200958	Aachen	5	E.-Technik	Mutz	3
			056613	Beier	010757	Viersen	5	E.-Technik	Mutz	3
712	MA2	ACKER	073323	Meyer	110359	Essen	7	Maschinenbau	Brecht	2
			073509	Stolz	021259	Köln	7	Maschinenbau	Brecht	1
723	MA4	SCHROPP	073323	Meyer	110359	Essen	7	Maschinenbau	Brecht	6
			073509	Stolz	021259	Köln	7	Maschinenbau	Brecht	6

Man mag schon auf den ersten Blick einwerfen, daß dies kein guter Vorschlag für eine Tabellenstruktur sei (und das ist natürlich richtig), und daß kein geübter Programmierer auf die Idee käme, einen solchen Entwurf vorzulegen. Bei weit umfangreicheren Beispielen, bei denen man vielleicht von vornherein die Daten in mehreren Tabellen erfassen würde, könnte man sich aber über die Qualität eines vorliegenden Entwurfes trefflich streiten. Es stellt sich also die Frage nach *objektiven* Kriterien zur Bewertung eines Entwurfes und nach Regeln für den sachgerechten Entwurf der Struktur eines Datenbestandes.

An dem Beispiel fällt sofort die Redundanz negativ auf, d.h. bestimmte Daten sind mehrfach gespeichert. Insbesondere werden unter den Prüfungsnummern mehrfach die kompletten Daten von Studenten und Fachbereichen aufgeführt. Die Datenpflege ist dadurch erschwert. Außerdem ist die Tabelle so angelegt worden, daß die Prüflingsdaten eine untergeordnete Tabelle darstellen, die in der übergeordneten Tabelle eingeschachtelt ist. Zu einer Prüfungsnummer existieren mehrere Zeilen in der untergeordneten Tabelle. Dadurch wird die Tabelle in ihrer Struktur unnötig kompliziert.

Somit lassen sich folgende Ziele für die Normalisierung von Relationen (Tabellen) formulieren: Relationen sollten so entworfen werden, daß

- sie keine untergeordneten Relationen enthalten,
- so wenig wie möglich Redundanz vorhanden ist,
- keine Probleme bei der Datenpflege auftreten.

Definition: Erste Normalform (1.NF)

Eine Relation befindet sich in der ersten Normalform, wenn keines ihrer Attribute eine (untergeordnete) Relation darstellt.

Der gleiche Sachverhalt läßt sich offenbar auch ausdrücken, indem man fordert, daß keine Relationen-Schachtelung vorliegen darf oder daß alle Attribute elementar sein müssen. Eine Relation in der 1.NF heißt *normalisiert.*

Man führt die Normalisierung in die 1.NF aus, indem die untergeordnete Relation aus der übergeordneten herausgenommen wird und jede ihrer Zeilen um den Primärschlüssel der übergeordneten Relation ergänzt wird (Tabelle 3-2).

Tabelle 3-2 Relationen in der ersten Normalform

PRÜFUNG

PNR	FACH	PRÜFER
560	TDV	Schmidt
712	MA2	Acker
723	MA4	Schropp

PRÜFUNGSKANDIDAT

PNR	MATRNR	NAME	GEB	ADR	FBNR	FBNAME	DEKAN	NOTE
560	056635	Hammer	200958	Aachen	5	E.-Technik	Mutz	3
560	056613	Beier	010757	Viersen	5	E.-Technik	Mutz	3
712	073323	Meyer	110359	Essen	7	Maschinenbau	Brecht	2
712	073509	Stolz	021259	Köln	7	Maschinenbau	Brecht	1
723	073323	Meyer	110359	Essen	7	Maschinenbau	Brecht	6
723	073509	Stolz	021259	Köln	7	Maschinenbau	Brecht	6

Zu den so erhaltenen Tabellen ist anzumerken, daß sich ihre Bedeutungen geändert haben. Daher sind für die Tabellen neue Namen vergeben worden. Wie man sieht, tritt der Primärschlüssel der übergeordneten Tabelle nunmehr in den beiden neuen Tabellen auf.

Dies bedeutet nicht unbedingt eine Redundanzerhöhung bei der Speicherung der Daten, weil es dabei um die *logische* Beschreibung der Datenstruktur geht. Ferner erkennt man, daß die oben definierten Ziele durch diesen Normalisierungsschritt noch nicht erreicht worden sind. Wir wollen die Nachteile einer Relation in nur 1.NF angeben und dabei zugleich einige typische Begriffe einführen:

1. Redundanz:

   Die Charakterisierung eines Prüfungskandidaten durch

   `AME, GEB, ..... , DEKAN`

   kommt mehrmals vor und ist deshalb redundant.

2. `INSERT`-Anomalie (*insertion dependency*):

   In der Relation `PRÜFUNGSKANDIDAT` kann kein Student aufgenommen werden, der noch keine Prüfung abgelegt hat, weil der Primärschlüssel unvollständig wäre.

3. `DELETE`-Anomalie (*deletion dependency*):

   Dies ist das inverse Problem zur `INSERT`-Anomalie. Soll die Prüfung mit `PNR=560` des Studenten Hammer – dieser hat bisher nur eine Prüfung abgelegt – gestrichen werden, so wird gleichzeitig alle Information über den Studenten gelöscht.

4. `UPDATE`-Anomalie (*update dependency*):

   Soll die Adresse des Studenten Meyer geändert werden, so muß dies in zwei Zeilen geschehen (dies resultiert aus der Redundanz).

Bei genauer Betrachtung der Tabelle `PRÜFUNGSKANDIDAT` fällt auf, daß nicht alle Attribute von dem kompletten Primärschlüssel (`PNR, MATRNR`) abhängig sind, sondern daß die Attribute `NAME ... DEKAN` nur von der Matrikelnummer `MATRNR` des Studenten abhängen. Einzig das Attribut `NOTE` ist von der Prüfungsnummer `PNR` des Faches *und* der Matrikelnummer `MATRNR` abhängig. Dabei ist zu beachten, daß wir diese Aussage auf der Basis einer inhaltlichen Untersuchung der Attribute, nämlich hinsichtlich ihrer Bedeutung und ihrer Abhängigkeiten untereinander, getroffen haben, also auf der Basis einer *semantischen* Analyse.

Für die Definition der zweiten Normalform führen wir vorweg folgende Begriffe ein:

- Funktionale Abhängigkeit,
- volle funktionale Abhängigkeit,
- Schlüsselattribute und Nicht-Schlüsselattribute,
- Komplement eines Schlüsselkandidaten.

Begriffs-Definitionen:

Seien X und Y disjunkte Attributkombinationen in einer Relation R.

Funktionale Abhängigkeit:

Y ist von X funktional abhängig, wenn zu jedem Zeitpunkt jedem Wert von X genau ein Wert von Y zugeordnet ist.

Man schreibt: $R.X \rightarrow R.Y$
oder $X \rightarrow Y$

und sagt: X determiniert Y; X ist eine *Determinante* von Y.

Das Symbol für nicht funktional abhängig ist $\not\longrightarrow$.

ANMERKUNG:

Die funktionale Abhängigkeit ist für alle Beziehungen vom Typ 1:1 oder m:1 gegeben!

Determinante einer Attributkombination:

Eine Determinante ist eine Attributkombination von R, von der eine andere Attributkombination von R funktional abhängig ist.

Voll funktionale Abhängigkeit:

Y ist von X *voll* funktional abhängig, wenn Y von X funktional abhängig ist *und* von keiner echten Teilmenge von X abhängig ist.

Man schreibt: `R.X` $\stackrel{\bullet}{\longrightarrow}$ `R.Y` oder `X` $\stackrel{\bullet}{\longrightarrow}$ `Y`

und sagt: Y ist voll funktional von X abhängig.

ANMERKUNG:

Man kann diesen Sachverhalt auch so deuten: Die Menge der Attribute in X, welche die Menge der Attribute in Y determinieren, ist minimal; d.h. X ist Schlüsselkandidat bezüglich Y.

Beispiel In der Relation `PRÜFUNGSKANDIDAT` (Tabelle 3-2) gilt:

`(PNR, MATRNR)` $\stackrel{\bullet}{\longrightarrow}$ `NOTE`

`(PNR, MATRNR)` $\stackrel{\bullet}{\not\longrightarrow}$ `NAME, ... , DEKAN`

denn `MATRNR` $\stackrel{\bullet}{\longrightarrow}$ `NAME, ... , DEKAN`

ANMERKUNG:

Die voll funktionale Abhängigkeit ist stets gegeben, wenn X aus nur einem Attribut besteht und Y von X funktional abhängig ist.

Schlüsselattribut (Primärattribut;. *prime attribute*):

Ein Schlüsselattribut ist ein Attribut, das in mindestens einem der Schlüsselkandidaten (Schlüssel) von R vorkommt.

Nicht-Schlüsselattribute heißen also alle restlichen Attribute von R; sie kommen in *keinem* der Schlüsselkandidaten vor.

Komplement eines Schlüsselkandidaten:

Alle nicht zu einem bestimmten Schlüsselkandidaten gehörenden Attribute von R bilden zusammengenommen das Komplement dieses Schlüsselkandidaten.

Mit diesen Begriffen sind wir nun in der Lage, die zweite Normalform zu definieren. Allerdings gibt es dafür zwei Definitionen. Die eine stammt von CODD [Codd 71], die andere von KENT [Kent 73]. Aus historischen Gründen soll hier zunächst die Definition nach CODD angegeben werden, obwohl wir für die Normalisierung die Definition nach KENT, die inhaltlich verschieden und restriktiver ist, heranziehen werden.

Definition: Zweite Normalform (2.NF) nach CODD

Eine Relation R befindet sich in der 2.NF, wenn sie in der 1.NF ist *und* wenn jedes Nicht-Schlüsselattribut von R *voll funktional* von jedem Schlüsselkandidaten von R abhängig ist.

Man beachte, daß in dieser Definition nur die Nicht-Schlüsselattribute betrachtet werden. Dies sind im allgemeinen weniger Attribute, als die Anzahl der Attribute im jeweiligen Komplement eines Schlüsselkandidaten. Die folgende Definition nach KENT ist daher restriktiver.

Definition: Zweite Normalform (2.NF) nach KENT

Eine Relation in der 1.NF ist auch in der 2.NF, wenn jedes Attribut im Komplement eines jeden Schlüsselkandidaten *voll funktional* von diesem abhängig ist.

Diese Definition ist einschränkender als die Definition nach CODD, weil nicht nur die Nicht-Schlüsselattribute untersucht werden, sondern jeweils alle Attribute, die nicht zum betrachteten Schlüsselkandidaten gehören.

Eine andere Formulierung, die vielleicht etwas einfacher zu lesen ist, lautet:

Merkform 2.NF (gemäß KENT):

Zusätzlich zur 1.NF gilt für jeden Schlüsselkandidaten:

Alle nicht zum Schlüsselkandidaten gehörenden Attribute sind von diesem *voll funktional* abhängig.

Die Relation `PRÜFUNG` in der Tabelle 3-2 ist demnach in der 2.NF (Schlüsselkandidaten sind `PNR` und `FACH`). Dies gilt nicht für die Relation `PRÜFUNGSKANDIDAT`. Wir nehmen daher die Attribute `NAME ... DEKAN`, die nur von der Matrikelnummer `MATRNR` abhängig sind, aus der Tabelle heraus. Das Ergebnis zeigt Tabelle 3-3. Wieder haben sich die Bedeutungen für die so entstandenen Tabellen geändert, ihnen sind daher neue Namen zugeordnet worden.

Man erkennt aber auch sofort, daß immer noch Redundanz vorhanden ist und Änderungsanomalien auftreten. Wird z.B. eine andere Person Dekan, so ist diese Änderung in mehreren Zeilen durchzuführen. Dies liegt an sogenannten „transitiven Abhängigkeiten", die zunächst definiert werden sollen.

Tabelle 3-3 Relationen in zweiter Normalform

PRÜFUNG

<u>PNR</u>	FACH	PRÜFER
560	TDV	Schmidt
712	MA2	Acker
723	MA4	Schropp

BENOTUNG

<u>PNR</u>	<u>MATRNR</u>	NOTE
560	056635	3
560	056613	3
712	073323	2
712	073509	1
723	073323	6
723	073509	6

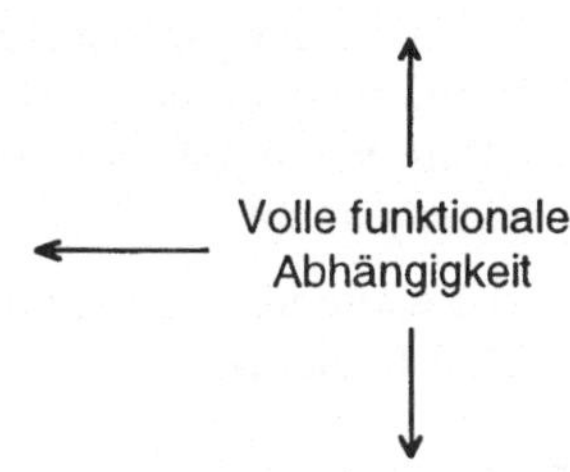

STAMMDATEN

<u>MATRNR</u>	NAME	GEB	ADR	FBNR	FBNAME	DEKAN
056635	Hammer	200958	Aachen	5	E.-Technik	Mutz
056613	Beier	010757	Viersen	5	E.-Technik	Mutz
073323	Meyer	110359	Essen	7	Maschinenbau	Brecht
073509	Stolz	021259	Köln	7	Maschinenbau	Brecht

Transitive Abhängigkeit:

Seien X, Y und Z disjunkte Attributkombinationen in einer Relation R.

Z ist transitiv abhängig von X, wenn gilt:

1. $R.X \rightarrow R.Y$
2. $R.Y \rightarrow R.Z$
3. $R.Y \nrightarrow R.X$

In Worten: X determiniert Y und Y determiniert Z, aber Y determiniert *nicht* X. Diese letzte Bedingung darf nicht übersehen werden! Im übrigen gilt dann auch: $R.X \rightarrow R.Z$ und $R.Z \nrightarrow R.X$. Ist Z transitiv von X abhängig, so schreibt man: $R.X \mapsto R.Z$ oder $X \mapsto Z$.

In der Relation `STAMMDATEN` der Tabelle 3-3 sind die Attribute `FBNAME` und `DEKAN` über `FBNR` transitiv abhängig von `MATRNR`, da gilt:

$$\left.\begin{array}{l} \texttt{MATRNR} \rightarrow \texttt{FBNR} \rightarrow \texttt{FBNAME} \\ \texttt{MATRNR} \rightarrow \texttt{FBNR} \rightarrow \texttt{DEKAN} \end{array}\right\} \text{ und } \texttt{FBNR} \nrightarrow \texttt{MATRNR}.$$

Nach Klärung des Begriffs der transitiven Abhängigkeit kann nun die dritte Normalform definiert werden. Wie schon bei der 2.NF existieren zwei inhaltlich unterschiedliche Definitionen von CODD und KENT.

Definition: Dritte Normalform (3.NF) nach CODD

Eine Relation befindet sich in der 3.NF, wenn sie in der 2.NF ist und *kein* Nicht-Schlüsselattribut von einem Schlüsselkandidaten transitiv abhängig ist.

Eine andere Formulierung der 3.NF nach BOYCE/CODD, die ohne die 2.NF als Voraussetzung auskommt und zu der obigen Definition äquivalent ist, sei hier ergänzend (ohne Beweis der Äquivalenz) angegeben:

Definition: Dritte Normalform nach BOYCE/CODD

Eine Relation in der 1.NF ist auch in der 3.NF, wenn jedes Nicht-Schlüsselattribut nur von solchen Attributkombinationen *funktional* abhängig ist, die einen Schlüsselkandidaten enthalten (d.h. wenn jede Determinante eines Nicht-Schlüsselattributes einen Schlüsselkandidaten enthält).

Für die Normalisierung von Relationen wollen wir uns der wiederum einschränkenderen Definition der 3.NF nach KENT bedienen.

Tabelle 3-4 Relationen in dritter Normalform

PRÜFUNG

PNR	FACH	PRÜFER
560	TDV	Schmidt
712	MA2	Acker
723	MA4	Schropp

BENOTUNG

PNR	MATRNR	NOTE
560	056635	3
560	056613	3
712	073323	2
712	073509	1
723	073323	6
723	073509	6

STUDENT

MATRNR	NAME	GEB	ADR	FBNR
056635	Hammer	200958	Aachen	5
056613	Beier	010757	Viersen	5
073323	Meyer	110359	Essen	7
073509	Stolz	021259	Köln	7

FACHBEREICH

FBNR	FBNAME	DEKAN
5	E.-Technik	Mutz
7	Maschinenbau	Brecht

Definition: Dritte Normalform (3.NF) nach KENT

Eine Relation in der 2.NF ist auch in der 3.NF, wenn *kein* Attribut im Komplement eines jeden Schlüsselkandidaten von diesem transitiv abhängig ist.

Eine andere Formulierung, die vielleicht etwas leichter zu lesen ist, lautet:

Merkform 3.NF (gemäß KENT):

Zusätzlich zur 2.NF gilt für jeden Schlüsselkandidaten:

Alle nicht zum Schlüsselkandidaten gehörenden Attribute sind von diesem *nicht transitiv* abhängig.

Beseitigt man die transitiven Abhängigkeiten in der Tabelle 3-3, indem man die Attribute `FBNAME` und `DEKAN` herausnimmt, so erhält man die in Tabelle 3-4 dargestellten Relationen in 3.NF. Für dieses Beispiel ist damit das Ziel erreicht worden, Redundanzen und Anomalien bei der Datenmanipulation zu vermeiden. In den weitaus meisten Fällen reichen in der Praxis diese Normalisierungsschritte aus. Dennoch lassen sich Beispiele von Relationen finden, die sich in dritter Normalform befinden und dennoch Redundanz aufweisen. Dies hat dazu geführt, daß weitere Normalformen definiert worden sind. Es würde den Rahmen einer Einführung in die Datenbanktechnik sprengen, die komplette Theorie der Normalformen wiedergeben zu wollen. Dennoch soll dieses Thema noch ein wenig vertieft werden. Die Darlegungen werden vor allem erkennen lassen, daß schon als pathologisch zu bezeichnende Beispiele herangezogen werden müssen, um die Notwendigkeit weiterer Normalisierungsschritte zu begründen.

Beispiel

Wir betrachten einen Relationstyp mit dem Namen `SVP`, der die Beziehungen zwischen Studenten (`STUD`), Vorlesungen (`VORLSG`) und Professoren (`PROF`) erfaßt: `SVP(STUD, VORLSG, PROF)`. Dabei sollen zwischen den Attributen folgende Abhängigkeiten bestehen: Ein Student hört eine Vorlesung bei einem bestimmten Professor. Ferner liest ein Professor genau eine Vorlesung (dies ist zugegebenermaßen keine praxisgerechte Annahme!). Das bedeutet:

`(STUD, VORLSG)` → `PROF` und

`PROF` → `VORLSG`.

SVP

STUD	VORLSG	PROF
Maier	Mathem.	Acker
Maier	Elektr.	Mutz
Schulze	Mathem.	Acker
Schulze	Elektr.	Amel

Es existieren somit zwei Schlüsselkandidaten: (`STUD, VORLSG`) und (`STUD, PROF`). Der zweite Schlüsselkandidat resultiert daraus, daß ein Student wegen `PROF` → `VORLSG` nur eine bestimmte Vorlesung hören kann. Somit gibt es keine Nicht-Schlüsselattribute. Also befindet sich die Relation nach CODD in 3.NF. Nach

KENT ist sie aber nicht einmal in 2.NF, denn das Attribut VORLSG ist vom Schlüsselkandidaten (STUD, PROF) nicht voll funktional abhängig, sondern nach der vorgegebenen Abhängigkeit PROF → VORLSG allein von PROF. Daraus resultiert auch Redundanz, denn die Information, daß Professor Acker Mathematik liest, kommt zweimal in der Tabelle vor. Es ist auch eine Delete-Anomalie festzustellen: Soll die Information „Schulze hört Elektrotechnik" gelöscht werden, so geht gleichzeitig die Information „Amel liest Elektrotechnik" verloren. Das liegt daran, daß zwar PROF → VORLSG, aber PROF keinen Schlüsselkandidaten enthält.

Wie wir festgestellt haben, befindet sich die Relation des Beispiels nach CODD in 3.NF, und dies natürlich auch gemäß der äquivalenten Formulierung der 3.NF nach BOYCE/CODD. Es wurde daher eine weitere Normalform von BOYCE/CODD angegeben, welche die Forderung der 3.NF nach ihrer Formulierung auf *beliebige* Attributkombinationen ausdehnt.

Definition: BOYCE/CODD-Normalform (BCNF)

Eine Relation R in der 1.NF ist auch in der BCNF, wenn jede Determinante in R einen Schlüsselkandidaten enthält.

Die Relation SVP befindet sich nicht in BCNF, denn PROF → VORLSG (d.h. PROF ist Determinante von VORLSG), aber PROF ist nicht Schlüsselkandidat. Die Überführung der Relation in BCNF liefert:

HÖRT

STUD	PROF
Maier	Acker
Maier	Mutz
Schulze	Acker
Schulze	Amel

LIEST

STUD	VORLSG
Acker	Mathem.
Mutz	Elektr.
Amel	Elektr.

Neben den bisher besprochenen Abhängigkeiten gibt es noch die *mehrwertige* Abhängigkeit, die unter gewissen Umständen zu Redundanzen und Anomalien führt.

Mehrwertige Abhängigkeit (*multivalued dependency*)

Seien X und Y Attributkombinationen in der Relation R.

Y ist von X *mehrwertig* abhängig, wenn zu jedem Zeitpunkt einem Wert von X eine bestimmte Menge von Y-Werten zugeordnet ist.

Man schreibt: X —>> Y .

Ein Beispiel dafür ist, daß ein Professor mehrere Vorlesungen hält. Dies ist allerdings eine *triviale* mehrwertige Abhängigkeit, weil wir u.a. davon ausgegangen sind, daß wir nur diese zwei disjunkten Attributmengen (hier sogar einzelne Attribute) betrachtet haben.

Die mehrwertige Abhängigkeit X —>> Y führt zu Redundanz, wenn von X auch andere Attributkombinationen (funktional oder mehrwertig) abhängen, die ihrerseits untereinander funktional unabhängig sind, z.B.

$$X \longrightarrow\!\!> Y \quad \text{und } X \longrightarrow\!\!> Z,$$
$$\text{aber } Y \not\rightarrow Z \quad \text{und } Z \not\rightarrow Y.$$

Beispiel

Wir betrachten einen Relationstyp mit dem Namen PVM, der die Beziehungen zwischen Professoren (PROF), Vorlesungen (VORLSG) und Mitarbeitern (MITARB) erfaßt. Dabei gelte PROF —>> VORLSG und PROF —>> MITARB, VORLSG ↛ MITARB und MITARB → VORLSG (Unabhängigkeit der mehrwertigen Abhängigkeiten). Ferner gelte VORLSG ↛ PROF und MITARB ↛ PROF (es gibt also keine Determinanten). Die Relation befindet sich damit in BCNF.

PVM

PROF	VORLSG	MITARB
Acker	Mathem.	Hinz
Acker	Mathem.	Kunz
Acker	Statistik	Hinz
Acker	Statistik	Kunz
Amel	Elektr.	Müller
Amel	Elektr.	Meier
Amel	Meßtechn.	Müller
Amel	Meßtechn.	Meier

Für jeden Professor müssen alle möglichen Wertekombinationen seiner Vorlesungen und seiner Mitarbeiter als eigene Tupel aufgeführt werden. Würde also ein Professor eine neue Vorlesung halten, so müßten jeweils alle Kombinationen dieser Vorlesung und seiner Mitarbeiter in die Relation aufgenommen werden (obwohl die Vorlesungen und Mitarbeiter nichts miteinander zu tun haben).

Eine *nicht-triviale* mehrwertige Abhängigkeit liegt in einer Relation R mit der Gesamt-Attributmenge A vor, wenn für X —>> Y folgende triviale Fälle ausgeschlossen werden:

1. $Y \subseteq X$ (Y ist echte oder unechte Teilmenge von X),
2. $Y = A \setminus X$ (Y ist die Differenz der Mengen A und X),
3. $Y = \varnothing$ (Y ist die leere Menge).

In einer Relation R(X, Y, Z) mit den disjunkten Attributkombinationen X, Y und Z liegt somit genau dann eine nicht-triviale mehrwertige Abhängigkeit X —>> Z vor, wenn für jede auftretende Kombination eines Tupels r[X] mit einem Tupel r[Y] sich stets die gleiche durch r[X] bestimmte Menge M_{xy} von Tupeln r[Z] ergibt. Man kann leicht nachvollziehen, daß dies in der oben dargestellten Relation PVM der Fall ist (mit X=PROF, Y=VORLSG, Z=MITARB; aber auch mit X=PROF, Y=MITARB, Z=VORLSG).

Definition: Vierte Normalform (4.NF)

Eine Relation in der 1.NF ist auch in der 4.NF, wenn jede Attributkombination, von der eine andere Attributkombination nicht-trivial mehrwertig abhängig ist, einen Schlüsselkandidaten enthält.

Die Relation des vorherigen Beispiels läßt sich in zwei Relationen zerlegen, die in 4.NF sind:

HÄLT

PROF	VORLSG
Acker	Mathem.
Acker	Statistik
Amel	Elektr.
Amel	Meßtechn.

HAT

PROF	MITARB
Acker	Hinz
Acker	Kunz
Amel	Müller
Amel	Meier

Zu den Normalformen ist noch anzumerken, daß stets der folgende Normalisierungsschritt den vorhergehenden einschließt. Dies geht aus den Definitionen der 1. bis 3.NF und der BCNF hervor, gilt aber auch für die 4.NF. Eine Relation in 4.NF ist also auch in BCNF, diese ist wiederum auch in 3.NF usw. Da zur Definition der 4.NF die vorhergehenden Definitionen nicht benötigt wurden, kann man die Frage stellen, wozu diese beim relationalen Entwurf einer Datenbank benötigt werden. Die Antwort lautet, daß es im allgemeinen hilfreich ist, den Entwurf in leichter zu bewältigenden Einzelschritten auszuführen. Hinsichtlich weiterer Überlegungen zu den Normalformen sei auf die Literatur verwiesen.

3.3.4 Globale Entwurfskonzepte

Die Normalisierung der Relationen hat nur die Vermeidung von Redundanzen und Anomalien in den einzelnen Relationen zum Ziel. Redundanzfreiheit und Datenkonsistenz müssen aber auch über alle Relationen hinweg, also auf globaler (interrelationaler) Ebene, gewährleistet werden. Die folgenden Darlegungen geben Überlegungen dazu aus [Zehnder 85] wieder.

Es sollen zunächst die beiden Begriffe globales und lokales Attribut eingeführt werden.

Globales Attribut

Ein globales Attribut ist ein Attribut, daß in irgendeiner Relation Primärschlüssel-Attribut ist.

Lokales Attribut

Ein lokales Attribut ist ein Attribut, das in genau einer Relation vorkommt und dort *nicht* Primärschlüssel-Attribut ist.

Redundanzlosigkeit auf *globaler Ebene* wird erreicht, wenn alle Relationen nur globale oder lokale Attribute enthalten.

Weder lokale noch globale Attribute treten auf, wenn die selben Attribute eines Objektes in verschiedenen Relationen beschrieben werden. Dies ist z.B. bei überlappenden Objekttypen (siehe Abschnitt 2.1) der Fall. Das Problem läßt sich dadurch lösen, daß eine übergeordnete Relation eingeführt wird, die die weder lokalen noch globalen Attribute aufnimmt.

Beispiel

Die beiden Relationstypen

```
STUDENT(MATRNR, NAME, ADRESSE, FACHBER)
MITARB(MITNR, NAME, ADRESSE, GEHALT)
```

werden überführt in

```
HOCHSCHULANGH(PERSNR, NAME, ADRESSE)
STUDENT(PERSNR, MATRNR, FACHBER)
MITARB(PERSNR, MITNR, GEHALT).
```

Das Relationenmodell selbst enthält keine Konzepte, die Konsistenz der Daten auf globaler Ebene zu gewährleisten. Da das Relationenmodell aber die Beziehungen zwischen den Objekttypen ausschließlich durch den Inhalt der Tabellen beschreibt, ist gerade für diese Angaben die Konsistenz von größter Wichtigkeit. Man spricht in diesem Zusammenhang von der **referentiellen Integrität**. Leider wird die referentielle Integrität von den zur Zeit kommerziell verfügbaren Datenbanksystemen nur wenig unterstützt, meist in der Form, daß vom Anwender zu programmierende Prozeduren die Integrität kontrollieren. Auch die Datenbanksprache SQL (*Structured Query Language*) für relationale Datenbanksysteme bietet keine Möglichkeiten, Integritätsbedingungen (*integrity constraints*) dieser Art zu formulieren.

Beispiel

m:n-Beziehung Bauteil-Lieferant

```
BAUTEIL(TEILNR, BEZEICHNG, ... )
LIEFERANT(LIEFNR, NAME, ADRESSE, ... )
B-L(TEILNR, LIEFNR, PREIS)
```

Ein Eintrag von `TEILNR` und `LIEFNR` in die Relation B-L ist nur sinnvoll, wenn entsprechende Einträge in den Relationen `BAUTEIL` und `LIEFERANT` vorhanden sind.

Die referentielle Integrität wird durch das Konzept der statischen und dynamischen Wertebereiche kontrollierbar.

Statischer Wertebereich

Ein statischer Wertebereich ist ein Wertebereich, der zum Zeitpunkt der Datenbank-Definition festliegt.

Dynamischer Wertebereich

Ein dynamischer Wertebereich ist ein Wertebereich, der durch die Menge der *aktuellen* Werte eines Primärschlüssels in einer Relation gegeben ist (und sich somit zeitlich ändern kann).

Die referentielle Integrität wird mit Hilfe der folgenden Regeln gewährleistet [Zehnder 85]:

- Jedem *lokalen* Attribut muß ein *statischer* Wertebereich zugeordnet sein.
- Jedem *globalen* Attribut darf in nur *genau einer* Relation, in der es Primärschlüssel-Attribut ist, ein *statischer* Wertebereich zugeordnet sein. In allen anderen Relationen muß ihm ein *dynamischer* Wertebereich zugeordnet sein.

Kurz gesagt: Fremdschlüssel dürfen nur Werte aus dem dynamischen Wertebereich des entsprechenden Primärschlüssels annehmen.

3.3.5 Datendefinition im relationalen Datenmodell (RDM)

Die Datendefinition im relationalen Datenmodell soll beispielhaft mit Hilfe der Datenbanksprache SQL (*Structured Query Language*) aufgezeigt werden. Zu den Datenbanksprachen allgemein und speziell zu SQL ist schon einiges im Abschnitt 1.6 gesagt worden. Im Zuge der Standardisierung haben viele Hersteller von relationalen Datenbanksystemen SQL in ihr System integriert, so daß SQL von der Großrechner-Ebene bis zur Personal-Computer-Ebene verfügbar ist. Obwohl SQL genormt ist [ANSI 86], entspricht diese Sprache in keinem der verfügbaren relationalen Datenbanksystemen dieser Norm. Hinsichtlich der Unterschiede in den einzelnen Systemen, wie z.B. SQL/DS (SQL/Data System) von IBM, INFORMIX-SQL, ORACLE oder dBase IV sei auf die einschlägige Literatur verwiesen [Postels 91, Vossen 88]. In diesem Abschnitt soll zunächst auf Aspekte der Datendefinition in SQL eingegangen werden.

SQL kennt keine „Phasen" für die Definition von logischen und externen Schemata. Der Benutzer kann die Datenbestände alternierend definieren und manipulieren. Es können *Tabellen* (*tables*) als grundlegende Relationen und *Sichten* (*views*) als spezielle Anwendersichten definiert werden. Sichten sind Relationen, die nicht physisch sondern nur virtuell existieren. Sie können auf der Basis von Tabellen und bereits vereinbarten Sichten definiert werden. Sie stellen somit eine temporäre Zusammenstellung und Auswahl von Daten aus der Sicht des Anwenders dar.

Für die folgenden Ausführungen greifen wir auf das Beispiel einer einfachen Studenten-Verwaltung nach Bild 2-4 zurück.

Beispiel Studenten-Verwaltung

Relationstypen:

```
FACHBEREICH(FBNR, FBNAME, DEKAN)
STUDENT(MATRNR, NAME, GEB, ADR, FBNR)
PRUEFUNG(PNR, FACH, PRUEFER)
BENOTUNG(PNR, MATRNR, NOTE)
```

Definition von Tabellen in SQL:

```
CREATE TABLE <Tabellenname>
    (<Feldname> <Datentyp>
    [, <Feldname> <Datentyp> ] ... );
```

Jeder SQL-Befehl ist mit einem Semikolon abzuschließen. Spitze Klammern < >, eckige Klammern `[ ]` und Punkte `...` dienen wie üblich zur Syntaxbeschreibung (<>: vom

Anwender einzusetzende Ausdrücke; [ ]: optional; ... : Wiederholung möglich) und sind somit nicht Bestandteil des SQL-Befehls. Der Begriff „Feldname" steht hier synonym für „Spaltenname" oder „Attributname".

Beispiel

```
CREATE TABLE FACHBEREICH
    (FBNR CHAR(2),
    FBNAME CHAR(20),
    DEKAN CHAR(20));
CREATE TABLE STUDENT
    MATRNR CHAR(6),
    NAME CHAR(20),
    GEB DATE,
    ADR CHAR(35),
    FBNR CHAR(2));
CREATE TABLE PRUEFUNG
    (PNR CHAR(6),
    FACH CHAR(20),
    PRUEFER CHAR(20));
CREATE TABLE BENOTUNG
    (PNR CHAR(3),
    MATRNR CHAR(6),
    NOTE DECIMAL(2,1));
```

Definition von Sichten in SQL:

```
CREATE VIEW <Sichtname> [<Spaltenliste>]
    AS SELECT-Anweisung
    [WITH CHECK OPTION];
```

Die SELECT-Anweisung wird zwar erst im nächsten Abschnitt 3.3.6 besprochen, das folgende Beispiel ist aber wohl selbsterklärend. Auf die WITH-CHECK-OPTION-Klausel soll hier nicht eingegangen werden (siehe SQL-Darstellung im Anhang).

Beispiel Es soll eine Sicht INFSTUDENT aus der Tabelle STUDENT erzeugt werden

```
CREATE VIEW INFSTUDENT (MATRIKELNR, STUDGANG)
    AS SELECT MATRNR, FBNAME
    FROM STUDENT
    WHERE FBNAME = 'INFORMATIK'
```

ANMERKUNG:

Es können neue Attributnamen gegenüber der Tabelle STUDENT definiert werden (hier: MATRNR geht über in MATRIKELNR und FBNAME geht über in STUDGANG).

Schlüssel können in SQL nicht explizit definiert werden, jedoch implizit durch Einrichtung von Indexen. In einem Index werden die Primär- oder Sekundärschlüssel sortiert abgelegt und ihnen jeweils ein Zugriffspfad auf den oder die zugehörigen Datensätze zugeordnet (siehe Kapitel 4). Ein Index dient primär der Verbesserung des Zugriffverhaltens auf die Datensätze. Er ist mit dem Stichwortverzeichnis eines Buches zu vergleichen, das einem Stichwort die entsprechende Seite im Buch zuordnet und so einen schnellen Zugriff auf die gewünschte Information erlaubt, ohne das gesamte Buch sequentiell durchsuchen zu müssen.

Anlegen eines Indexes in SQL (implizit auch Schlüssel-Definition)

```
CREATE [UNIQUE] INDEX <Indexname>
    ON <Tabellenname>
    (<Feldname> [ASC|DESC] [, <Feldname> [ASC|DESC]] ... );
```

Mit UNIQUE wird ein Index für einen Primärschlüssel angelegt, d.h. es können keine Duplikate in den Index eingegeben werden. ASC/DESC bedeutet auf- oder absteigende Sortierfolge für die Felder.

Beispiel Einrichten von Indexen

```
CREATE UNIQUE INDEX INDFB
    ON FACHBEREICH
    (FBNR ASC);

CREATE UNIQUE INDEX INDSTUD
    ON STUDENT
    (MATRNR ASC);

CREATE UNIQUE INDEX INDPRUEF
    ON PRUEFUNG
    (PNR ASC);

CREATE UNIQUE INDEX INDPRERG
    ON BENOTUNG
    (PNR ASC, MATRNR ASC);
```

Hinsichtlich weiterer SQL-Befehle zur Datendefinition sei auf den Anhang verwiesen.

3.3.6 Datenmanipulation im RDM

Wie wir gesehen haben, können Relationen als Teilmengen des kartesischen Produktes von Mengen aufgefaßt werden. Das Relationenmodell ist damit mathematisch exakt beschreibbar. So können auch die Operationen in diesem Modell mathematisch definiert werden. Die Datenmanipulationssprachen beruhen im Relationenmodell auf zwei äquivalenten Theorien: der Relationenalgebra und dem Relationenkalkül. Andererseits lassen sich Relationen graphisch anschaulich durch Tabellen darstellen. Es sind daher Datenmanipulationssprachen entwickelt worden, die von der Anschauung ausgehen und so auch dem nicht mit dem Datenbanksystem vertrauten Benutzer die Datenmanipulation und speziell die Datenabfrage ermöglichen. Hier lassen sich zwei Ansätze unterscheiden: die *Abbildungssprachen* (*mapping languages*), zu denen auch SQL gehört, und grafisch orientierte Sprachen. Im folgenden soll zunächst auf die Relationenalgebra eingegangen werden, dann die Datenmanipulation mit SQL exemplarisch dargestellt und schließlich ein

Beispiel für eine graphisch orientierte Datenabfrage (QBE: *Query By Example*; Beispiel in dBase IV) angegeben werden.

Relationenalgebra

Die wichtigste Grundoperation auf Datenstrukturen ist der Zugriff auf gewünschte Daten. Da die Tabellen im Relationenmodell als Mengen aufgefaßt werden können, sind a priori alle Mengenoperationen möglich:

- Vereinigung (*union*) $\bigcup_i M_i$,
- Durchschnitt (*intersection*) $\bigcap_i M_i$,
- Differenz (*difference*) $M_i \setminus M_j$,
- kartesisches Produkt (*cartesion product*) $\mathop{X}_i M_i$

Hinzu kommen spezielle **Relationenoperationen**. Bevor diese definiert werden, wollen wir einige Schreibweisen festlegen:

- Sei A eine Attributkombination der Relation R:

  $R = R(A)$ mit
  $A = (A_1, A_2, \ldots.., A_k)$.

  Ein Tupel hiervon ist

  $r[A] = (r_1, r_2, \ldots.., r_k)$.
- Sei Θ ein Vergleichsoperator

  $\Theta \in \{<, \leq, =, \neq, \geq, >\}$
- Für die Kettung von Tupeln (*Konkatenation*) schreiben wir

  $r_1//r_2$ (auch $r_1 \cdot r_2$)

Wir definieren nun die folgenden Relationenoperationen:

Projektion (*projection*)

Die Projektion ist die Auswahl bestimmter Attribute (Spalten) aus einer Relation.

Projektion von R auf A:

$$R[A] = \{r[A] \mid r \in R\}$$

Entstehen zwei gleiche Tupel, so ist eines davon zu streichen.

Selektion (auch **Restriktion**; *selection*)

Die Selektion selektiert aus einer Relation alle Tupel (Zeilen), die eine gegebene Bedingung erfüllen.

Selektion von R bezüglich <logischer Ausdruck>:

$$R[\text{log. Ausdruck}] = \{r \mid r \in R \wedge (\text{logischer Ausdruck in } r)\}$$

Ein logischer Ausdruck besteht aus Vergleichsausdrücken (Vergleichsoperatoren angewendet auf die Attribute A_i, wobei gleiche Datentypen bei den Operanden vorausgesetzt werden), die durch logische Operatoren verknüpft sein können.

Verbund (auch **Verbindung**; *join*)

Paarweise Zusammensetzung (Konkatenation) aller Tupel (Zeilen) von zwei Relationen, bei denen ein bestimmter Vergleich zwischen den beiden Tupeln erfüllt ist.

Sei A Attributkombination von R und B Attributkombination von S.
Θ-Verbund von R und S bezüglich A und B:

$$R[A\Theta B]S = \{r//s \mid r \in R \wedge s \in S \wedge (r[A]\ \Theta\ s[B])\}$$

Speziell spricht man von einem *natürlichen Verbund*, wenn

1. Θ gleich „=“ ist,
2. eine der beiden (redundanten) Attributkombinationen aus dem Verbund eliminiert wird (durch Projektion).

Ergebnisse von Relationenoperationen sind also Mengen (Relationen), die natürlich wieder als Tabellen dargestellt werden können.

Bevor die Datenmanipulation mit Hilfe dieser Relationenoperationen ausführlich durch Beispiele demonstriert wird, soll noch auf den in der Datenbanktechnik wichtigen Begriff der **verlustfreien Zerlegung** eingegangen werden. Eine Tabelle (Relation) beschreibt sämtliche Beziehungen und Abhängigkeiten der in ihr enthaltenen Attributwerte (Daten) untereinander. Die Zerlegung einer Tabelle in Teiltabellen kann mit einem Informationsverlust über diese Beziehungen und Abhängigkeiten verbunden sein. Die Frage stellt sich, ob die Zusammenfügung der Einzeltabellen informativ wieder zu der selben Gesamttabelle führt.

Diese Zusammenfügung erfolgt durch den paarweisen natürlichen Verbund aller Einzeltabellen über sämtliche je gleichen Attribute. Führt dies zu einer informativ gleichen Gesamttabelle, so war die vorangegangene Zerlegung verlustfrei und man spricht von einem **verlustfreien Verbund** der Einzeltabellen. So kann unter anderem eine Relation $R(A_1, A_2, A_3)$ mit den Attributkombinationen A_1, A_2 und A_3, in der die funktionale Abhängigkeit $A_1 \rightarrow A_2$ besteht, stets verlustfrei in die beiden Teiltabellen $R_1(A_1, A_2)$ und $R_2(A_1, A_3)$ zerlegt werden.

Ohne Beweis sei angegeben, daß die Normalisierung gemäß der ersten bis dritten Normalform stets verlustfrei durchgeführt werden kann. Dies muß für die weiteren Normalisierungsschritte nicht der Fall sein.

Wir wollen nun Beispiele für die Datenmanipulation mit Hilfe der Relationenoperationen angeben.

Beispiel Studenten-Verwaltung
(siehe Abb. 2-4 und Tabelle 3-4)

Frage: Welche Studenten sind zur Zeit eingeschrieben (Namen und Matrikelnummern)?

Projektion: `STUDENT [MATRNR, NAME]` = { (056635, Hammer),
(056613, Beier),
(073323, Meyer),
(073509, Stolz) }

Frage: Welche Studenten sind im Fachbereich 5 eingeschrieben?

Selektion:
`STUDENT [FBNR = 5]` = {(056635, Hammer, 200958, Aachen , 5),
(056613, Beier , 010757, Viersen, 5) }

Frage: Welche Studenten (nur Matrikelnummern) haben im Fach MA2 die Note 1 bekommen?

Zunächst Selektion (Ergebnis: Hilfsrelation `H1`):
`H1 = PRÜFUNG [FACH = 'MA2']` = { (712, MA2, Acker) }

Dann Verbund (Ergebnis: Hilfsrelation `H2`):
`H2 = H1 [PNR = PNR] BENOTUNG`
= { (712, MA2, Acker, 712, 073323, 2),
(712, MA2, Acker, 712, 073509, 1) }
(Attribute von `H1` gekettet mit den Attributen von `BENOTUNG`).

Dann Selektion (Ergebnis: Hilfsrelation `H3`):
`H3 = H2 [Note = 1]` = { (712, MA2, Acker, 712, 073509, 1) }

Dann Projektion (Ergebnis: Hilfsrelation `H4`):
`H4 = H3 [MATRNR]` = { (073509) }

Frage: Name dieses Studenten?

Zunächst Verbund (Ergebnis: Hilfsrelation `H5`):
`H5 = H4 [MATRNR = MATRNR] STUDENT`
= { (073509, 073509, Stolz, 021259, Köln, 7) }

Dann Projektion:
`H5 [NAME]` = { (Stolz) }

Man erkennt an diesem Beispiel, daß relationale Operationen zwar grundsätzlich deskriptiver Art sind, die Folge der Operationen aber in prozeduraler Weise beschrieben werden muß. Die Beschreibung der Einzelschritte kann natürlich formal zu einer Anweisung zusammengefaßt werden. Darauf wurde im Beispiel verzichtet, um die Übersichtlichkeit zu wahren.

Datenmanipulation in SQL

Wir wollen uns nun der Datenmanipulation in der Datenbanksprache SQL zuwenden. Natürlich können Daten eingegeben, geändert und gelöscht werden (auf eine exakte syntaktische Darstellung von Wiederholungen wird verzichtet und diese durch Punkte nur angedeutet):

```
INSERT INTO <Tabellenname>
            [(<Feldname>, .... )]
            VALUES (<Wert>, .... );
```

Werden keine Feldnamen angegeben, so werden für alle Felder Werte erwartet.

```
UPDATE <Tabellenname> SET
            <Feldname> = <Wertausdruck>, ....
            [WHERE <Bedingung>];
```

Ohne WHERE wird die Änderung in allen Datensätzen vorgenommen!

```
DELETE FROM <Tabellenname>
            [WHERE <Bedingung>];
```

Ohne WHERE werden alle Datensätze gelöscht!

Beispiel Einfügen eines Studenten in die Relation STUDENT

```
INSERT INTO STUDENT
     (MATRNR, NAME, GEB, ADR, FBNR)
VALUES ('056635', 'Hammer', {20/09/58}, 'Aachen', '05');
```

Datenabfragen (Recherchen) werden in SQL mit der SELECT-Anweisung formuliert, die folgende Grundform besitzt:

```
SELECT [ALL | DISTINCT] <Spaltenliste>
            FROM <Tabellenliste>
            [WHERE <Bedingung>];
```

Ergebnis einer SELECT-Anweisung ist eine virtuelle, d.h. nicht permanent gespeicherte, Tabelle der selektierten Tupel. Die Angabe von DISTINCT hat zur Folge, daß von mehreren gleichen Ergebnis-Tupeln bis auf eines alle anderen unterdrückt werden (ALL ist Vorbesetzung).

Die SELECT-Anweisung läßt die Formulierung aller Relationenoperationen zu, die oben beschrieben worden sind.

Die Spaltenliste ist eine durch Kommata getrennte Liste von Attributen. Durch sie wird eine Projektion formuliert. Ein „*“ anstelle der Spaltenliste bedeutet, daß alle Spalten einer Tabelle in die Ergebnis-Tabelle aufgenommen werden sollen. Durch die Bedingung in der WHERE-Klausel wird eine Selektion vorgenommen. Die Tabellenliste ist eine durch Kommata getrennte Liste von Tabellen- oder Sichten-Namen. Werden mehrere Tabellen angegeben, so wird dadurch in Verbindung mit der WHERE-Klausel ein Verbund formuliert. Ist dies der Fall, so sind unter Umständen die Attributnamen (auch Spaltennamen oder Feldnamen genannt) in der Spaltenliste nicht mehr eindeutig. Den Spaltennamen ist dann der Tabellenname gefolgt von einem Punkt voranzustellen:

```
<Tabellenname>.<Spaltenname> .
```

Ferner können in der Tabellenliste für die Tabellennamen (abkürzende) Aliasnamen definiert werden:

```
<Tabellenname> <Aliasname>, .... .
```

Durch Schachtelung von SELECT-Anweisungen, zusätzliche Klauseln, Kalkulationsfelder und Gruppenfunktionen bestehen umfangreiche Möglichkeiten für Recherchen (siehe hierzu die Beschreibung von SQL im Anhang). Um einen Eindruck von der Eleganz dieser Abfragesprache zu vermitteln, nehmen wir wieder das Beispiel von oben auf (Abschnitt über die Relationenoperationen).

Beispiel Studenten-Verwaltung
(siehe Abb. 2-4 und Tabelle 3-4)

Frage: Welche Studenten sind zur Zeit eingeschrieben?

```
SELECT * FROM STUDENT;
```

Ergebnis:

STUDENT

MATRNR	NAME	GEB	ADR	FBNR
056635	Hammer	200958	Aachen	5
056613	Beier	010757	Viersen	5
073323	Meyer	110359	Essen	7
073509	Stolz	021259	Köln	7

Frage: Gesucht wird nach der Liste der Namen aller Studenten, die das Fach MA2 mit der Note 1 abgeschlossen haben.

Zunächst: `SELECT PNR FROM PRUEFUNG WHERE FACH = 'MA2';`

Die Anweisung stellt eine kombinierte Selektion und Projektion dar. Als Ergebnis erhält man eine einspaltige Tabelle des Attributes PNR, die nur ein Tupel (Zeile) mit der gesuchten Prüfungsnummer 712 enthält.

```
SELECT STUDENT.NAME
    FROM STUDENT ST, BENOTUNG BEN
    WHERE ST.MATRNR = BEN.MATRNR
        AND BEN.PNR = '712' AND BEN.NOTE = 1.0;
```

Mit dieser Anweisung wird ein Verbund der beiden Relationen STUDENT (Aliasname ST) und BENOTUNG (Aliasname BEN) formuliert. Es werden Tupel aus den Zeilen gebildet, in denen die Matrikelnummer gleich ist und in denen die Prüfungsnummer 712 und die Note 1 ist. Gleichzeitig findet eine Projektion auf den Namen des Studenten statt. Als Ergebnis erhält man eine einspaltige Tabelle des Attributes NAME, die nur ein Tupel mit dem Namen „Stolz“ enthält.

Das gleiche Ergebnis läßt sich auch durch eine Schachtelung von `SELECT`-Anweisungen mit Hilfe des Operators `IN` (der dem Mengen-Operator $\in$ entspricht) erreichen:

```
SELECT NAME FROM STUDENT WHERE STUDENT.MATRNR IN
(SELECT MATRNR FROM BENOTUNG
     WHERE PNR = '712' AND NOTE = 1.0);
```

Graphisch orientierte Abfragesprachen

Als Beispiel für graphisch orientierte Abfragesprachen soll hier die Arbeitsumgebung „Abfragen" des sogenannten „Regiezentrums" von dBase IV der Firma Borland (früher Ashton Tate) vorgestellt werden. Das Regiezentrum dieses Datenbanksystems bietet, weitgehend auf der Basis graphisch unterstützter Eingaben, die Möglichkeit, Tabellen anzulegen und zu pflegen, Abfragen zu formulieren, Masken zur Dateneingabe sowie Berichte und Etiketten zur Datenausgabe zu gestalten und mit Hilfe eines Programmgenerators Anwendungsprogramme mit komfortablen Menü-Bedienungsoberflächen zu erzeugen. Die Abfragen werden mit Hilfe einer Variante der graphisch orientierten Abfragesprache QBE (*Query By Example*) formuliert. QBE wurde ursprünglich von ZLOOF entwickelt (IBM, 1975; siehe [Date 81/83]).

Der Benutzer kann zunächst ein oder mehrere Relationsschemata wählen, die auf dem Bildschirm in Form von Tabellengerüsten dargestellt werden. In die Spalten dieser Tabellen trägt der Benutzer dann seine Fragen in Form der Bedingungen für eine mögliche Antwort ein (daher der Name QBE). Verbunde zwischen den Tabellen werden durch Eintrag von gleichen Variablennamen in den entsprechenden Spalten der Tabellen definiert. Ferner können in den verschiedenen Tabellen diejenigen Spalten markiert werden, die in die Ergebnistabelle aufgenommen werden sollen (Projektion). Das Relationsschema der Ergebnistabelle (Sicht) wird ebenfalls auf dem Bildschirm angezeigt.

Beispiel Studenten-Verwaltung
(siehe Bild 2-4 und Tabelle 3-4)

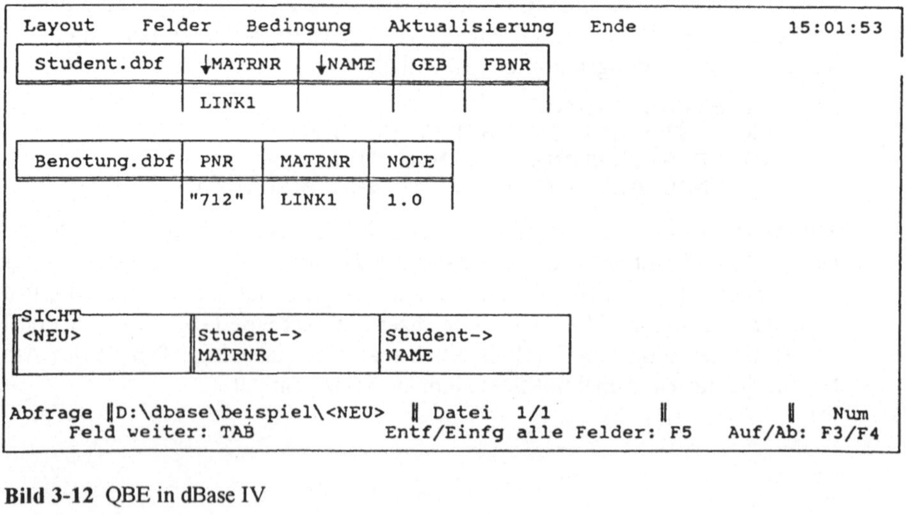

```
Layout    Felder   Bedingung   Aktualisierung    Ende                15:01:53

| Student.dbf | ↓MATRNR | ↓NAME | GEB | FBNR |
|             | LINK1   |       |     |      |

| Benotung.dbf | PNR   | MATRNR | NOTE |
|              | "712" | LINK1  | 1.0  |

SICHT
| <NEU> | Student-> | Student-> |
|       | MATRNR    | NAME      |

Abfrage |D:\dbase\beispiel\<NEU> | Datei 1/1 |  |  Num
    Feld weiter: TAB          Entf/Einfg alle Felder: F5   Auf/Ab: F3/F4
```

Bild 3-12 QBE in dBase IV

In Bild 3-12 wird mit der Variablen `LINK1` der Verbund der beiden Tabellen Student.dbf und Benotung.dbf angezeigt (gleiche Matrikelnummer). Die Pfeile ↓ an den Attributen `MATRNR` und `NAME` der Tabelle Student.dbf zeigen die Markierung zur Aufnahme dieser Attribute in die Sicht an. Die Sicht ist im unteren Teil des Bildes dargestellt. Anstelle von `<NEU>` könnte ihr ein Name zugeordnet werden und damit diese Sicht zum späteren Gebrauch abgespeichert werden. Das Ergebnis dieser Sicht kann als Tabelle angezeigt werden. In diesem Beispiel erhält man nur eine Zeile mit dem Tupel (073509, Stolz).

3.4 Objektorientierte Datenbanken

Die bisher besprochenen Datenmodelle, insbesondere das Relationenmodell, das zur Zeit den Standard in der Datenbanktechnik darstellt, sind für viele Anwendungen sehr gut einsetzbar. Datenbanksysteme mit diesen Modellen stellen effiziente Konstrukte für die Organisation der Daten und den Zugriff auf externe Speicher zur Verfügung und unterstützen durch ihre Systemfunktionen weitgehend die Synchronisation quasiparalleler Transaktionen und die Datensicherheit. Für datenintensive, komplexe Anwendungen, wie sie insbesondere bei CAD/CAM-Anwendungen (Computer Aided Design/Manufacturing), der Büroorganisation und des CASE (Computer Aided Software Engineering) vorkommen, sind jedoch die Möglichkeiten der Datenmodellierung – auch im relationalen Modell – zu sehr eingeschränkt. Datenobjekte können nur als Tupel einfacher, unstrukturierter Attribute dargestellt werden. Komplexere semantische Integritätsbedingungen lassen sich nicht unmittelbar beim logischen Entwurf des Datenmodells einbringen, sondern sind getrennt von der Datenmodellierung – meist als zusätzliche Prozeduren – zu formulieren. Die mit der Normalisierung verbundene Aufsplittung des Datenbestandes in viele einzelne Relationen führt bei der Datenmanipulation zu vielen Externspeicherzugriffen und unter Umständen zu lang andauernden Transaktionen. Echtzeit-Anwendungen im Bereich der Automatisierung von schnellen technischen Prozessen sind somit kaum möglich.

Konventionelle Programmiersprachen bieten demgegenüber sehr viel leistungsfähigere Konzepte für die Darstellung und Manipulation von komplexen Datenobjekten an. Dagegen unterstützen sie kaum die *Nebenläufigkeit*, d.h. den koordinierten Zugriff mehrerer Benutzer oder Anwendungsprogramme auf die Daten. Ferner bearbeiten sie vornehmlich Datenstrukturen, deren Existenz sich auf die Laufzeit eines Programms beschränkt. Sollen die Daten dauerhaft erhalten bleiben, müssen sie in externen Dateien auf entsprechenden Datenträgern abgelegt werden. Die Möglichkeiten, die hierzu von den Programmiersprachen zur Verfügung gestellt werden, sind meist sehr beschränkt, man denke zum Beispiel an die lediglich sequentielle Dateiorganisation in Standard-Pascal. Die sogenannte *Dauerhaftigkeit* der Daten, d.h. die permanente Existenz der Daten über die Laufzeit eines Programms hinaus, wird also von den konventionellen Programmiersprachen nur unzureichend unterstützt.

Eines der wichtigsten Prinzipien beim Entwurf komplexer Softwaresysteme ist das Abstraktionsprinzip. Es ermöglicht, eine Lösung für ein Problem zu formulieren, ohne alle darin eingeschlossenen Teilprobleme von vornherein berücksichtigen zu müssen. Moderne objektorientierte Programmiersprachen bieten ein Höchstmaß an Abstraktionsmöglichkeiten und stellen zugleich umfassende Konzepte für die Datenmodellierung zur Verfügung. Es ist daher naheliegend – und zur Zeit Gegenstand intensiver Forschungsarbeiten – den objektorientierten Ansatz auch für Datenbanksysteme zu nutzen. Die beiden wichtigsten Eigenschaften, um die objektorientierte Programmiersprachen erweitert werden müssen, um sie in objektorientierten Datenbanken einsetzen zu können, sind die Dauerhaftigkeit und die Nebenläufigkeit.

3.4.1 Der objektorientierte Ansatz

Konventionelle Methoden der Systementwicklung betrachten ein System aus zwei verschiedenen Perspektiven, der Datenperspektive und der Verarbeitungsperspektive. Bei dieser Betrachtungsweise wird dem Zusammenhang zwischen Datenstrukturen einerseits und den auf ihnen auszuführenden Operationen andererseits zu wenig Beachtung geschenkt. Beim objektorientierten Ansatz werden die Daten und Operationen nicht getrennt betrachtet, sondern zu einem Objekt zusammengefaßt. *Objekte* (auch *Instanzen* genannt) sind hierbei also *Daten* (auch *Attribute* genannt; *properties*) zusammen mit den auf ihnen ausführbaren *Operationen* (auch *Methoden* genannt).

Eine der grundlegenden Ideen des objektorientierten Ansatzes ist es ferner, Objekte in *Klassen* (*Objekttypen*) einzuteilen und diese in Form einer Hierarchie zu strukturieren. Dabei repräsentieren Klassen, die in der Hierarchie weiter oben stehen (*Oberklassen*), gemeinsame Eigenschaften, während in der Hierarchie weiter unten stehende Klassen (*Unterklassen*) spezifische Eigenschaften repräsentieren. Unterklassen stellen somit eine *Spezialisierung* ihrer Oberklassen dar, umgekehrt stellen Oberklassen eine *Generalisierung* ihrer Unterklassen dar.

Der objektorientierte Ansatz ist weiterhin im wesentlichen durch drei Konzepte gekennzeichnet:

Kapselung (*encapsulation*)

Datenstrukturen und Methoden werden in einer gemeinsamen Struktur, der Klasse (Objekttyp), eingekapselt. Dabei braucht der Anwender nur die Definition der Klasse zu kennen, nicht aber deren Implementierung (Verbergen implementationsspezifischer Information; *information hiding*).

Vererbung (*inheritance*)

Objekttypen werden hierarchisch strukturiert. Jeder in der Hierarchie tiefer stehende Objekttyp erbt (übernimmt) alle Charakteristika (Datenstrukturen und Methoden) von seinem Vorgänger (oder auch von mehreren Vorgängern). Er kann ihnen weitere hinzufügen oder sie modifizieren (im Sinne einer Spezifizierung) und sie an Unterklassen weitervererben.

Methoden können daher nicht nur auf Datenobjekte der Klasse angewendet werden, in der die Methoden definiert sind, sondern auch auf Objekte der Unterklassen. Objekte gleicher Klasse können hinsichtlich ihrer Daten einander zugewiesen werden. Ebenso kann ein Objekt einer Unterklasse einem Objekt seiner Oberklassen zugewiesen werden, aber nicht umgekehrt (nur so ist gewährleistet, daß alle Komponenten nach der Zuweisung einen definierten Wert besitzen).

Durch die Vererbung werden zwei wichtige Ziele beim Systementwurf unterstützt: die Wiederverwendbarkeit und die Erweiterbarkeit von Modulen. Die Erweiterbarkeit löst allgemein das Problem, daß eine neue Klasse als Spezialisierung einer bestehenden Klasse angelegt werden soll, die alle Charakteristika der bestehenden Klasse übernehmen soll und der darüber hinaus zusätzliche Charakteristika zugeordnet werden sollen.

Polymorphie (*polymorphism*)

Eine Deklaration kann sich auf Objekte (Instanzen) unterschiedlicher Typen oder Klassen beziehen, soweit diese über eine gemeinsame Oberklasse verfügen. Die endgültige Festlegung des Typs oder der Klasse erfolgt erst später, unter Umständen erst zur Laufzeit des Programms.

Polymorphie kann verschiedener Art sein. Die einfachste Form ist die sogenannte *Überladung* (*overloading*), bei der ein Name für mehr als ein Objekt oder eine Methode verwendet wird. Zum Beispiel erhält eine Methode eine einzige Bezeichnung, die in der ganzen Klassenhierarchie beibehalten wird. Jeder Objekttyp (Klasse) in der Hierarchie implementiert aber die Methode in der für ihn erforderlichen (spezifischen) Art. Dies wird auch als *Redefinition* einer Methode in einer Unterklasse bezeichnet. Dabei kann auf Grund der Vererbung und Redefinition das Problem der Zuordnung einer polymorphen Methode zu ihrer Klasse auftreten, wie das folgende Beispiel zeigt:

Beispiel

Ein Objekttyp O_1 besitze die Methoden A, B und C. Innerhalb der Methode C werde die Methode A benutzt. Ein dem Objekttyp O_1 untergeordneter Objekttyp O_2 besitze die redefinierten Methoden A und B. Auf eine Variable der Klasse O_2 werde nun die von O_1 geerbte Methode C angewendet.

Das Problem ist nun, welche Methode A wird innerhalb von C verwendet, die Methode A des Objekttyps O_1 oder die Methode A des Objekttyps O_2?

Die Antwort ist natürlich, daß die redefinierte Methode A der Unterklasse O_2 ausgeführt werden muß. Entscheidend ist offensichtlich die Klassenzugehörigkeit der Variablen, auf die die Methode angewendet wird. Die Klassenzugehörigkeit ergibt sich aber, wie im obigen Beispiel, oft erst zur Laufzeit des Programms. Die Zuordnung der polymorphen Methode zu der richtigen Klasse kann also nicht statisch zum Zeitpunkt der Kompilierung erfolgen, sondern muß dynamisch zur Laufzeit des Programms stattfinden. Man nennt dies *dynamisches Binden.*

Bei der *parametrischen Polymorphie* wird in der Deklaration für die Typangabe ein formaler Parameter benutzt, der später durch einen aktuellen Parameter (aktuelle Typangabe) ersetzt wird. Bei den *generischen abstrakten Datentypen* (auch *generische Module* oder *Pakete* genannt; *generic modules, packages*) geschieht die Deklaration eines abstrakten Datentyps auf der Basis eines solchen parametrischen Datentyps. Auf diese Weise können die Operationen auf einer Datenstruktur implementiert werden, ohne daß der Typ der Datenobjekte, die manipuliert werden, bereits festgelegt ist.

Beim objektorientierten Ansatz ist eine Klasse durch eine Menge von Objekten mit gleicher Datenstruktur (Attributen) und der gleichen Menge von Operationen (Methoden) bestimmt. Die Daten der Objekte können aber verschiedene Werte annehmen, d.h. die Objekte einer Klasse haben in der Regel verschiedene Zustände. Der Zustand eines Objektes wird ausschließlich über die Methoden verändert. Der Aufruf dieser Methoden wird im Umfeld der objektorientierten Programmiersprachen so verstanden, daß eine *Botschaft* (*message*) an das Objekt gesendet wird, eine entsprechende Methode auszuführen.

In einigen objektorientierten Systemen können auch Klassen als Objekte aufgefaßt werden. Eine Klasse kann dann selbst ein Exemplar eines anderen Typs (einer *Metaklasse*) sein. Es können somit auf ihr auch Operationen (*Klassenmethoden*) ausgeführt werden, wie z.B. Anlegen, Ändern, Löschen.

Obwohl der Begriff „objektorientierte Programmierung" erst seit wenigen Jahren benutzt wird, reichen die Ansätze hierzu schon weit zurück. Die Programmiersprache SIMULA, die Ende der 60er Jahre von Dahl und Nygaard an der Universität Oslo entwickelt wurde, gilt als die erste objektorientierte Sprache. Sehr bekannt ist die Sprache Smalltalk, die in den 70er Jahren von Kay, Goldberg und Ingalls bei der Firma Xerox entwickelt wurde. C++, bei der Firma AT&T von Stroustrup entwickelt, ist eine objektorientierte Erweiterung der bekannten Programmiersprache C. Auch das weitverbreitete Turbo Pascal der Firma Borland ist um objektorientierte Konzepte erweitert worden.

Das folgende, bewußt sehr einfach gehaltene Beispiel in Turbo Pascal zeigt die Vereinbarung eines Objekttyps (Klasse) **Koord**, der die Koordinaten **X** und **Y** eines Punktes speichern kann. Der Objekttyp besitzt nur eine Methode (hier Prozedur) **Init**, die den Koordinaten die Werte **IX** und **IY** zuweisen kann.

Beispiel

```
type Koord = object
               X, Y : integer;
               procedure Init(IX, IY : integer);
            end;
{Implementierung der "Methode" Init}
procedure Init;
begin
   X:= IX;
   Y:= IY;
end;
```

Im nächsten Beispiel wird die Klasse **Koord** in der Unterklasse **BildKoord** um eine Methode **Anzeigen** erweitert, die die Koordinaten **X** und **Y** als Punkt auf dem Bildschirm auffaßt und an dieser Stelle einen „ * " ausgibt.

Beispiel

```
type BildKoord = object(Koord)
            procedure Anzeigen;
        end;
{Implementierung der "Methode" Anzeigen}
procedure Anzeigen;
begin
    gotoXY(X, Y);
    write('*');
end;
```

ANMERKUNG:
Die Anweisung

```
type BildKoord = object(Koord)
```

besagt, daß **BildKoord** eine Unterklasse der Oberklasse **Koord** ist und alle Datenstrukturen und Methoden von ihr erbt. Die Standard-Prozedur gotoXY (der Unit CRT) stellt den Cursor auf die entsprechenden Koordinaten des Bildschirms.

Um den objektorientierten Ansatz für Datenbanksysteme nutzbar zu machen, müssen in die „normalen“ objektorientierten Programmiersprachen zusätzliche Konstrukte für die Dauerhaftigkeit der Datenobjekte eingebracht werden. Dafür zeichnen sich zwei Ansätze ab:

- In die Programmiersprache werden zusätzliche Datenstrukturen und Prozeduren für die dauerhafte Speicherung der Daten eingebracht. Dieses „klassische“Konzept hat jedoch den Nachteil, die Verantwortung für die dauerhafte Speicherung von Daten dem Programmierer zu überlassen. Er muß dafür Sorge tragen, daß die Daten auf die entsprechenden Speichermedien übertragen werden.
- Die Dauerhaftigkeit wird als Konzept in die Programmiersprache integriert. Objekte eines Objekttyps können als flüchtige oder als dauerhafte Objekte deklariert werden. Die Datenmanipulation ist für flüchtige und dauerhafte Objekte gleich.

Eng verbunden mit dem Problem der Dauerhaftigkeit ist das Problem der *Objektidentifizierung*, d.h. der eindeutigen Unterscheidung der Objekte.

Das übliche Konzept, mit dem in Programmiersprachen Objekte identifiziert werden, ist ihre Adressierung. Sie hat in Bezug auf Datenbankanwendungen den Nachteil, daß eine Änderung des Speicherortes ohne den Verlust der Objektidentität nicht ohne weiteres möglich ist. Ein Ausweg ist die indirekte Adressierung mit Hilfe von Zeigern, die auf eine Objekttabelle verweisen, in der die Adressen vom System eingetragen werden. Aber auch damit ist eine globale Eindeutigkeit in Mehrbenutzer-Umgebungen nur schwer zu realisieren.

Ein anderes Konzept für die Objektidentifizierung ist aus den vorangegangenen Ausführungen schon bekannt, nämlich die Verwendung von Schlüsseln. D.h. als Indentifikationsmerkmal dient ein Teil des Inhalts von Objekten. Sie sind aber nur in Bezug auf einen Objekttyp (z.B. eine Relation) eindeutig und in sofern nicht strukturunabhängig, als bei einer anderen Aufteilung (bzw. Zusammenfassung) der Objekte in andere (Teil-) Objekte die Objektidentität verloren gehen kann.

Ein sehr leistungsfähiges Konzept zur Objektidentifizierung ist die Verwendung von sogenannten *Surrogaten*. Dies sind vom System generierte, global eindeutige und unveränderbare Bezeichner. Sie sind unabhängig vom Speicherort und der Struktur der Daten. Sie ermöglichen auch die Identifikation mehrerer Versionen eines Objektes, eine in Datenbankanwendungen häufig auftretende Forderung.

Auf grundlegende Methoden zur Steuerung der *Nebenläufigkeit* von Datenbankzugriffen, die eine weitere notwendige Ergänzung objektorientierter Programmiersprachen für den Einsatz in Datenbanksystemen sind, wird in Kapitel 5 eingegangen. Eine hervorragende Darstellung objektorientierter Programmiersysteme und Datenbanksysteme, ihrer Ansätze und spezifischen Eigenschaften findet man in [Hughes 92], verbunden mit einer Vielzahl von Literaturhinweisen.

3.4.2 Schemamodellierung in objektorientierten Datenbanksystemen

Das grundlegende Prinzip der Schemamodellierung in objektorientierten Datenbanksystemen (OODBS) ist, Dinge der realen Welt (auch immaterielle Dinge) als Objekte aufzufassen und auf unterschiedlichen Abstraktionsebenen zu analysieren und darzustellen. Die Abstraktion wird beim objektorientierten Ansatz in besonderer Weise unterstützt, weil ein zu modellierendes System zunächst in einer Klasse als Ganzes mit bestimmten übergeordneten Eigenschaften erfaßt werden kann und dann, dem Prinzip der schrittweisen Verfeinerung folgend, die Details auf jeweils niedrigeren Abstraktionsebenen dargestellt werden können. Im Gegensatz zur Entwurfstechnik in konventionellen Systemen stehen dabei die Datenstrukturen und die darauf auszuführenden Operationen gleichermaßen im Mittelpunkt der Überlegungen. Ziel der Systemanalyse auf jeder Abstraktionsebene ist es, Klassen von Objekten mit gemeinsamer Struktur und gemeinsamem Verhalten zu finden. Während im relationalen Modell ein Objekt durch eine Anzahl von einfachen, unstrukturierten Attributen dargestellt werden muß, können die Datenstrukturen in objektorientierten Systemen komplexerer Art sein. Es sind somit weitaus bessere Möglichkeiten zur Datenmodellierung gegeben.

3.4.3 Schemadefinition in objektorientierten Datenbanksystemen

Die Schemadefinition soll am Beispiel des objektorientierten Datenbanksystems Vbase [Andrews 87] dargestellt werden. Vbase verfügt über eine objektgestützte prozedurale Programmiersprache, die auf der Programmiersprache C basiert, und über die Typdefinitionssprache TDL, die für die Schemadefinition verwendet wird. Vbase wurde zu dem kommerziellen Produkt ONTOS weiterentwickelt, das sich eng an die Sprache C++ anlehnt und von der Firma Ontologic Inc (Boston, MA) vertrieben wird.

Beispiel

In Lagern können verschiedene Geräte vorrätig sein, die für bestimmte Projekte eingesetzt werden können.

```
define type Lager
   supertypes = {Entity}
   properties =
      { Adresse       : String;
        Verwalter     : String;
        Lagerflaeche  : Integer;
        hat_gelagert  : optional distributed
                        Set(Geraet)
                        invers Geraet$Standort;
      };
   operations =
      { Anlegen( ... );
        Aufloesen( ... );
      };
end Lager;

define type Geraet
   supertypes = {Entity}
   properties =
      { Geraete_Nr     : Integer;
        Bezeichnung    : String;
        Standort       : Lager
                         invers Lager$hat_gelagert;
        eingesetzt_bei: optional distributed
                         Set(Projekt)
                         invers Projekt$braucht;
      };
    operations =
      { Einlagerung(Ort: Lager);
        Einsetzen(Wo: Projekt);
          .
          .
          .
      };
end Geraet;

define type Projekt
   supertypes = {Entity}
   properties =
      { Projekt_Nr     : Integer;
        Bezeichnung    : String;
        Projektleiter : String;
        braucht        : optional distributed
                         Set(Geraet)
                         invers Geraet$eingesetzt_bei;
      };
   operations =
      { Beginnen( ... );
```

```
            Beenden( ... );
        };
    end Projekt;
```

ANMERKUNGEN:

Es können sowohl einwertige als auch mehrwertige („distributed") Attribute (Daten) spezifiziert werden, wobei die Mitgliedschaft optional oder zwingend (Vorbesetzung) sein kann. Das System unterstützt die Spezifikation von sogenannten *inversen Attributen* (*invers properties*). Als solche bezeichnet man die Attribute eines anderen Objektes, zu denen das Attribut eines betrachteten Objektes in einer Beziehung steht. Im obigen Beispiel hat ein Lager Geräte gelagert (Attribut Lager$hat_gelagert). Die inverse Beziehung ist, daß ein Gerät einen Standort hat (inverses Attribut Geraet$Standort). Durch die Spezifikation inverser Attribute wird die referentielle Integrität durch das System gewährleistet. Bei einer Änderung der Attribute auf der einen Seite der Beziehung werden automatisch die notwendigen Änderungen auf der anderen Seite durchgeführt.

Vbase ermöglicht ferner die Spezifikation von Triggern. Ein Trigger ist eine Bedingung zusammen mit einer Aktion (z.B. Prozedur), die immer dann automatisch vom Datenbanksystem ausgeführt wird, wenn die Bedingung erfüllt ist, z.B.

```
if Soll > Überziehungskredit then KontoSperren.
```

Die Spezifikation von Triggern schon zum Zeitpunkt der Schemadefinition ist für den Anwender übersichtlicher und einfacher, als die entsprechenden Bedingungen und Aktionen in die Transaktionen oder Methoden der Anwendung einzubringen.

3.4.4 Datenmanipulation in objektorientierten Datenbanksystemen

Die Datenmanipulation wird in objektorientierten DBS primär mit Hilfe der bei der Schemadefinition für die entsprechende Klasse vordefinierten Operationen (Methoden) ermöglicht. Natürlich können die Daten auch durch die generellen Operationen auf Daten manipuliert werden, die in der Programmiersprache selbst zur Verfügung stehen. Damit ist zunächst nur eine mehr oder weniger prozedurale Manipulation der Objekte möglich. Mit Hilfe von Konstruktoren wie „New" oder „Create" können Objekte dynamisch erzeugt erzeugt werden, Destruktoren wie „Dispose" oder „Delete" gestatten das Löschen von Datenobjekten. Einige objektorientierte Datenbanksprachen enthalten Konstrukte, die die Formulierung einer Iteration über Objektmengen erlauben, etwa in der Form

```
for <Laufvariable> in <Objektmenge>
 [, <Laufvariable> in <Objektmenge>] ...
 suchthat <logischer Ausdruck> do <Anweisung>.
```

Moderne Datenbanksysteme gestatten den Zugriff auf die Daten nicht nur über die ihnen zugrundegelegten Programmiersprachen, sondern verfügen über Funktionen zur interaktiven Datenmanipulation, Anwendungs-Generierung und zur Auswertung und Darstellung von Ergebnissen. Auch für objektorientierte DBS besteht die Forderung nach einer umfassenden, standardisierten Datenbanksprache, wie sie z.B. SQL für relationale DBS darstellt. Sie müßte natürlich die spezifischen Konzepte objektorientierter Systeme berücksichtigen.

In einigen bestehenden objektorientierten DBS, z.B. in Vbase [Andrews 87], wird der Versuch gemacht, die Sprache SQL objektorientiert zu erweitern. Die Probleme bestehen darin, daß im Gegensatz zu den einfachen Attributen in Relationen die Attribute von Klassen komplexe, strukturierte Datentypen sein können. Kompliziertere Abfragen, wie zum Beispiel Verbundoperationen über verschachtelte Klassen, sind dann nicht mehr eindeutig definiert. Um bei einer Abfrage auf Daten von zueinander in Beziehung stehender Objekte verschiedener Klassen zugreifen zu können, wird der Bezeichner (*qualifier*) mit Hilfe der z.B. aus Pascal oder C bekannten Notation gebildet.

Beispiel Zur Schemadefinition siehe vorigen Abschnitt 3.4.3!

Frage: Bezeichnungen aller Geräte, die vom Lagerverwalter „Mustermann" verwaltet werden?

```
SELECT g.Bezeichnung
    FROM g IN Geraet
    WHERE g.Standort.Verwalter = 'Mustermann';
```

Abschließend muß leider festgestellt werden, daß eine umfassende, standardisierte Datenbanksprache für objektorientierte Datenbanksysteme zur Zeit noch nicht existiert.

3.5 Aufgaben

A 3.1

Was versteht man unter einem Datenmodell? Nennen Sie die drei „klassischen" Datenmodelle, die aktuellen Datenbanksystemen zugrundeliegen. Welche Strukturelemente enthalten sie (Begriffe und kurze Definitionen) und zu welchen Strukturen lassen sie sich primär zusammenfügen? Wodurch wird in diesen Modellen jeweils die Beziehung zwischen Objekttypen definiert bzw. dargestellt?

A 3.2

Auf welche Weise lassen sich im Hierarchischen Modell die prinzipbedingten Redundanzen vermeiden und m:n-Beziehungen darstellen? (Physisches bzw. virtuelles Pairing; Diagramm!).

Wie lassen sich m:n-Beziehungen und Schleifen im Netzwerk- bzw. Relationalen Modell darstellen? (BACHMANN-Diagramm!).

Skizzieren Sie ein einfaches Beispiel einer m:n-Beziehung auf Objekt-Ebene.

A 3.3

Es sei M_i eine Menge und $x_i \in M_i$ ein Element in M_i. Erläutern Sie (verbal oder Formel) die Begriffe

- kartesisches Produkt von n Mengen,
- Relation.

Geben Sie ein einfaches Beispiel für eine Relationen-Tabelle im Sinne einer Datenbank-Anwendung an und erläutern Sie die zugehörigen Begriffe.

A 3.4

Welche Ziele verfolgt man mit der Darstellung von Relationen in Normalformen?

Erläutern Sie, was man unter vollfunktionaler, transitiver und (nichttrivialer) mehrwertiger Abhängigkeit von Attributkombinationen versteht.

Definieren Sie mit eigenen Worten die erste, zweite, dritte und vierte Normalform von Relationen. Wo liegt der Unterschied zwischen den Definitionen der 1. bis 3.NF nach CODD und KENT?

A 3.5

Gegeben sei die Relation PVM (siehe Tabelle 3-5), die die Beziehung zwischen Professoren und deren Vorlesungen und Mitarbeitern beschreiben soll:

Tabelle 3-5
PVM

PROF	VORLSG	MITARB
Acker	Mathem.	Hinz
Acker	Statistik	Hinz
Acker	Statistik	Kunz
Amel	Elektr.	Müller
Amel	Elektr	Meier
Amel	Meßtechn.	Müller

Ergänzen Sie die Relation so, daß gilt:

PROF —>> VORLSG

und

PROF —>> MITARB.

A 3.6

In einer Familie tragen alle zum Haushalt finanziell bei. Zur Kontrolle beschließt man, ein Haushaltsbuch zu führen. Einen ersten Entwurf dazu zeigt Tabelle 3-6 (Auszug).

Tabelle 3-6
HAUSHALTSBUCH

BNR	DATUM	BEMERKUNG	ART	NAME	KT-NR	BETRAG
019	5.1.86	Allkauf	L	Eltern	25000	59,95
020	5.1.86	Benzin	A	Eltern	25000	30,00
				Anton	35000	15,45
021	9.1.86	Miete	W	Eltern	25000	500,00
				Anton	35000	250,00
				Ida	55000	250,00
022	14.1.86	Zeitung	N	Ida	55000	6,00

Erläuterungen:

BNR : Belegnummer (Primärschlüssel).
ART : Art der Ausgaben (z.B. L: Lebensmittel; W: Wohnung).
NAME : Innerhalb der Familie eindeutig.
KT-NR : Konto-Nr. von NAME.
BETRAG: Ausgegebener Betrag (man beachte, daß an einer Ausgabe mehrere Personen beteiligt sein können).

Man überführe das Haushaltsbuch schrittweise in Relationen, bis diese sich in der 3.NF befinden. Man begründe jeden Schritt. Man gebe jeweils den Namen der Ausgangs-Relation und darunter eingerückt zeilenweise die Namen der daraus abgeleiteten Relationen mitsamt ihren Attributen (in Klammern dahinter) an. Die zum Primärschlüssel gehörenden Attribute sind durch Unterstreichung zu kennzeichnen. Man gebe den Relationen möglichst bezeichnende Namen.

A 3.7

Nach ZEHNDER unterscheidet man auf interrelationaler Ebene globale und lokale Attribute sowie statische und dynamische Wertebereiche. Erläutern Sie diese Begriffe. Wie läßt sich bei relationalen Datenbanken Redundanzfreiheit auf globaler Ebene erreichen? Wie läßt sich die referentielle Datenintegrität auf globaler Ebene kontrollieren?

A 3.8

Erläutern Sie die Relationenoperationen Projektion, Selektion (Restriktion) und Verbindung (Verbund).

Eine Datenbasis enthalte die vier Relationen, die in Tabelle 3-7 dargestellt sind (der unterstrichene Teil eines Relationennamens reicht als Abkürzung aus).

Mit Hilfe relationaler Operationen sollen daraus die Prüfungsergebnisse der Fachbereiche mit folgenden Attributen gewonnen werden:

`FBNAME, FACH, MATNR, NOTE .`

Man halte grob folgende Schritte ein:

a) Aus `FACHB` und `STUD` gewinne man die Relation `H1` mit den Attributen `FBNAME` und `MATNR`.

b) Aus `PRÜF` und `ERG` gewinne man die Relation `H2` mit den Attributen `FACH, MATNR, NOTE`.

c) Aus `H1` und `H2` gewinne man das Ergebnis `H3`.

Alle Schritte und notwendigen Zwischenschritte sollen formal beschrieben werden. Für die Schritte a), b), c) gebe man das Ergebnis als Menge von Tupeln an. Projektionen sollen soweit möglich zuerst durchgeführt werden. Formale Beschreibung der Operationen:

☆ Projektion von `R` auf `A`: `R[A]`

☆ Θ-Selektion von `R` bezüglich `A` und `B`: `R[AΘB]`

☆ Θ-Verbindung von `R` und `S` bezüglich A und `B`: `R[AΘB]S`

worin `R, S` Relationen,
`A, B` Attributkombinationen (Attribute durch Kommata getrennt angeben),
Θ Vergleichsoperator.

Tabelle 3-7

PRÜFUNG

PNR	FACH	PRÜFER
560	TDV	SCHMIDT
712	MA2	ACKER
814	ADV	FOPPER

ERGEBNIS

PNR	MATNR	NOTE
560	50010	3
560	50020	3
712	70010	2
712	70030	1
814	70010	4
814	70030	1

STUDENT

MATNR	NAME	ADRESSE	FBNR
50010	FISCHER	AACHEN	5
50020	KÖHLER	HAGEN	5
70010	MÜLLER	ESSEN	6
70030	MAIER	KÖLN	7

FACHBEREICH

FBNR	FBNAME	DEKAN
5	ET	MUTZ
6	MB	BRECH
7	FB	PREIM

A 3.9

Definieren Sie die Tabellen der obigen Aufgabe 3.8 in der Datenbanksprache SQL. Geben Sie Beispiele für die Eingabe von Tupeln in die Tabellen an. Gewinnen Sie die Prüfungsergebnisse gemäß obiger Aufgabe mit Hilfe von SQL. Hinweis: Nutzen Sie die Beschreibung von SQL im Anhang A1.

A 3.10

Nennen und erläutern Sie die grundlegenden Konzepte der objektorientierten Programmiersprachen. Welche zusätzlichen Konzepte müssen in diese eingebracht werden, um sie für Datenbanksysteme einsetzbar zu machen?

A 3.11

Welche Möglichkeiten zur Objektidentifizierung kennen Sie?

A 3.12

Was versteht man in OODBS unter inversen Attributen und mit welcher Zielrichtung werden sie deklariert? Was sind Trigger?

4 Speichertechniken

In dem vorhergehenden Kapitel haben wir uns mit der logischen Beschreibung von Datenstrukturen und Zugriffspfaden auf die Datenobjekte befaßt. Wir haben verschiedene Datenmodelle kennengelernt und erfahren, wie die Datenstrukturen einer Datenbankanwendung mit Hilfe von Datendefinitionssprachen formal beschrieben werden. Nun soll behandelt werden, wie diese Datenstrukturen in Speichern dargestellt werden können. Unter Speichertechniken werden in diesem Sinne alle Techniken verstanden, die es gestatten, Datenstrukturen auf Speicher abzubilden. Da in Datenbankanwendungen große Datenmengen zu speichern sind, steht die Betrachtung der Organisationsformen von Dateien und Zugriffspfaden auf Datensätze im Vordergrund.

Dabei ist es wichtig, sich bewußt zu machen, daß die technischen Eigenschaften der uns aktuell zur Verfügung stehenden Speicher einen ganz wesentlichen Einfluß auf die Organisation und Manipulation der Daten in diesen Speichern hat. So lassen sich große Datenmengen nur auf den relativ preisgünstigen, aber langsamen externen Massenspeichern unterbringen. Schnellere Zwischenspeicher (*Cache*-Speicher) dienen zur Pufferung der Daten und somit zur Geschwindigkeitsanpassung an die weitaus höhere Zugriffsgeschwindigkeit auf Daten in Zentralspeichern (bzw. Arbeitsspeichern). Noch schnellere Zwischenspeicher werden wiederum in die Zentralprozessoren integriert, um die noch schnellere Zugriffsgeschwindigkeit dieser Prozessoren auf die Daten zu unterstützen. Auf allen Ebenen dieser Speicherhierarchie sorgen entsprechende Algorithmen für die optimale Bereitstellung der zu verarbeitenden Daten.

4.1 Grundlagen

Im folgenden soll kurz auf die in diesem Zusammenhang relevanten Speichereigenschaften, die Anforderungen an die Datenmanipulation und die grundlegenden Speichertechniken eingegangen werden.

4.1.1 Speichereigenschaften

Jede Art von Speicher kann als eine sequentielle Folge von einzelnen Speicherzellen aufgefaßt werden. Dabei soll hier (abweichend von DIN 44300) unter einer *Speicherzelle* eine Einheit des Speichers verstanden werden, die einen digitalen Wert aufnehmen und auf die physisch zugegriffen werden kann.

Betrachten wir zunächst einige wichtige Speicherkenngrößen:

- Speicherkapazität,
- Zugriffsart,
    - sequentiell,
    - direkt,
    - quasidirekt,
- Zugriffszeit und Zykluszeit,
- Kosten.

Als Speicherkapazität eines Speichers bezeichnet man die maximale Anzahl von Bits, Bytes oder Wörtern, die in diesem Speicher abgelegt werden können.

Beim *sequentiellen* Zugriff, kann auf die einzelnen Speicherzellen nur in der Reihenfolge ihrer sequentiellen Anordnung im Speicher zugegriffen werden. Ein typischer Datenträger mit sequentiellem Zugriff ist das Magnetband. Bei Speichern mit *direktem* (oder wahlfreien; *random*) Zugriff sind die Speicherzellen durchnumeriert und es kann auf jede Speicherzelle über diese Nummer, *Adresse* genannt, zugegriffen werden. Das typische Beispiel eines Speichers mit direktem Zugriff ist der Zentralspeicher einer Rechenanlage. Auf eine andere Art des direkten Zugriffs, nämlich über den Inhalt oder Teile des Inhalts von Speicherzellen (sogenannte Assoziativspeicher), soll hier nicht eingegangen werden, weil sie in der heutigen Datenbanktechnik noch keine wesentliche Rolle spielen. Als *quasidirekten* Zugriff bezeichnet man die Art des Zugriffs, bei der ein Block von Daten direkt adressiert werden kann, innerhalb dieses Blockes der Zugriff auf die Daten jedoch sequentiell erfolgt. Als typisches Beispiel eines derartigen Datenträgers ist die Magnetplatte zu nennen, bei der auf die Spuren direkt zugegriffen werden kann, auf die Sektoren dagegen nur sequentiell (infolge der Rotation der Platte unter dem Magnetkopf).

Die *Zugriffszeit* ist die Zeit von der Anforderung zur Übertragung bestimmter Daten bis zur Beendigung der Übertragung. Bei zwei aufeinanderfolgenden gleichartigen, zyklisch wiederkehrenden Vorgängen bezeichnet man als *Zykluszeit* die Zeitspanne vom Beginn des einen Vorgangs bis zum Beginn des nächsten Vorgangs. Die Zykluszeit für das Lesen eines Datenobjektes aus einer Speicherzelle kann länger als die Zugriffszeit sein. Dies ist dann der Fall, wenn beim Lesen der Speicherinhalt technologisch bedingt zerstört wird und daher zunächst wieder regeneriert werden muß, bevor der nächste Zugriff erfolgen kann.

Ein in der industriellen Technik wesentlicher Faktor sind die *Kosten*. Diese Tatsache wird bei nur theoretischen Systemüberlegungen sehr häufig nicht beachtet. Die Speicherkosten bestimmen dagegen weitgehend die Struktur und Organisation heutiger Rechenanlagen. Zur Zeit sind nämlich keine Speicher verfügbar, die die Vorteile großer Speicherkapazität, kurzer Zugriffszeit und niedriger Kosten miteinander verbinden.

Zwei weitere Unterscheidungen können bei Speichern getroffen werden:

- flüchtige/nichtflüchtige Speicher,
- Speicher mit nur lesendem/lesendem und schreibendem Zugriff.

Ein *flüchtiger* Speicher verliert nach Abschalten der Energieversorgung die Fähigkeit, Daten zu speichern. Dies ist z.B. bei Halbleiterspeichern im allgemeinen der Fall. Inzwischen gibt es allerdings Halbleiterspeicher, die zum Erhalt der gespeicherten Information mit einer minimalen Leistungsaufnahme auskommen, so daß zu ihrer Energieversorgung preiswerte Batterien bzw. Akkumulatoren ausreichen.

In Speicher mit *nur lesendem* Zugriff (ROM: *Read Only Memory*) können nur einmal oder wenige Male Daten abgespeichert werden, ansonsten kann auf die Daten nur lesend zugegriffen werden. Sie sind meist zugleich nichtflüchtige Speicher. Für Speicher mit *lesendem und schreibendem* Zugriff hat sich die etwas mißverständliche englische Abkürzung RAM (*Random Access Memory*) durchgesetzt. Diese Bezeichnung gilt eigentlich nur für entsprechende Speicher mit direktem Zugriff über Adressen.

Stellen wir nun die Speichereigenschaften heutiger Zentralspeicher und externer Speicher einander gegenüber:

Zentralspeicher

- Wort- oder byteweise direkte Adressierung.
- Im Vergleich zu Externspeichern relativ kurze Zugriffszeiten in der Größenordnung von einigen 10 ns.
- Aus Kostengründen und im Vergleich zu Externspeichern relativ geringe Speicherkapazität in der Größenordnung von Megabytes.
- Flüchtiger Speicher.

Externspeicher

- Sequentieller Zugriff (Magnetband) bzw. quasi-direkter Zugriff (Magnetplatte, Magnettrommel, Diskette).
- Im Vergleich zum Zentralspeicher große Zugriffszeiten in der Größenordnung von einigen Millisekunden.
- Im Vergleich zum Zentralspeicher große Speicherkapazität in der Größenordnung von bis zu 10^3 Megabytes.
- Nichtflüchtiger Speicher.

Man erkennt, daß nur auf Externspeichern die notwendige Speicherkapazität für die Speicherung großer Datenbestände preiswert zur Verfügung steht. Zudem bieten diese Speicher den Vorteil, nichtflüchtige Speicher zu sein. Dabei ist man gezwungen, die Nachteile der wesentlich längeren Zugriffszeit (ca. 5 Zehnerpotenzen!) gegenüber dem Zentralspeicher in Kauf zu nehmen. Wir werden sehen, daß dies einen entscheidenden Einfluß auf die Datenorganisation ausübt.

4.1.2 Grundoperationen und Verarbeitungsarten

Neben dem Problem, Datenstrukturen auf die lineare Speicherstruktur abzubilden, ist zu beachten, daß die Manipulation dieser Daten im Speicher in möglichst optimaler Weise zu gewährleisten ist. Für die Einrichtung, Pflege und Verarbeitung von Datenbeständen ergeben sich je nach der vorliegenden Problemstellung Anforderungen an die Datenstruktur, die sich häufig nicht alle gleichermaßen gut erfüllen lassen. Diese Anforderungen resultieren aus der Art und Häufigkeit der auszuführenden *Grundoperationen*

- Auffinden (Zugreifen, Suchen),
- Einfügen,
- Entfernen (Löschen)

von Datenobjekten, sowie der *Verarbeitungsart* der Daten

- starr fortlaufende Verarbeitung
  in der Reihenfolge, die durch die Speichertechnik gegeben ist,
- logisch fortlaufende Verarbeitung
  in der Reihenfolge einer gegebenen Ordnung (Sortierfolge),
- wahlfreie Verarbeitung
  mit wahlfreiem (zufälligem) Zugriff auf die Datenobjekte

und der Ordnung der Daten (sortiert oder unsortiert). Bei der Grundoperation Auffinden ist es zweckmäßig, zwischen erfolgreicher und erfolgloser Suche zu unterscheiden. Bei der erfolgreichen Suche befindet sich das gesuchte Datenobjekt im Datenbestand, bei der erfolglosen Suche nicht.

4.1.3 Sequentielle Speicherung

Wir wollen nun die Grundoperationen bei sequentieller Speicherung von Datenobjekten betrachten.

Ist der Datenbestand nicht sortiert, so müssen die Speicherzellen starr fortlaufend durchsucht werden, um bei gegebenem Suchschlüssel das Datenobjekt zu finden. Dieses Verfahren nennt man *sequentielle* oder *sukzessive Suche*. Ist P_i die Wahrscheinlichkeit, daß ein Datenobjekt d_i aus n gespeicherten Datenobjekten gesucht wird, so beträgt die mittlere Anzahl S_e der benötigten Zugriffe bei erfolgreicher Suche

$$S_e = \sum_{i=1}^{n} P_i \cdot i, \qquad \text{wobei} \sum_{i=1}^{n} P_i = 1.$$

Werden alle Datenobjekte mit gleicher Wahrscheinlichkeit $P_i = 1/n$ gesucht, so erhält man

$$S_e = \frac{1}{n} \sum_{i=1}^{n} i = \frac{n+1}{2}.$$

Ist die Suche nicht erfolgreich, d.h. das gesuchte Datenobjekt befindet sich nicht im Datenbestand, so beträgt die Anzahl der Zugriffe offenbar

$$S_n = n\,.$$

Ist der Datenbestand sortiert und kann auf den sequentiell gespeicherten Datenbestand direkt zugegriffen werden und belegt ferner jedes Datenobjekt den gleichen Speicherplatz, so gibt es elegantere Verfahren zur Suche nach einem Datenobjekt.

Bei dem Verfahren der *Sprungsuche* (auch schrittweise Suche oder m-Wege-Suche genannt) werden die n Datenobjekte in g Gruppen zu je n_g Datenobjekten eingeteilt (siehe Bild 4-1).

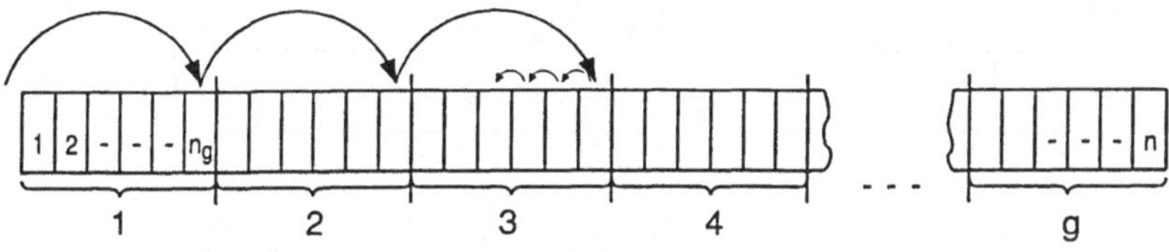

Bild 4-1 Sprungsuche in einem sortierten Datenbestand

Bei der Suche wird zunächst auf das jeweils letzte Datenobjekt einer Gruppe zugegriffen, bis der Vergleich zwischen dem Suchschlüsselwert und dem Schlüsselwert im untersuchten Datenobjekt ergibt, daß das gesuchte Datenobjekt sich in dieser Gruppe befinden muß. Sodann werden die Datenobjekte dieser Gruppe sequentiell (rückwärts schreitend) durchsucht.

Die mittlere Anzahl von Zugriffen bei erfolgreicher Suche beträgt analog zu den obigen Überlegungen

$$S_e = \frac{g+1}{2} + \frac{n_g+1}{2} = \frac{n}{2n_g} + \frac{n_g}{2} + 1.$$

Das Minimum von S_e erhält man für $g = \sqrt{n}$ Gruppen von $n_g = \sqrt{n}$ Datenobjekten:

$$S_{e\,min} = \sqrt{n} + 1.$$

Für die erfolglose Suche lassen sich nur Grenzwerte angeben:

$$2 \le S_n \le g + n_g\,.$$

Ein noch effizienteres Verfahren als die Sprungsuche ist die *binäre Suche* (s. Bild 4-2). Wieder wird ein sortierter, sequentiell gespeicherter Datenbestand vorausgesetzt, auf dessen Datenobjekte direkt zugegriffen werden kann.

Es wird in jedem Suchschritt jeweils auf die „Mitte“ des zu untersuchenden Bereiches zugegriffen (anfangs ist dieser Bereich der gesamte Speicherbereich des Datenbestandes). Durch Vergleich des Suchargumentes mit dem Schlüsselwert des aufgesuchten Datenobjekts wird entschieden, ob sich das gesuchte Datenobjekt in der linken oder rechten „Hälfte“ des zu untersuchenden Bereiches befinden müßte. Die entsprechende „Hälfte“ wird dann zum neuen zu untersuchenden Bereich gemacht. Dies wird solange fortgesetzt, bis das Datenobjekt gefunden worden ist, oder bis es keine linke bzw. rechte „Hälfte“ mehr gibt (erfolglose Suche).

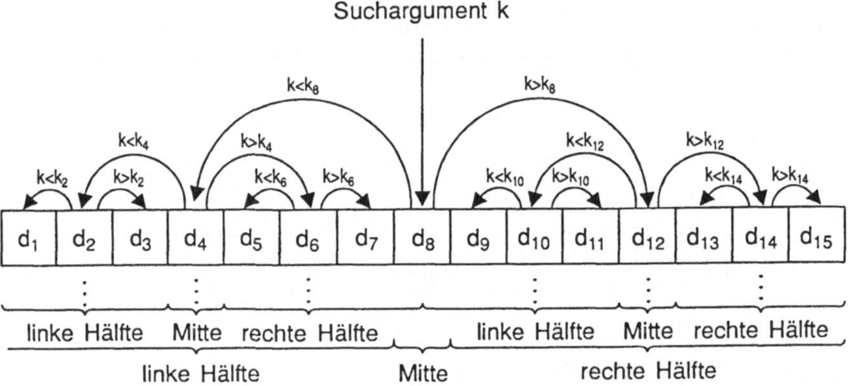

Bild 4-2 Binäre Suche in einem sortierten Datenbestand

Das Verfahren entspricht bezüglich der Anzahl der Suchschritte der Suche in einem sortierten, binären Wurzelbaum (binärer Suchbaum). Für die mittlere Anzahl der Suchschritte bei erfolgreicher Suche erhält man (siehe dazu [Lange 87])

$$S_e \approx \mathrm{ld}\, n - 1 \,.$$

Für die erfolglose Suche ergibt sich die Abschätzung

$$\lfloor \mathrm{ld}\, n \rfloor \leq S_n \leq \lfloor \mathrm{ld}\, n \rfloor + 1 \,,$$

worin $\lfloor x \rfloor$ bedeutet: größte ganze Zahl a, so daß $a \leq x$ ist.

Obwohl die binäre Suche mit einer minimalen Anzahl von Suchschritten auskommt, ist sie zur Suche von Datenobjekten auf externen Speichern (also zur Suche von Datensätzen in Dateien) nicht geeignet. Wegen der um ca. 5 Zehnerpotenzen größeren Zugriffszeit bei Externspeichern gegenüber Zentralspeichern kommt es nämlich nicht so sehr auf die Anzahl der Suchschritte, sondern vielmehr auf die Anzahl der Zugriffe an. Geeignete Verfahren hierfür werden wir im Abschnitt 4.2 kennenlernen.

Das Einfügen eines Datenobjektes in einen sequentiell gespeicherten Datenbestand ist im allgemeinen nur durch einen zeitaufwendigen Kopiervorgang möglich. Zunächst wird der Datenbestand bis zur Einfügestelle kopiert, dann das einzufügende Datenobjekt gespeichert und schließlich der Rest des Datenbestandes kopiert. Ist ein direkter Zugriff auf die Speicherzellen möglich, so kann das Kopieren durch das Verschieben des Datenbestandes nach der Einfügestelle ersetzt werden. Das Verschieben erfolgt durch fortlaufendes Umspeichern der Datenobjekte und ist damit ebenfalls recht zeitaufwendig.

In analoger Weise muß beim Entfernen eines Datenobjektes vorgegangen werden. Vereinfachend kann der Speicherplatz des zu entfernenden Datenobjektes auch nur als gelöscht gekennzeichnet werden. Dies hat jedoch bei häufigem Entfernen eine ungünstige

Speicherausnutzung zur Folge. Die Lücken können im Zuge einer Reorganisation des Datenbestandes durch Kopieren eliminiert werden (Packen, Komprimieren).

Einfügen und Entfernen sind bei sequentiell gespeicherten Datenbeständen also sehr zeitaufwendige Operationen. Abhilfe schafft erst die Methode der Kettung von Datenobjekten, auf die im nächsten Abschnitt eingegangen wird.

4.1.4 Gekettete Speicherung

Bei der sequentiellen Speicherung von Datenobjekten wird die Beziehung der Datenobjekte implizit durch ihre Anordnung im Speicher dargestellt. Bei der geketteten Speicherung von Datenstrukturen wird die Beziehung der Datenobjekte explizit beschrieben, indem das eigentliche Datenobjekt um einen sogenannten Relationsteil erweitert wird. Das eigentliche Datenobjekt wird dann Wertteil genannt.

Datenobjekt

Wertteil d_i	Relationsteil p_i

Wertteil und Relationsteil können wiederum zusammengesetzte Datenobjekte sein. Die Datenobjekte des Wertteils werden auch als *Primärdaten*, die des Relationsteils als *Sekundärdaten* bezeichnet.

Der Relationssteil enthält einen Verweis (Referenz) auf ein anderes Datenobjekt. Dieser kann ein Zeiger (*pointer*) in Form einer absoluten oder relativen Speicheradresse sein, oder auch der Primärschlüssel des Bezugsobjektes. Bild 4-3 zeigt als Beispiele für die gekettete Speicherung eine lineare Liste (jedes Datenobjekt, bis auf das letzte, hat genau einen Nachfolger) und einen binären Wurzelbaum. Das Zeichen „%" bezeichnet darin jeweils einen leeren Zeiger.

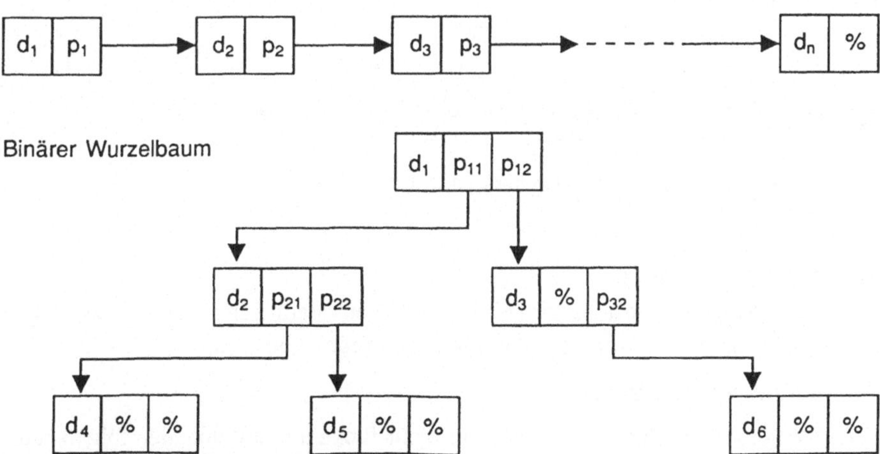

Bild 4-3 Beispiele geketteter Speicherung

Um den Zugang zu einer gekettet gespeicherten Datenstruktur zu erleichtern, wird vielfach noch ein sogenannter *Anker* eingerichtet. Dies ist ein Zeiger, der auf ein ausgezeichnetes Datenobjekt der Datenstruktur, das sogenannte *Kopfelement*, verweist. Das Kopfelement ist sozusagen der „Einstiegspunkt" in die gekettete Datenstruktur, auf den der Anker zeigt. Zum Beispiel ist bei binären Wurzelbäumen dieses Kopfelement sinnvollerweise die Wurzel.

Die Ausführung der Grundoperationen ist in gekettet gespeicherten Datenbeständen natürlich von der jeweiligen Datenstruktur abhängig. Die Suche in einer geketteten linearen Liste muß sukzessiv vorgenommen werden, und zwar unabhängig davon, ob der Datenbestand sortiert oder unsortiert vorliegt. Die Anzahl der nötigen Suchschritte ist somit die gleiche wie bei der sequentiellen Speicherung mit sequentiellem Zugriff (mittlere Anzahl bei erfolgreicher Suche $S_e = (n + 1) / 2$, bei erfolgloser Suche $S_n = n$; n ist die Anzahl der Datenobjekte).

Die Kettung der Datenobjekte bietet den großen Vorteil, daß beim Einfügen und Entfernen die Datenobjekte nicht umgespeichert werden müssen, sondern daß lediglich die Zeiger zu aktualisieren sind. Bild 4-4 zeigt dies am Beispiel einer geketteten linearen Liste.

Ein wesentlicher Nachteil geketteter Speicherung ist natürlich darin zu sehen, daß die Sekundärdaten (Zeiger) zusätzlichen Speicherplatz benötigen.

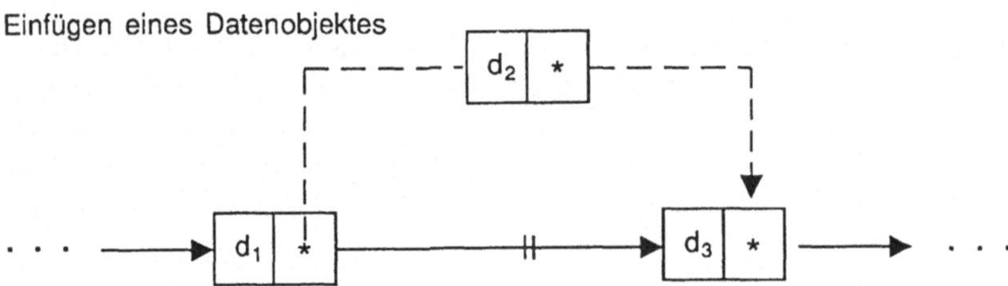

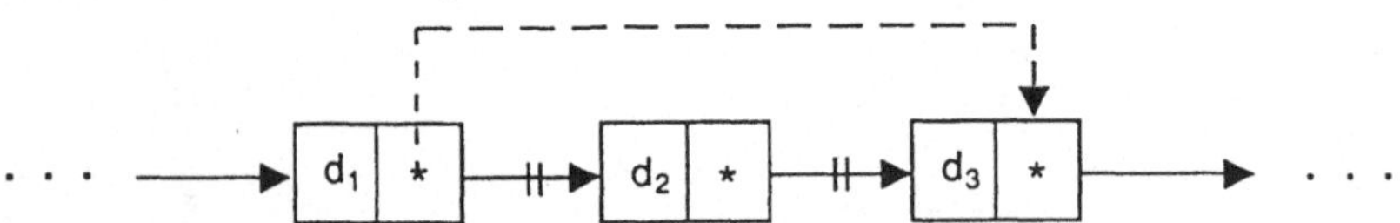

Bild 4-4 Einfügen und Entfernen in geketteten linearen Listen

4.1.5 Gestreute Speicherung

Bei der gestreuten Speicherung (scatter storage) wird aus dem Schlüssel k eines Datenobjektes d mit Hilfe einer Funktion $\sigma(k)$ die Speicheradresse a bestimmt:

$$a = \sigma(k)\ , \quad \text{mit } k \in K \text{ und } a \in A,$$

worin K die Menge der Schlüsselwerte ist (die nicht lückenlos aufeinander folgen müssen!) und A die Menge der Adressen in einem zusammenhängenden Adreßbereich ist.

Die gestreute Speicherung dient somit nicht zur Darstellung von Datenstrukturen im Speicher, sondern zur bloßen Speicherung von Datenobjekten. Sie ermöglicht aber über den Schlüssel mittels der Funktion $\sigma(k)$ den quasi-inhaltsorientierten Zugriff auf ein Datenobjekt.

Die sich ergebende Adresse a wird *Hausadresse* genannt. Die Funktion $\sigma(k)$ heißt *Schlüsseltransformation* (auch Speicherfunktion, Streufunktion oder Hashfunktion; *hash*: zerhacken). Sie soll die Schlüsselwerte möglichst gleichmäßig (gestreut) auf die Adressen des Adreßbereichs A abbilden. Im allgemeinen ist es schwierig oder unmöglich, eine Schlüsseltransformation anzugeben, die den Schlüssel umkehrbar eindeutig auf eine Speicherzelle abgebildet, weil die Schlüsselwerte nicht lückenlos aufeinander folgen müssen. Es treten somit Mehrfachbelegungen (*Kollisionen*) auf und es gilt:

$$\sigma(k_i) = \sigma(k_j) \text{ für } k_i \neq k_j.$$

Die Schlüsselwerte k_i und k_j heißen dann *Synonyme*. Neben der Schlüsseltransformation ist dann auch ein Verfahren anzugeben, wie die Speicherung des Datenobjektes im Falle einer Kollision vorzunehmen ist (Kollisionsbehandlung).

Eine Methode, die Anzahl der Kollisionen von vornherein zu reduzieren, besteht darin, mehr Speicherzellen zur Verfügung zu stellen als zur Speicherung der Datenobjekte benötigt werden. Führt man hier den *Speicherbelegungsfaktor*

$$ß = \frac{\text{Anzahl der benötigten Speicherzellen}}{\text{Anzahl der zur Verfügung gestellten Speicherzellen}}$$

ein, so wird man ß < 1 wählen (z.B. ß=0,8).

Im folgenden werden zwei Methoden für die Schlüsseltransformation angegeben.

Divisionsrest-Methode

Der Schlüssel k (aufgefaßt als ganze positive Zahl) wird ganzzahlig durch eine Zahl p (in der Regel eine Primzahl) dividiert, die etwas kleiner oder gleich der Anzahl der Speicherplätze ist. Der ganzzahlige Divisionsrest wird zur Ermittlung der Adresse verwendet:

$$a = (k \bmod p) + d \quad \text{, mit d als Anfangsadresse.}$$

Beispiel

Es seien 8000 Datenobjekte zu speichern. Mit ß=0.8 werden 10000 Speicherplätze zur Verfügung gestellt. Die Anfangsadresse sei 5000. Mit p=9973 erhält man: a = (k mod 9973) + 5000.

Ziffernauswahl (Ziffernanalyse)

Der Schlüssel k sei eine ganze positive Zahl. Das Prinzip besteht darin, aus den Ziffernstellen der Gesamtheit der Schlüsselwerte diejenigen Ziffernstellen auszuwählen, in denen die Ziffern möglichst gleichverteilt auftreten. Die Ziffern in diesen ausgewählten Stellen werden zur Bildung der Adresse herangezogen.

Beispiel

Der Schlüssel bestehe aus den Ziffernstellen $s_5\ s_4\ s_3\ s_2\ s_1\ s_0$. Es soll eine 3-stellige Adresse gebildet werden. Eine statistische Analyse ergibt in den Ziffernstellen $s_4\ s_2\ s_1$ die beste Gleichverteilung der Ziffern. Die Adresse wird aus diesen drei Ziffernstellen gebildet.

Wie schon erwähnt, ist neben der Schlüsseltransformation im allgemeinen auch ein Verfahren zur *Kollisionsbehandlung* anzugeben. Die Speicherung von kollidierenden Datenobjekten kann grundsätzlich im Adreßbereich selbst, dem sogenannten *Hauptbereich*, erfolgen oder in einem zusätzlichen Adreßbereich, dem sogenannten *Überlaufbereich*. Die Speicherung selbst kann gekettet erfolgen, oder es wird mit Hilfe des Schlüssels eine Folge von Speicheradressen im Hauptbereich bestimmt, die im Falle einer Kollision als Ausweichadressen in Frage kommen (sogenannte *offene Adressierung*; *open adressing* oder *open hash*). Für diese letzte Methode sollen im folgenden einige Verfahren angegeben werden. Dabei soll ohne Einschränkung der Allgemeinheit vorausgesetzt werden, daß die Adressen des Adreßbereichs 0, 1, 2, ... m-1 seien.

Lineare Sondierung

Die Adreßfolge im Hauptspeicher wird folgendermaßen bestimmt:

$$a_i = (\sigma(k) \pm i) \bmod m \text{ , worin } i = 0,1,..., m-1 \text{ .}$$

Die Ausweichadressen werden also linear auf- oder absteigend vergeben. Ein Nachteil der linearen Sondierung ist die *Kollisionshäufung*, d.h. die Häufung der Kollisionen an bestimmten Stellen im Adreßbereich. Diese rührt daher, daß an den Plätzen, an denen infolge von Kollisionen synonyme Datenobjekte abgespeichert worden sind, die Wahrscheinlichkeit für weitere Kollisionen steigt. Die lineare Sondierung wirkt sich diesbezüglich besonders nachteilig aus, weil bei diesem Verfahren die synonymen Datenobjekte stets in der ersten freien Speicherzelle in der Nähe der Hausadresse gespeichert werden.

Zufällige Sondierung

Eine Möglichkeit, die Kollisionshäufung zu reduzieren, besteht darin, die Schrittweite zwischen den Ausweichadressen von deren Stellung i in der Folge abhängig zu machen.

$$a_i = (\sigma(k) \pm \delta(i)) \bmod m \text{ , worin } i = 0,1,..., m-1 \text{ und } \delta(0) = 0 \text{ .}$$

Ein Beispiel hierfür ist die zufällige Sondierung, die als Schrittweite δ(i) Pseudo-Zufallszahlen aus dem Intervall [1, m-1] benutzt.

Doppel-Hashing

Die Kollisionshäufung wird noch weiter verringert, wenn die Schrittweite von dem Schlüsselwert k des Datenobjektes abhängig gemacht wird. Diese Methode wird Doppel-Hashing genannt. Die Hausadresse wird mit einer Schlüsseltransformation σ und die Schrittweite mit einer zweiten Schlüsseltransformation σ' bestimmt, so daß die Adreßfolge folgendermaßen ermittelt wird:

$$a_i = (\sigma(k) \pm i \cdot \sigma'(k)) \bmod m \text{ , worin } i = 0,1,\ldots, m\text{-}1 \text{ .}$$

Im folgenden soll auf die Ausführung der Grundoperationen bei gestreuter Speicherung eingegangen werden. Das *Auffinden* eines Datenobjektes ist natürlich von dem zur Kollisiosbehandlung verwendeten Verfahren abhängig. Wir wollen uns hier auf Verfahren der offenen Adressierung beschränken. Bei diesen Verfahren endet die Suche erst dann erfolglos, wenn die Ausweichadresse auf eine freie Speicherzelle verweist. Daher ist es theoretisch möglich – wenn auch sehr unwahrscheinlich – daß der gesamte Adreßbereich durchsucht werden muß! Dennoch stellt die gestreute Speicherung eine hervorragende Methode zur Speicherung und zum Suchen in großen Datenbeständen dar. Die Leistungsfähigkeit läßt sich an einem theoretischen Modell aufzeigen, dem sogenannten *gleichmäßigen Hashing*, das von idealisierten Voraussetzungen ausgeht, die in der Praxis nur näherungsweise zu erreichen sind.

Gleichmäßiges Hashing

Die Werte k des Primärschlüssels treten gleichwahrscheinlich auf, und bei jedem Zugriff auf eine Speicherzelle gemäß der durch Hausadressen und Ausweichadressen gegebenen Adreßfolge wird auf die noch nicht aufgesuchten Speicherzellen mit gleicher Wahrscheinlichkeit zugegriffen. Es tritt also keine Kollisionshäufung auf.

Für die mittlere Anzahl der Zugriffe bei erfolgreicher Suche erhält man unter der Voraussetzung einer hinreichend großen Anzahl von Datenobjekten (zur Herleitung siehe [Lange 87]):

$$S_e \approx -\frac{1}{ß}\ln(1-ß)$$

und für die erfolglose Suche

$$S_n \approx \frac{1}{1-ß}.$$

Hierin ist ß der Speicherbelegungsfaktor. Bemerkenswert daran ist, daß die Anzahl der Zugriffe nicht von der Anzahl der Datenobjekte abhängig ist, sondern lediglich vom Speicherbelegungsfaktor! In Tabelle 4-1 sind die Ergebnisse für einige Werte von ß dargestellt.

Tabelle 4-1 Mittlere Anzahl von Suchschritten bei gleichmäßigem Hashing

ß	0,5	0,6	0,7	0,8	0,9	0,95
S_e	1,39	1,53	1,72	2,01	2,56	3,15
S_n	2,00	2,50	3,33	5,00	10,00	20,00

Zum Vergleich seien die Ergebnisse für die lineare Sondierung aufgeführt und in Tabelle 4-2 wiedergegeben:

$$S_e \approx \frac{1}{2}\left(1+\frac{1}{1-\beta}\right),$$

$$S_e \approx \frac{1}{2}\left(1+\frac{1}{(1-\beta)^2}\right).$$

Tabelle 4-2 Mittlere Anzahl von Suchschritten bei linearer Sondierung

ß	0,5	0,6	0,7	0,8	0,9	0,95
S_e	1,50	1,75	2,17	3,00	5,50	10,50
S_n	2,50	3,63	6,06	13,00	50,50	200,5

Der negative Einfluß der Kollisionshäufung ist bei der linearen Sondierung für ß $\rightarrow$ 1 deutlich erkennbar.

Der Aufwand beim *Einfügen* eines Datenobjektes entspricht dem der erfolglosen Suche, weil ja eine freie Speicherzelle gefunden werden muß. Die Grundoperation *Löschen* kann im allgemeinen bei der offenen Adressierung mit vertretbarem Aufwand nur durchgeführt werden, indem die frei werdende Speicherzelle als gelöscht markiert wird. Sie darf nicht einfach gelöscht werden, weil sonst an dieser Stelle die Suche in der Folge der Ausweichadressen für synonyme Datenobjekte abgebrochen werden würde.

4.2 Dateiorganisation

Da in Datenbanksystemen große Datenbestände zu speichern und zu verwalten sind, werden diese natürlich in Dateien auf externen Speichern abgelegt. Es sollen daher im folgenden die Dateiorganisationsformen behandelt werden. Wesentlicher Gesichtspunkt ist dabei nicht allein die Speicherung der Daten, sondern die Unterstützung der Grundoperationen Suchen, Einfügen, Ändern und Entfernen von Datensätzen. Dabei kommt dem Suchen eine besondere Bedeutung zu, weil diese Operation auch bei der Ausführung der anderen Operationen benötigt wird. Organisationsformen für Zugriffspfade zu Datensätzen sind daher in diesem Zusammenhang besonders wichtig. Da die Zugriffe primär inhaltsorientiert über Primärschlüssel oder Sekundärschlüssel geschehen, ist es zweckmäßig, die Dateiorganisationsformen getrennt nach diesen beiden Zugriffs-Anforderungen zu behandeln.

4.2.1 Organisationsformen für Primärschlüssel

Beim Zugriff über den Primärschlüssel wird nach genau einem Datensatz gesucht.

Sequentielle Dateiorganisation

Die sequentielle Dateiorganisation ermöglicht die Speicherung und den Zugriff auf Datensätze ausschließlich in der Zugangsfolge der Datensätze. Der typische Datenträger ist das Magnetband. Damit ist im allgemeinen nur eine starr fortlaufende Verarbeitung möglich, bei sortiertem Datenbestand auch eine logisch fortlaufende.

Index-sequentielle Dateiorganisation

Die index-sequentielle Dateiorganisation dient zur sortierten Speicherung eines Datenbestandes. Sie setzt einen Speicher mit direktem (bzw. quasi-direktem) Zugriff voraus. Typische Datenträger sind die Magnetplatte, die optische Platte oder auch die Diskette.

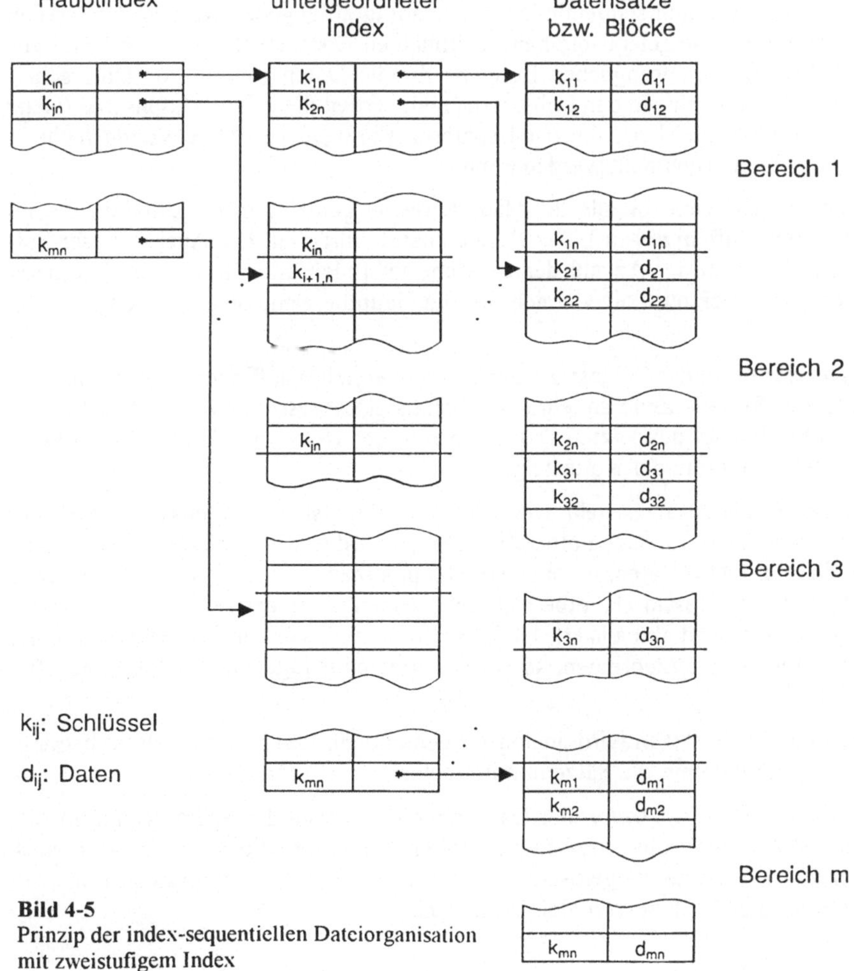

Bild 4-5
Prinzip der index-sequentiellen Dateiorganisation mit zweistufigem Index

Der sortierte Datenbestand wird in Bereiche zerlegt und diese sequentiell gespeichert. Der Zugriff auf die Bereiche erfolgt über eine *Indextabelle* (auch kurz *Index* genannt), in welcher der Primärschlüssel des letzten Datensatzes eines jeden Bereiches und die Anfangsadresse des Bereiches einander zugeordnet sind. Das Prinzip ist in Bild 4-5 dargestellt. Bei großen Datenbeständen wird der Index mehrstufig hierarchisch aufgebaut, indem mit dem jeweils untergeordneten Index genau so verfahren wird wie mit dem Datenbestand selbst (Einteilung in Bereiche und deren Verwaltung durch einen übergeordneten Index).

Der Zugriff auf einen Datensatz über den Primärschlüssel erfolgt somit nach dem Prinzip der Sprungsuche (m-Wege-Suche), indem mehrstufig zunächst in einem Index durch Schlüsselvergleich die Adresse des zugehörigen Bereiches im untergeordneten Index ermittelt wird und dann schließlich der Bereich in der Datei sequentiell nach dem Datensatz durchsucht wird.

Um das Einfügen von Datensätzen in den sortierten Datenbestand zu ermöglichen, muß das Prinzip der ausschließlich sequentiellen Speicherung aufgegeben werden. Es werden zusätzlich *Folgebereiche* angelegt, die beim erstmaligen Erstellen (Laden) der Datei zunächst frei bleiben. Die ursprünglichen Bereiche für die Daten werden zur Unterscheidung *Hauptbereiche* genannt. In den Folgebereichen werden diejenigen Datensätze *linear gekettet* und sortiert gespeichert, die beim späteren Einfügen von Datensätzen nicht in ihrem Hauptbereich untergebracht werden können.

Es wird je ein Folgebereich für alle die Hauptbereiche gemeinsam eingerichtet, die im Index der untersten Stufe in *einem* Index-Bereich aufgeführt sind. Die Anzahl dieser Folgebereiche ist also gleich der Anzahl der Bereiche im Index unterster Stufe. Alternativ oder zusätzlich kann auch ein Folgebereich für alle Hauptbereiche insgesamt eingerichtet werden.

Um den Anfang der Kette der Folgesätze eines Hauptbereiches auffinden zu können, wird der Index unterster Stufe je Zeile um ein Paar (Schlüssel, Adresse) erweitert. Der Schlüssel ist der Primärschlüssel des letzten Datensatzes in der Kette, die Adresse der Anker, der auf den ersten Datensatz der Kette zeigt.

Das Einfügen eines Datensatzes geht wie folgt vor sich: Ist der Datensatz gemäß der Sortierfolge in einem Hauptbereich unterzubringen, so wird er dort eingefügt. Dabei kann es passieren, daß der letzte Datensatz aus dem Hauptbereich verdrängt wird. Dieser wird dann am Beginn der zu diesem Hauptbereich gehörenden Kette der Folgesätze eingefügt und der Index entsprechend aktualisiert. Ist der Datensatz gemäß der Sortierfolge in einer Kette von Folgesätzen unterzubringen, so wird er dort eingefügt und der Index gegebenenfalls aktualisiert.

Das Entfernen von Datensätzen wird analog vorgenommen. Um Zeit zu sparen, begnügt man sich jedoch häufig damit, die Sätze nur als „gelöscht" zu kennzeichnen.

Gelegentlich ist eine *Reorganisation* der Datei notwendig, weil der Speicherplatz für die Folgesätze nicht mehr ausreicht, oder die geketteten Folgesätze die Zugriffszeit zu stark erhöhen, oder zu viele Sätze als gelöscht gekennzeichnet sind. Die Reorganisation wird durch logisch fortlaufendes Kopieren der Datei erreicht.

Gestreute Dateiorganisation

Bei der gestreuten Dateiorganisation wird aus dem Primärschlüssel des Datensatzes durch Schlüsseltransformation die Speicheradresse bestimmt (siehe Abschnitt 4.1.5). Auf Externspeichern werden dazu meist nicht die Adressen einzelner Datensätze ermittelt, sondern die Adressen von Speicherbereichen, Buckets (Behälter) genannt, die mehrere Datensätze aufnehmen können. Es werden somit bewußt Kollisionen zugelassen und die kollidierenden Datensätze in einem gemeinsamen Bucket gespeichert. Ist ein Bucket gefüllt und soll ein weiterer Datensatz dort abgelegt werden, so kommt es zu einem Überlauf. Der Datensatz wird dann *Überlaufsatz* genannt. Die Überlaufbehandlung ist analog zur Kollisionsbehandlung vorzunehmen und erfolgt daher nach den gleichen Methoden. Überläufe treten aber seltener auf als Kollisionen. Dies ist bei den sehr viel größeren Zugriffszeiten von Externspeichern gegenüber Zentralspeichern von großer Bedeutung.

Wir wollen uns hier ein Beispiel für die Überlaufbehandlung durch Speicherung der Überläufer im Hauptbereich (also dem eigentlichen Adreßbereich auf dem Externspeicher) ansehen, bei der die Überläufer im Gegensatz zur offenen Adressierung jedoch gekettet gespeichert werden. Bei dieser sogenannten *Kettungsmethode* wird ein Überlaufsatz in den Bucket mit der nächsthöheren Adresse eingetragen, in dem noch ein freier Platz ist. Zum Verweis auf diesen Bucket wird je Bucket ein *Kett-Satz* verwendet, in den die Ausweichadresse eingetragen wird. Auf Magnetplatten bildet häufig eine Spur ein Bucket. Bild 4-6 zeigt das Ergebnis des Einfügens von Datensätzen anhand eines Beispiels.

Vereinfachend wird ein Datensatz durch seinen Primärschlüssel k_{ij} repräsentiert, wobei der Index i auf die zugehörige Hausadresse (hier Spuradresse) hinweisen soll, die durch die Schlüsseltransformation ermittelt wird. Die Reihenfolge, in der die Datensätze eintreffen und zu speichern sind, ist im Bild angegeben. Zunächst wird jeweils versucht, den Datensatz unter seiner Hausspur abzuspeichern. Ist diese vollständig belegt, so wird die nächstliegende Spur gesucht, in der noch ein freier Platz ist, und der Datensatz dort gespeichert. In den Kett-Satz der Hausspur wird diese Ausweichadresse eingetragen (dadurch wird die Suche nach freien Speicherplätzen beim nächsten Überlauf vereinfacht). Eine Spur kann also sowohl Haussätze als auch Überlaufsätze enthalten.

Spur-Adresse	Kettsatz	Datensätze		
1	2	k_{11}	k_{12}	k_{13}
2	4	k_{21}	k_{14}*	k_{22}
3		k_{31}	k_{32}	k_{33}
4		k_{41}	k_{23}*	k_{15}*

Die Reihenfolge der Einträge in die Datei ist
$k_{11}, k_{21}, k_{12}, k_{41}, k_{31}, k_{13}, k_{32}, k_{14}, k_{22}, k_{33}, k_{23}, k_{15}$.
Ein * kennzeichnet Überlaufsätze.

Bild 4-6 Kettungsmethode bei der Speicherung von Datensätzen im Hauptbereich

Die Suche nach einem Datensatz beginnt stets in der Hausspur und wird gegebenenfalls über die Verweise in den Kett-Sätzen fortgesetzt, bis der Satz gefunden wird oder im Kett-Satz kein Verweis vorhanden ist. Die Kett-Sätze verkürzen die Suchwege gegenüber einer linearen Sondierung ohne Kettung. Die Anzahl der Zugriffe auf Datensätzen, die im Mittel zum Auffinden eines Datensatzes benötigt wird, läßt sich durch geeignetes Laden der Datei (z.B. im Zuge einer Reorganisation) günstig beeinflussen. Beim sogenannten zweistufigen Laden werden zunächst nur solche Sätze gespeichert, die unter ihrer Hausadresse abgelegt werden können. In einer zweiten Phase werden die Überlaufsätze gespeichert. Ist die Zugriffshäufigkeit auf die Datensätze nicht gleichverteilt, so ist es vorteilhaft, die Datensätze in der Reihenfolge ihrer Zugriffshäufigkeit zu laden.

Beim Löschen können Datensätze gelöscht werden, ohne daß die Verweise auf Überlaufsätze verloren gehen.

Dateiorganisation mit Hilfe von B- bzw. B*-Bäumen

Der Zugriff auf Datensätze in Dateien über Primärschlüssel kann mit Hilfe von sortierten, geordneten Wurzelbäumen erfolgen, deren Knoten paarweise einen Primärschlüssel und die zugehörige Satzadresse enthalten. Derartige Bäume werden *Suchbäume* (*Schlüsselbäume, Sortierbäume*) genannt. Bild 4-7 zeigt als Beispiel einen binären Suchbaum. Als Schlüssel dienen hier der Einfachheit halber positive ganze Zahlen, die zugehörigen Adressen sind der Übersicht wegen nicht dargestellt. Die Schlüssel sind aufsteigend sortiert.

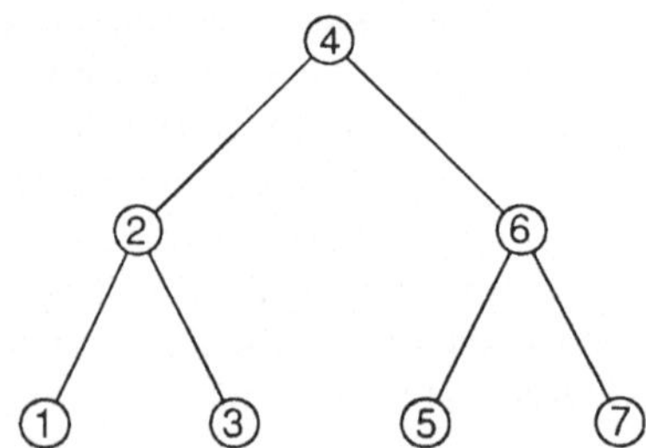

Bild 4-7
Beispiel eines binären Suchbaumes

Für alle Knoten in diesem binären Suchbaum gilt, daß alle Schlüssel im linken Teilbaum unter einem Knoten kleiner als die Schlüssel im rechten Teilbaum unter diesem Knoten sind. Beachtet man dies, so kann man leicht nachvollziehen, daß die Knoten mit ihren Primärschlüsseln z.B. in folgender Reihenfolge in den Suchbaum eingefügt worden sind: 4, 2, 6, 1, 3, 5, 7.

Der Suchbaum des Beispiels ist seiner Struktur nach sehr ausgeglichen. Jedes Niveau ist mit der vollen Anzahl von Knoten besetzt. Dadurch ist die Höhe des Baumes minimal und damit auch die mittlere Anzahl von Suchschritten, die benötigt wird, um einen Schlüssel aufzufinden. Die mittlere Anzahl von Schlüsselvergleichen bei n Schlüsseln ist dann von der Ordnung ld n. Die Struktur des Suchbaumes ist aber in hohem Maße von der Eingangsfolge der Knoten abhängig. Bild 4-8 zeigt das Beispiel eines zu einer linearen Liste entarteten „binären“ Suchbaumes. Es sind die gleichen Knoten wie im Bild 4-7 eingefügt worden, nur war die Reihenfolge der Knoten beim Einfügen nach aufsteigender Schlüsselnummer sortiert: 1, 2, 3, 4, 5, 6, 7. In diesem Falle beträgt die mittlere Anzahl von Schlüsselvergleichen für die erfolgreiche Suche (n+1)/2. Die strukturelle Ausgeglichenheit von Suchbäumen (man spricht auch von Balance) ist also von entscheidender Bedeutung für die Effizienz bei der Suche nach einem Schlüssel.

Suchbäume sind eine spezielle Art von Index. Da Indexe von großen Datenbeständen sehr umfangreich sind, müssen sie, wie die Daten selbst, ebenfalls auf dem Externspeicher abgelegt werden. Binäre Suchbäume sind daher als Indexe nicht geeignet. Sie erlauben zwar, mit der geringsten Anzahl von Schlüsselvergleichen auszukommen, jeder Schlüsselvergleich macht aber einen Zugriff auf den Externspeicher notwendig. Bei 10^6 Datensätzen sind dies rund ld $10^6 \approx 20$ Zugriffe. Es liegt daher nahe, geordnete k-näre Suchbäume zu verwenden, deren Knoten mehrere Schlüssel enthalten. Da deren Höhe weitaus geringer ist, fallen entsprechend weniger Zugriffe auf den Externspeicher an. Demgegenüber ist die Rechenzeit für den häufigeren Schlüsselvergleich zu vernachlässigen. Faßt man z.B. 100 Schlüsselwerte in einem Knoten zusammen, so benötigt man bei 10^6 Datensätzen nur $\log_{100} 10^6 = 3$ Zugriffe.

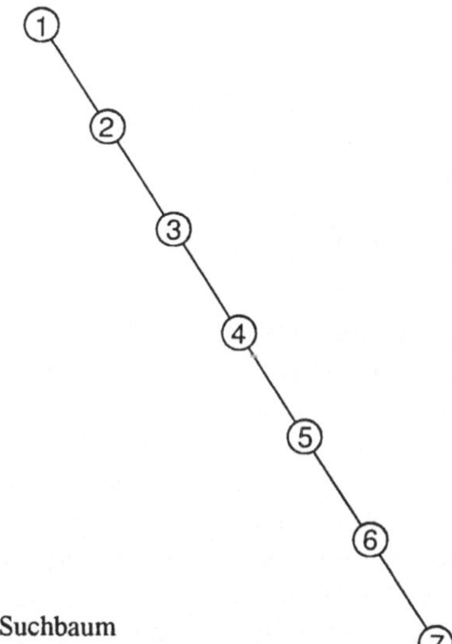

Bild 4-8 Entarteter binärer Suchbaum

Wegen ihrer Bedeutung sollen im folgenden B- und B*-Bäume behandelt werden. Sie wurden von Bayer/McCreight für die Organisation und Pflege großer Indexe vorgeschlagen [Bayer 72].

B-Bäume sind geordnete Mehrweg-Bäume (k-näre Bäume). Jeder Knoten außer der Wurzel enthält zwischen n und 2n Schlüsselwerte (n≥1, ganz). Alle Knoten belegen einen Speicherbereich gleicher Länge. Die Speicherbelegung beträgt somit 50% bis 100%. Gleichzeitig wird damit eine gewisse Ausgeglichenheit des B-Baumes erzwungen.

Definition: B-Baum

1. Alle Blätter liegen auf demselben Niveau.
2. Die Wurzel ist ein Blatt oder sie hat mindestens zwei Nachfolger.
3. Jeder Knoten außer der Wurzel und den Blättern hat mindestens n + 1 Nachfolger.
4. Jeder Knoten hat höchstens 2n + 1 Nachfolger.
5. Jeder Knoten außer den Blättern enthält m Paare (Schlüssel, Adresse), wenn er m + 1 Nachfolger hat. Jedes Blatt enthält l Paare (Schlüssel, Adresse), $n \leq l \leq 2n$. Die Schlüssel sind im Knoten aufsteigend sortiert.

Ein Knoten, gekennzeichnet durch den Index i, mit m Schlüsseln kann folgendermaßen dargestellt werden:

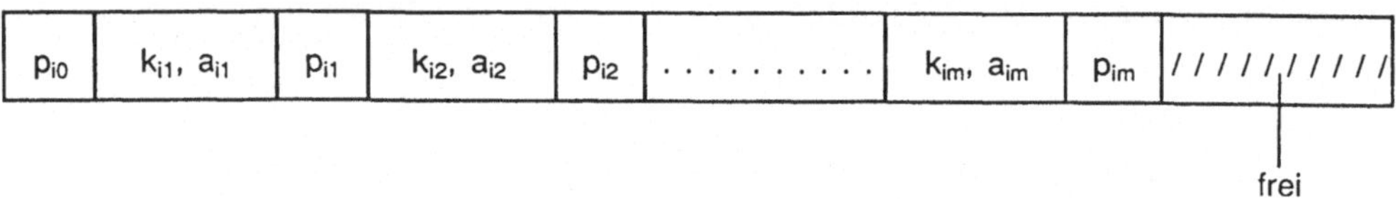

p_{i0} weist auf einen Knoten mit Schlüsseln $k < k_{i1}$.
p_{ij} mit j = 1,2,...,m-1, weist auf einen Knoten mit Schlüsseln $k_{ij} < k < k_{i,j+1}$.
p_{im} weist auf einen Knoten mit $k > k_{im}$.

Das Einfügen von Schlüsseln in einen B-Baum ist in Bild 4-9 an einem Beispiel dargestellt.

Als Schlüssel dienen hier der Einfachheit halber wieder positive ganze Zahlen, die zugehörigen Adressen sind der Übersicht wegen nicht dargestellt. Die minimale Anzahl der Schlüssel beträgt n=2, die maximale beträgt 4. Das Einfügen (Einsortieren) eines Schlüssels in einen Knoten mit weniger als 2n Schlüsseln ist problemlos möglich. Ist der Knoten dagegen bereits gefüllt, so liegt ein *Überlauf* vor. Der Schlüssel wird in die Schlüsselfolge des Knotens einsortiert. Die ersten n Schlüssel verbleiben im Knoten, der (n+1)-te Schlüssel wird im Vorgänger-Knoten eingefügt, die verbleibenden n Schlüssel in einem neuen Knoten eingetragen und die Zeiger aktualisiert. Ist der Vorgänger-Knoten ebenfalls vollständig gefüllt, so setzt sich das Verfahren fort, gegebenenfalls muß eine neue Wurzel angelegt werden, falls auch diese besetzt ist. Ein B-Baum wächst also von den Blättern zur Wurzel.

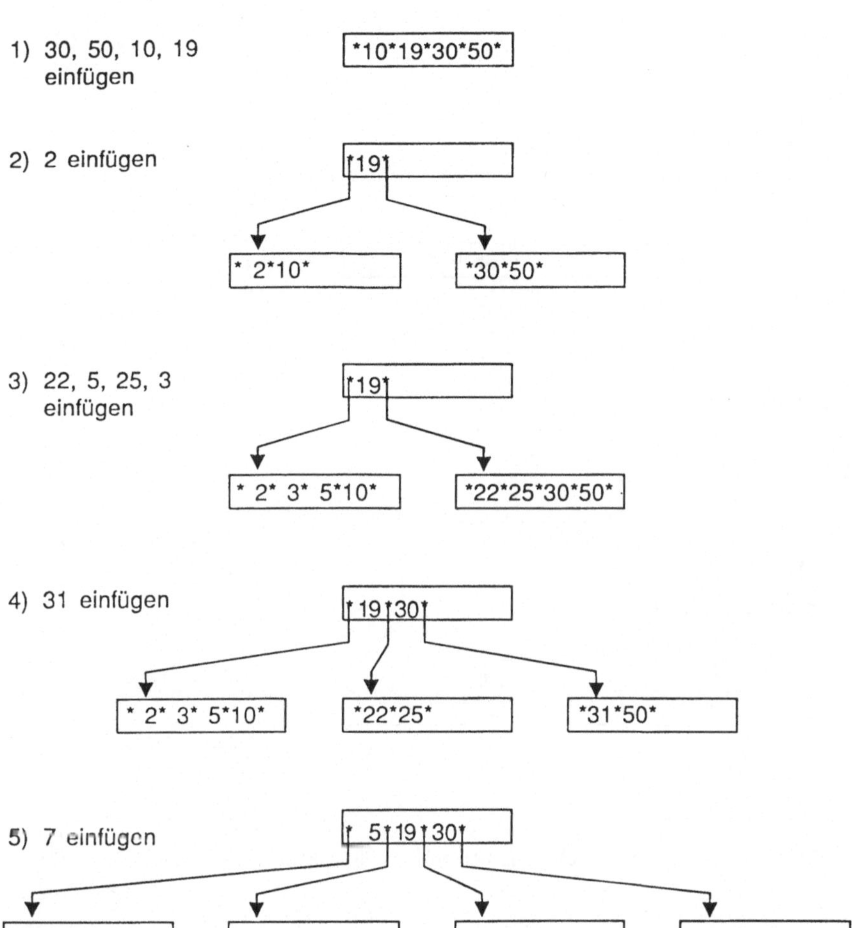

Bild 4-9 Einfügen von Schlüsseln in einen B-Baum (mit n = 2)

Das Entfernen eines Schlüssels geschieht wie folgt: Befindet sich der Schlüssel in einem Blatt, so wird er entfernt. Wird dadurch die Anzahl der Schlüssel in einem Blatt kleiner als n, so liegt ein *Unterlauf* vor (zur Unterlaufbehandlung siehe weiter unten). Befindet der Schlüssel sich nicht in einem Blatt, so ist er durch den nächst größeren Schlüssel zu ersetzen. Dies ist der kleinste Schlüssel in den Blättern der „rechten" Nachfolger. Alternativ kann der Schlüssel auch durch den nächst kleineren Schlüssel ersetzt werden. Dies ist der größte Schlüssel in den Blättern der „linken" Nachfolger. Auch hierdurch kann in einem Blatt ein Unterlauf entstehen.

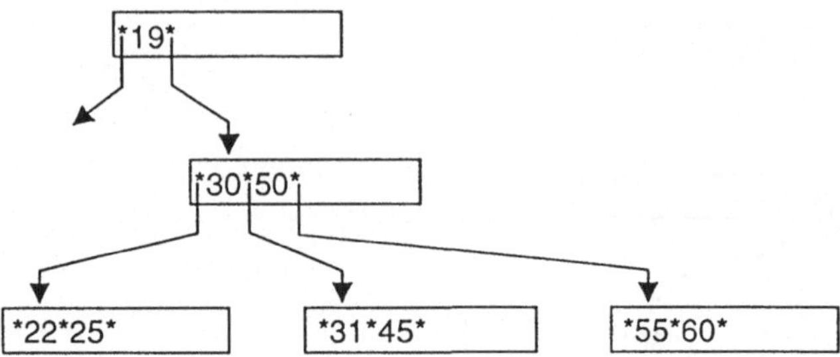

Entfernen von Schlüssel 19:

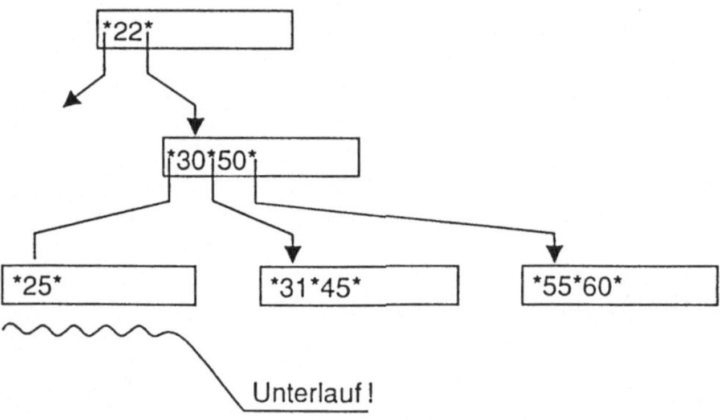

Bild 4-10 Entstehung eines Unterlaufs durch Entfernen eines Schlüssels in einem B-Baum (mit n=2)

Im Falle eines Unterlaufs werden die Schlüssel des entsprechenden Knotens, die Schlüssel seines rechten (bzw. linken) Nachbarn und der diesen beiden Knoten zugeordnete Schlüssel aus dem Vorgänger-Knoten zusammengefaßt. Für die Anzahl a dieser Schlüssel gilt dann: $2n \leq a \leq 3n$. Ist $a = 2n$, so werden die Schlüssel zu einem Knoten zusammengefaßt. Da hierbei ein Schlüssel aus dem Vorgänger entfernt wird, kann sich der Vorgang in Richtung der Wurzel fortsetzen. Ist $2n < a \leq 3n$, so werden die Schlüssel gleichmäßig auf die beiden Knoten aufgeteilt und der „mittlere" Schlüssel im Vorgänger eingetragen. Ein Beispiel zeigt Bild 4-11.

B^*-Bäume sind eine Variante der B-Bäume, die im wesentlichen dadurch gekennzeichnet ist, daß die Paare (Schlüssel, Adresse) nur in den Blättern vorkommen. In allen anderen Knoten treten nur die Schlüssel auf. Dies bedingt, daß der Baum nach kleiner *gleich* sortiert sein muß, woraus folgt, daß jeder Schlüssel eines inneren Knotens auch in dem linken Nachfolger auftritt.

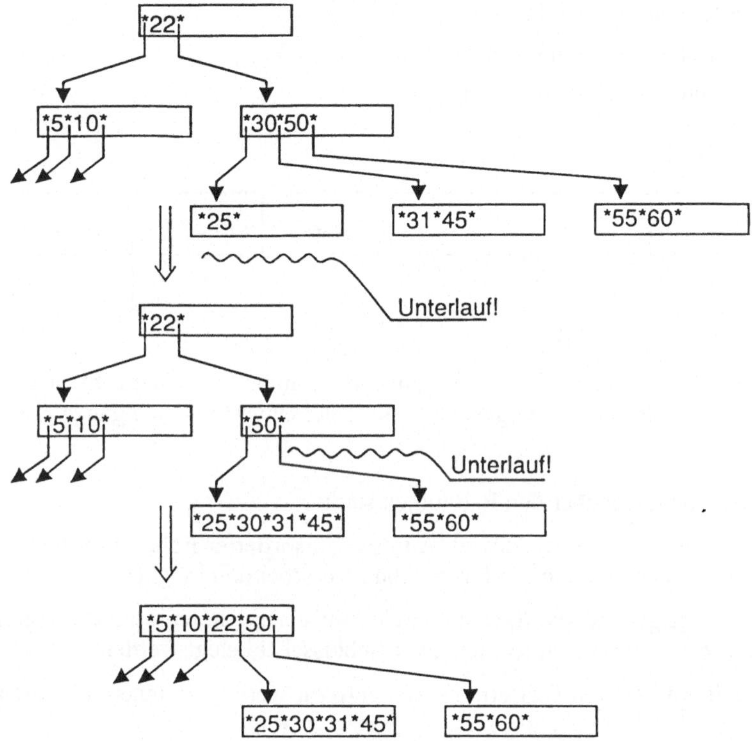

Bild 4-11 Unterlauf-Behandlung bei B-Bäumen (mit n=2)

Definition: B^*-Baum

Der B^*-Baum unterscheidet sich vom B-Baum nur in der Eigenschaft 5:

5. Jeder Knoten außer den Blättern enthält m Schlüssel, wenn er m + 1 Nachfolger hat. Jedes Blatt enthält l Paare (Schlüssel, Adresse), $n \leq l \leq 2n$. Die Schlüssel sind aufsteigend geordnet.

B^*-Bäume sind *hohle* (*blattorientierte*) Bäume, weil die Verweise (Adressen) auf die Datensätze nur in den Blättern vorkommen.

Ein innerer Knoten, gekennzeichnet durch den Index i, mit m Schlüsseln kann folgendermaßen dargestellt werden:

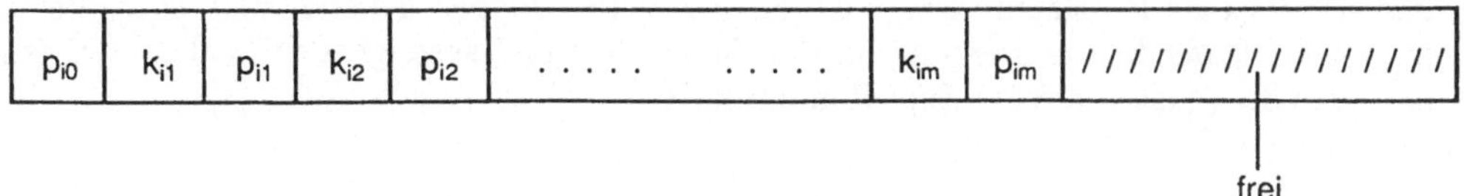

p_{i0} weist auf einen Knoten mit Schlüsseln $k \leq k_{i1}$.
p_{ij} mit j = 1,2,...,m-1, weist auf Knoten mit Schlüsseln $k_{ij} < k \leq k_{i,j+1}$.
p_{im} weist auf einen Knoten mit Schlüsseln $k > k_{im}$.

Ein Blatt hat die Darstellung:

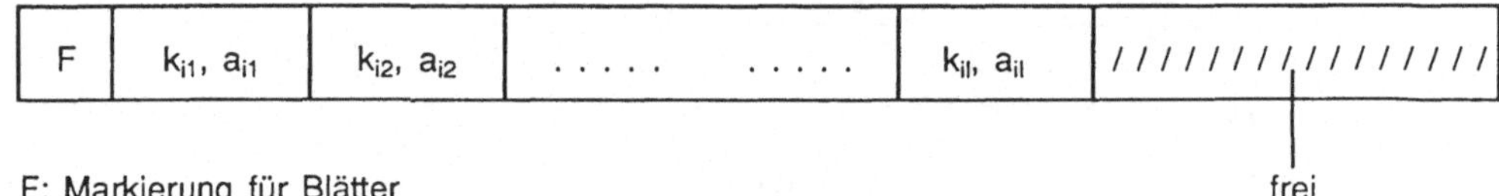

Bild 4-12 zeigt das Einfügen von Schlüsseln in einen B*-Baum. Der Übersicht wegen sind die Adressen in den Blättern nicht dargestellt. Als Schlüsselwerte dienen ganze positive Zahlen.

Die Vorteile der B*-Bäume gegenüber den B-Bäumen sind:

- Die Blätter enthalten die Paare (Schlüssel, Adresse) in sortierter Folge. Werden sie zusätzlich gekettet, so ist eine logisch fortlaufende Verarbeitung möglich.
- Bei hardware-bedingt gegebenem Speicherbereich für einen Knoten können wegen der fehlenden Adressen in inneren Knoten mehr Schlüssel abgelegt werden.
- Nur Schlüssel und Adressen in Blättern müssen entfernt werden, in inneren Knoten können die Schlüssel stehen bleiben.

Eine Dateiorganisationsform, die einen B*-Baum als Index verwendet, ist die virtuelle Dateiorganisation.

Virtuelle Dateiorganisation (VSAM: *Virtual Storage Access Method*)

„Virtuell"bedeutet hier Hardware-Unabhängigkeit, d.h. es wird bei der Dateiorganisation primär kein Bezug auf die physische Speicherorganisation, z.B. Zylinder und Spuren bei Magnetplatten, genommen.

Die auch den B- und B*-Bäumen zugrunde liegenden Prinzipien, nämlich

- in Speicherbereichen fester Größe (dort Knoten) verteilten freien Speicherplatz zur Aufnahme einzufügender Datenobjekte vorzusehen,
- durch „Zell-Teilung" (cellular splitting) neuen Speicherplatz zu schaffen, falls der Platz beim Einfügen nicht ausreicht,

werden hier auch auf die Speicherung der Datensätze selbst (Primärdaten) angewendet und als Index ein B*-Baum verwendet, dessen Blätter doppelt gekettet sind, so daß eine logisch fortlaufende Verarbeitung nach aufsteigenden und absteigenden Schlüsselwerten und auch der (quasi-) direkte Zugriff möglich ist.

1) 30, 50, 10, 19 einfügen

2) 2 einfügen

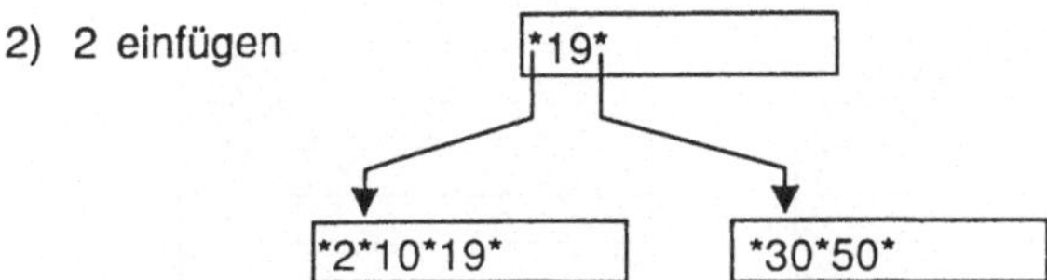

3) 22, 5, 25 einfügen

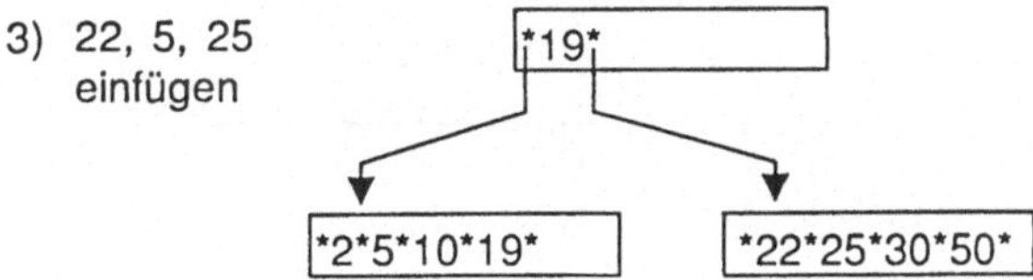

4) 3, 31 einfügen

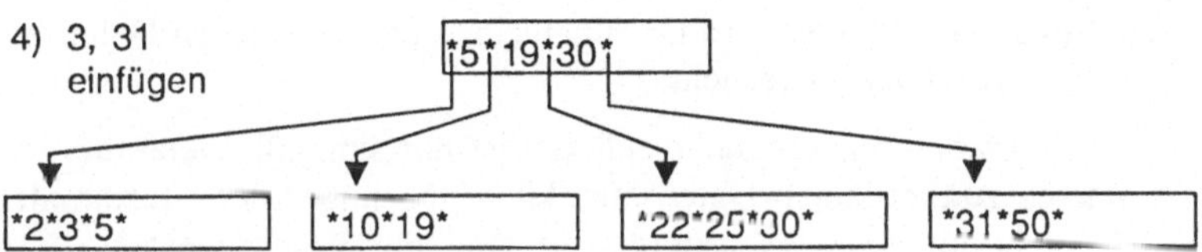

Bild 4-12 Einfügen von Schlüsseln in einen B*-Baum (mit n=2)

Die Speicherbereiche fester Größe heißen *Kontroll-Bereiche* (control areas), sie sind weiter in *Kontroll-Intervalle* (control intervalls) ebenfalls fester Größe eingeteilt. In beiden Bereichsarten wird anfangs freier Speicherplatz reserviert. Innerhalb der Kontroll-Intervalle werden die Datensätze sequentiell und sortiert gespeichert (siehe Bild 4-13).

Ein Blatt des Index wird „*sequence set*" genannt. Die Blätter sind untereinander doppelt gekettet und bilden den „*sequence set index*". Ein Blatt enthält Paare (Schlüssel, Adresse), die auf die Kontroll-Intervalle *eines* Kontroll-Bereichs verweisen.

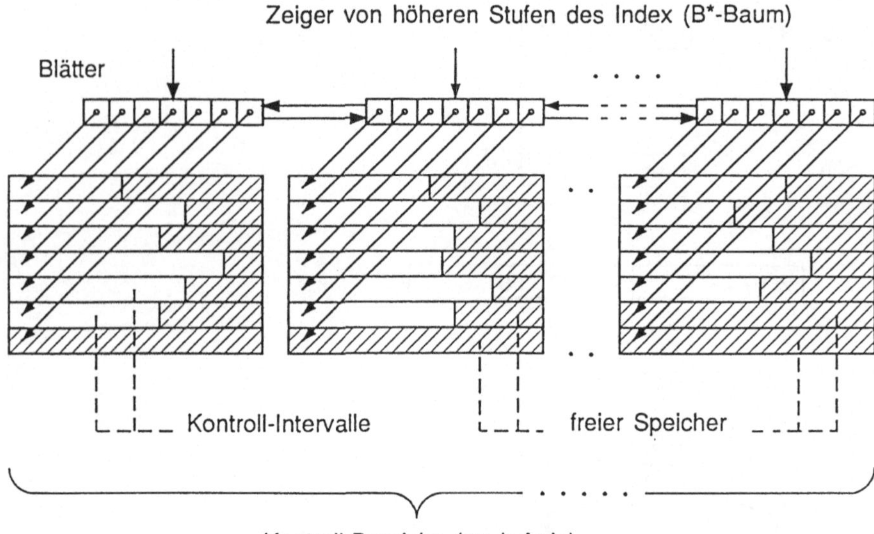

Bild 4-13 Prinzip der virtuellen Dateiorganisation (nach [Martin 77])

4.2.2 Organisationsformen für den Sekundärschlüssel

Beim Zugriff über einen Sekundärschlüssel wird im allgemeinen nach mehreren Datensätzen mit den vorgegebenen Atrributwerten gesucht.

Die Einrichtung von Zugriffspfaden für Sekundärschlüssel ist nur sinnvoll, wenn die Anzahl der den Schlüsselwerten zugeordneten Datensätze klein gegenüber der Anzahl aller Datensätze der Datei ist. Sie könnte sonst ebensogut sequentiell durchsucht werden.

Bei der Implementierung von Zugriffspfaden für Sekundärschlüssel kann man grundsätzlich folgendermaßen vorgehen:

- sequentielle Speicherung oder gekettete Speicherung,
- Bindung der Zugriffspfade an die Datensätze oder Trennung.

Damit ergeben sich vier Möglichkeiten der Implementierung:

1. Sequentielle Speicherung der Datensätze

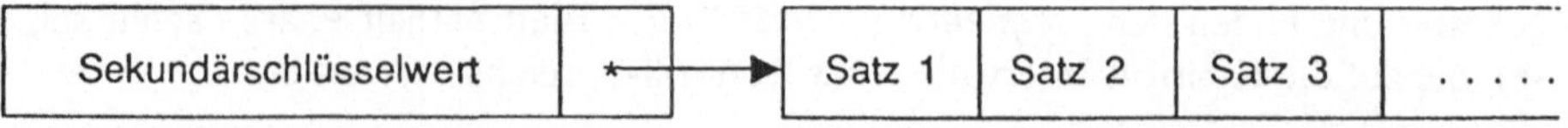

Diese Methode wird *Listen-Technik* genannt. Sie ist offensichtlich nur für einen Sekundärschlüssel geeignet. Das Einfügen und Entfernen von Datensätzen ist wegen der sequentiellen Speicherung schwierig. Diese Methode ist somit kaum geeignet.

2. Gekettete Speicherung der Datensätze

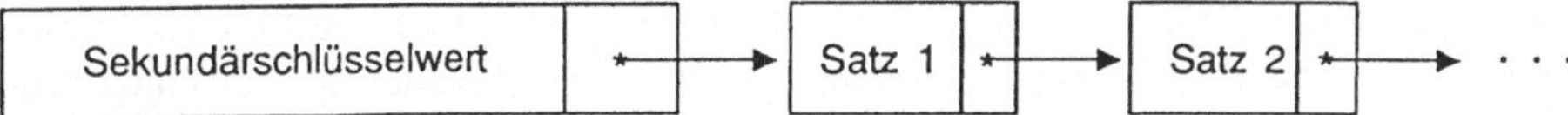

Diese Methode wird als *Adreßkettung* (address chaining) bezeichnet. Sie führt bei mehreren Sekundärschlüsseln zu mehrfach verketteten Listen (sogenannten *Multilist-Strukturen*). Sie soll im folgenden noch etwas genauer betrachtet werden.

3. Sequentielle Speicherung der Zeiger

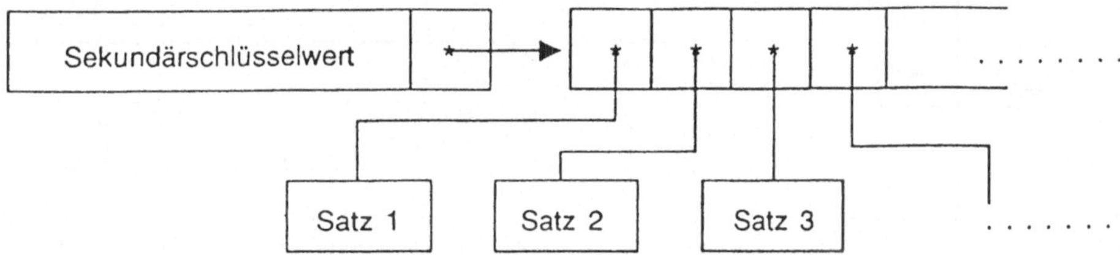

Diese Methode nennt man *Invertierung*. Sie kann sehr effizient implementiert werden und ist deshalb weit verbreitet. Auf sie wird daher im folgenden noch eingegangen.

4. Gekettete Speicherung der Zeiger

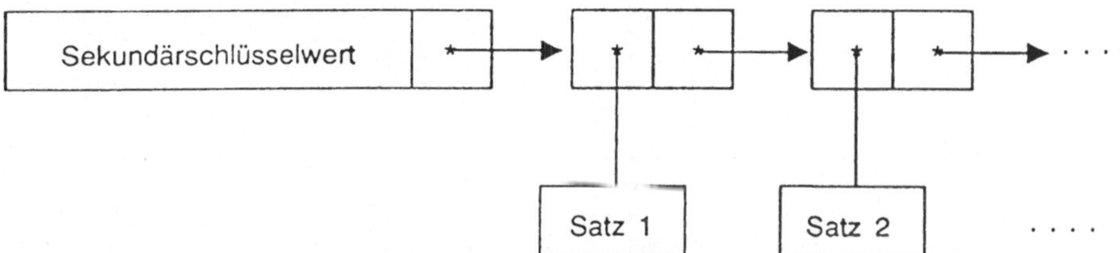

Diese Methode ist die flexibelste bezüglich der Indexpflege und der Speicherung der Datensätze. Zugleich ist sie aber auch durch einen sehr hohen Aufwand gekennzeichnet. Je Datensatz-Zugriff sind neben den Zugriffen im Index zwei weitere Speicher-Zugriffe notwendig.

Adreßkettung

Sätze mit gleichem Sekundärschlüsselwert werden durch Zeiger gekettet. Ein Beispiel für die Adreßkettung für einen Sekundärschlüssel zeigt Bild 4-14. Der Index für den Sekundärschlüssel ist hier der Einfachheit halber als sequentiell gespeicherte lineare Liste ausgeführt, er kann natürlich auch anders implementiert werden. Sollen weitere Sekundärschlüssel verwaltet werden, so muß auf die durch „o" und „O" gekennzeichneten Zeiger für weitere Kettungen zurückgegriffen werden. Man spricht dann von Multilist-Strukturen.

Bei mehreren Sekundärschlüsseln ist es zweckmäßig, im Index die Anzahl der geketteten Datensätze zu speichern. Eine Recherche mit kombinierten Schlüsselwerten kann dann in der kürzesten Kette vorgenommen werden.

Invertierung

Beim Verfahren der Invertierung mit Hilfe von Satzadreßlisten (Bild 4-15) verweist der Zeiger, der einem Sekundärschlüsselwert im Index zugeordnet ist, auf einen sequentiell gespeicherten Block von Zeigern in der Satzadreßliste. Die Zeiger eines solchen Blockes verweisen auf alle Datensätze, die diesen Sekundärschlüsselwert beinhalten.

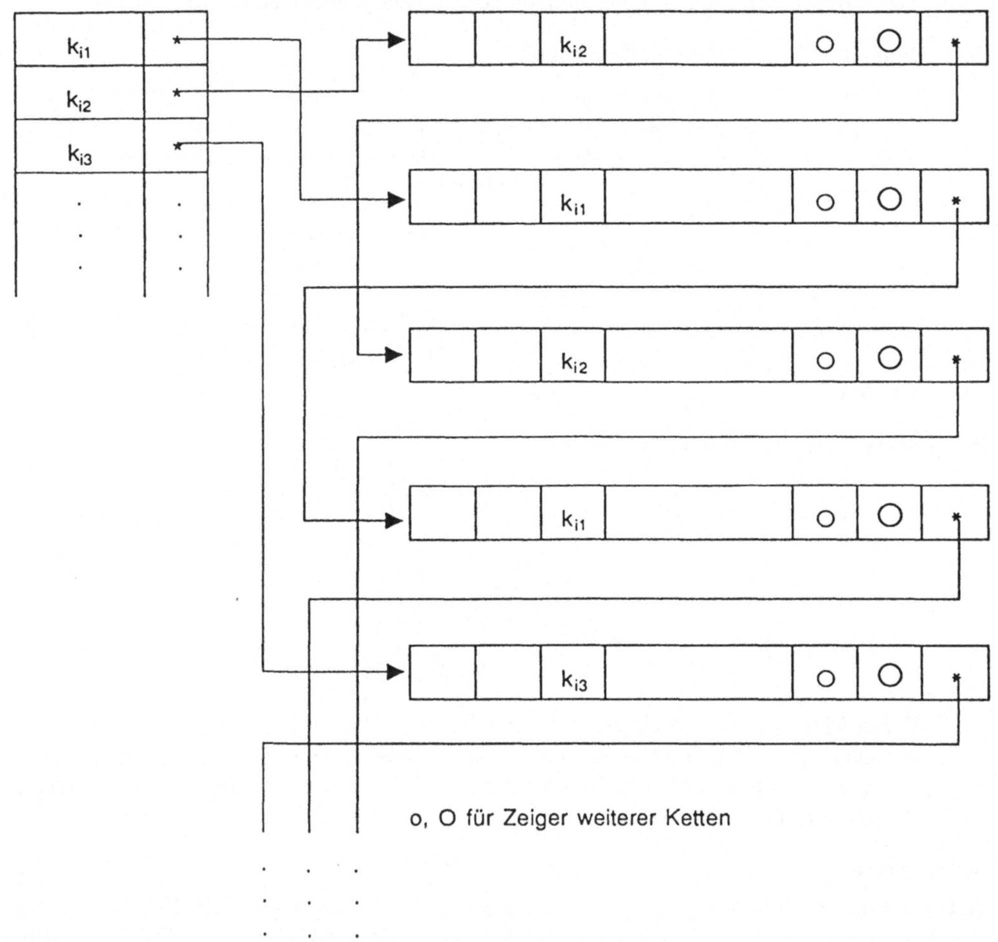

Bild 4-14 Adreßkettung als Zugriffspfad für Sekundärschlüssel

Bei der Invertierung mit Hilfe von Bitlisten wird die Satzadreßliste durch eine Bitliste ersetzt. Sie enthält je Schlüsselwert in einer Zeile so viele Bit-Positionen, wie die Datei Datensätze hat (diese Anzahl sei n). Der i-ten Bit-Position ist die i-te Datensatzadresse in der Datei zugeordnet (Bild 4-16). Ob der Schlüsselwert in einem der Datensätze vorkommt, wird durch eine entsprechende Markierung vermerkt. Da die Bitlisten im allgemeinen nur dünn besetzt sind, werden Techniken zu ihrer Komprimierung eingesetzt.

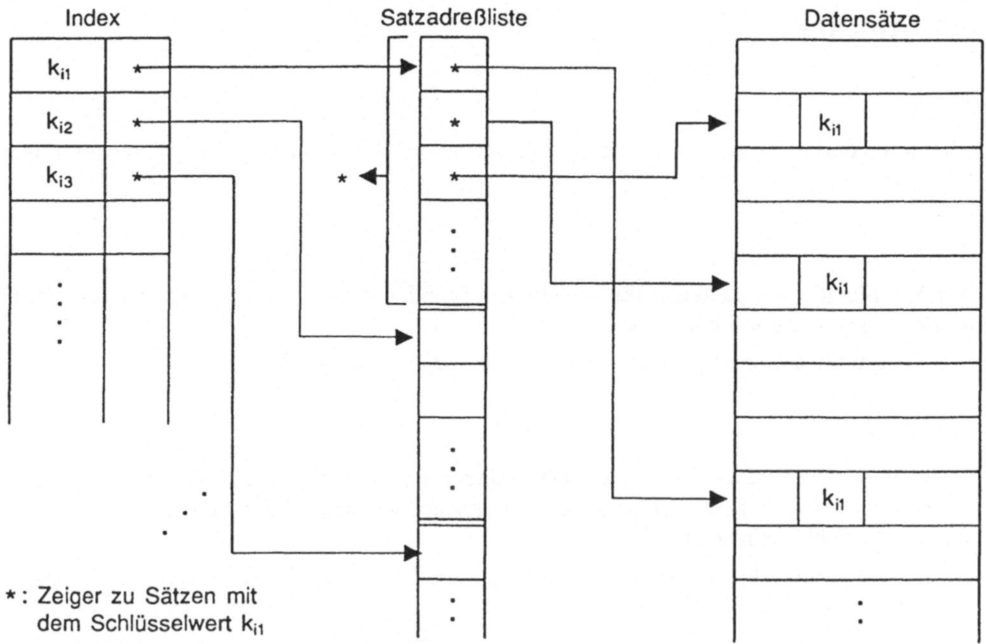

Bild 4-15 Invertierung mit Hilfe von Satzadreßlisten

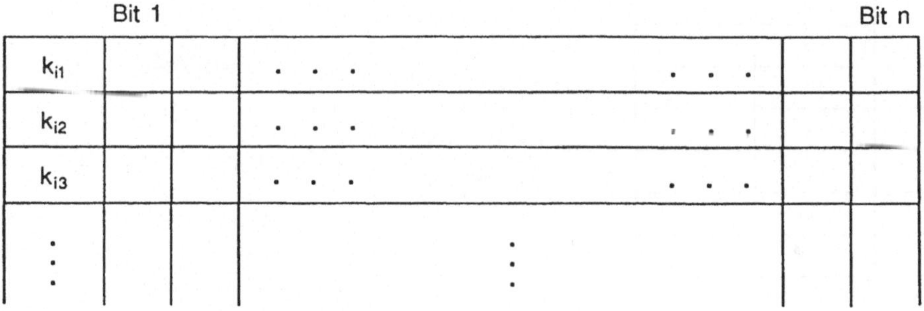

	Bit 1				Bit n
k_{i1}			. . . . . .		
k_{i2}			. . . . . .		
k_{i3}			. . . . . .		
⋮			⋮		

Bild 4-16 Invertierung mit Hilfe von Bitlisten

4.3 Aufgaben

A 4.1

Charakterisieren Sie kurz die Speichereigenschaften von Zentralspeichern und externen Speichern.

A 4.2

Nennen Sie die auf Datenstrukturen auszuführenden Grundoperationen und Verarbeitungsarten (erläutern Sie diese kurz).

Welche grundlegenden Speicherungstechniken lassen sich unterscheiden?

A 4.3

Gegeben sind von einer Datei mit 7 Datensätzen die Satzadressen (SADR) und die Primärschlüssel (PKEY). Die Sätze sollen eine lineare gekettete Liste bilden, die nach aufsteigenden Schlüsseln sortiert ist.

Tragen Sie in die folgende Tabelle (Bild 4-17) die Zeiger für die Verkettung in die Spalte REF und in den Anker ANKER ein.

SADR	PKEY	REF
1	5	
2	9	
3	14	
4	7	
5	8	
6	2	
7	3	

ANKER

Bild 4-17

A 4.4

Eine Datei enthalte die in Bild 4-18 gezeigten Daten (jede Zeile sei ein Datensatz):

ADR	KEY	POINTER	
1		6	← Anker der logischen Verkettung
2		8	← Enthält die Adresse des nächsten freien Satzes (Freianker)
3	BERTA		
4	GUSTAV		
5	CAESAR		
6	ANTON		
7	EMIL		
8			
9			
10			

Bild 4-18

a) Tragen Sie in die Spalte POINTER die Verweise für die Vorwärts-Verkettung gemäß der lexikographischen Reihenfolge der Werte im Schlüssel KEY ein. Markieren Sie den Endzeiger mit einem * .

b) In die Datei sollen zwei Datensätze mit den Schlüsseln ADAM und DORA eingefügt werden. Geben Sie das Ergebnis in einer entsprechenden Tabelle an.

A 4.5

Was versteht man unter gestreuter Speicherung? Erläutern Sie die Divisionsrest-Methode zur Adreßermittlung. Erklären Sie, wie die Kollisionshäufung bei der linearen Sondierung zustandekommt. Was versteht man unter Doppel-Hashing?

Einen Satz in einer Datei, der wegen einer Kollision nicht unter seiner Hausadresse gespeichert werden kann, bezeichnet man als Überlaufsatz. Auf welche Weise lassen sich Überläufe von vornherein reduzieren?

A 4.6

a) Es sollen Sätze mit zweistelligen Nummern (S#) als Primärschlüssel in einem Speicherbereich mit 8 Speicherzellen gespeichert werden.

Die Eingangsfolge der Sätze sei:

S# = 73, 77, 49, 33.

Geben Sie die Speicherbelegung (Adressen 0 bis 7) bei gestreuter Speicherung an (Tabelle). Zur Schlüsseltransformation werde das Divisionsrest-Verfahren und zur Kollisionsbehandlung die lineare Sondierung verwendet.

b) Mit Hilfe der Ziffernanalyse soll ein 9-stelliger Schlüssel in eine 3-stellige Adresse abgebildet werden. Folgende Schlüssel liegen vor:

542 422 241
542 713 678
542 228 171
542 389 671
542 521 577
542 885 376
542 183 552

Geben Sie die Adressen an und begründen Sie Ihre Vorgehensweise.

A 4.7

Nennen Sie Dateiorganisationsformen für den Primärschlüssel. Warum werden binäre Suchbäume nicht zur Organisation von Daten auf externen Massenspeichern verwendet? Welche Suchbäume verwendet man dort?

A 4.8

Gegeben sei eine index-sequentielle Datei (siehe Bild 4-19) mit dem Primärschlüssel PKEY (ganze Zahlen). Die Datei sei auf einem Plattenspeicher gespeichert. Der Speicherbereich fester Größe entspricht hier einer Spur. Der Index unterster Stufe wird daher Spurindex genannt. Eine Spur nehme vier Datensätze auf (dies ist eine unrealistische Annahme für das Beispiel, real sind es weit mehr!).

Spurindex

PKEY	REF	...
		...
		...
		...
		...
.	.	...
.	.	...
.	.	...

Datei

Spur-Adresse	PREY	...
1	1000 1001 1003 1007	...
2	1009 1012 1018 1020	...
3	1035 1041 1100 1101	...
4	1105 1106 1109 1110	...

Bild 4-19

a) Füllen Sie die Spalten PKEY und REF im Index unterster Stufe (Spurindex) der Datei aus.

b) Der dargestellte Index ist unvollständig, weil er keine Datenfelder für die Behandlung von später einzufügenden Sätzen enthält. Wo und in welcher Form werden die sogenannten Folgesätze gespeichert? Welche Ergänzung ist hierzu im Index mindestens notwendig?

A 4.9

Als Schlüsselbäume für Datensätze von Dateien auf Externspeichern werden geordnete Mehrweg-Bäume verwendet.

a) Was charakterisiert einen B-Baum? (Eine Definition ist nicht nötig; kurze Erläuterung!)

b) Gegeben sei der B-Baum nach Bild 4-20, in dem die maximale Schlüsselzahl in einem Knoten 4 beträgt (die Schlüssel seien natürliche Zahlen).

   Geben Sie einen möglichen Zustand nach Entfernen des Schlüssels 73 an. Wie sieht der B-Baum aus, wenn danach der Schlüssel 56 eingefügt wird?

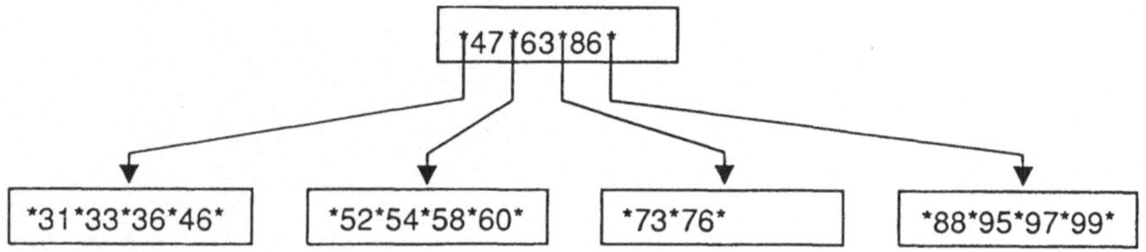

Bild 4-20 Beispiel für einen B-Baum

A 4.10

a) Worin besteht der Unterschied zwischen einem B- und einem B^*-Baum? Nennen Sie zwei wichtige Vorteile des B^*-Baums gegenüber dem B-Baum.

b) Gegeben sei ein B^*-Baum, der nur aus einer vollständig gefüllten Wurzel besteht:

   *6*20*31*54*

   Die Zahlen seien die Primärschlüssel, die Sterne seien Zeiger. Skizzieren Sie jeweils den Baum nach dem fortlaufenden Einfügen von Sätzen mit

   1) dem Primärschlüssel 3,

   2) den Primärschlüsseln 12,25,37,

   3) dem Primärschlüssel 41.

   Stellen Sie die Zeiger zu weiteren Knoten durch Knoten wie in Bild 4-20 dar!

A 4.11

Welche Prinzipien liegen der virtuellen Dateiorganisation zugrunde? Welche Index-Organisation wird benutzt?

Welcher Vorteil ist damit verbunden?

A 4.12

Wichtige Dateiorganisationsformen für den Sekundärschlüssel sind die Adreßkettung (Multilist-Strukturen) und die Invertierung von Dateien mit Hilfe von Bitlisten.

Erläutern Sie diese beiden Verfahren (je eine Skizze ist hilfreich).

5 Datenintegrität

Unter Datenintegrität versteht man die Vollständigkeit und Korrektheit der gespeicherten Daten sowie deren korrekte Verwendung (siehe Abschnitt 1.3). Die Datenintegrität sollte weitgehend durch das Datenbank-Verwaltungssystem unterstützt werden. Die hierbei anfallenden Problemstellungen sind folgende:

- **Semantische Integrität**

  Es muß sichergestellt werden, daß nur korrekte Daten durch den Benutzer eingegeben werden können. Dies kann durch Konsistenzbedingungen, Plausibilitätsprüfungen und Trigger kontrolliert werden.

- **Operationale Integrität**

  Der quasi-gleichzeitige („parallele") Zugriff auf die Daten durch mehrere Benutzer muß so gesteuert werden, daß keine inkonsistenten Daten sichtbar werden oder gar gespeichert werden (Synchronisation der Transaktionen).

- **Wiederherstellung der Datenintegrität**

  Bei einer Integritäts-Verletzung (z.B. durch Hardware- oder Softwarefehler) muß der korrekte Zustand wiederhergestellt werden können (*recovery*). Hierzu sind u.a. geeignete Maßnahmen der Datensicherung zu ergreifen.

- **Datenschutz**

  Die Daten müssen gegen unberechtigte Benutzung geschützt werden. Auch hierzu sind geeignete Datensicherungs-Maßnahmen zu ergreifen.

5.1 Semantische Integrität

Integritätsbedingungen (Konsistenzbedingungen; *integrity constraints*) semantischer Art müssen weitgehend durch den Anwender formuliert werden. Er sollte aber schon bei der Schema-Beschreibung Gelegenheit haben, dies zu tun. Dazu muß das Datenbank-Verwaltungssystem geeignete Konstrukte zur Verfügung stellen. Eine Bedingung zusammen mit einer Aktion, die immer dann vom Datenbanksystem ausgeführt wird, wenn die Bedingung erfüllt ist, wird *Trigger* genannt. Die allgemeine Form einer Integritätsbedingung wird nach [Schlageter 83] durch vier Parameter bestimmt:

- eine Menge von Objekten, auf die sich die Bedingung bezieht,
- die Bedingung, die erfüllt sein muß,
- eine Auslöseregel, die angibt, wann die Bedingung zu überprüfen ist,
- eine Reaktionsregel, die angibt, was bei Verletzung der Bedingung zu tun ist.

Integritätsbedingungen sind z.B. funktionale und mehrwertige Abhängigkeiten von Attributmengen. Sie sind beim Entwurf einer Datenbank-Anwendung unbedingt zu erfassen. Auch stellt die Angabe eines Datentyps (und damit die zumindest grobe Definition eines Wertebereiches) für Attribute die Formulierung einer Integritätsbedingung dar. Datentypen in dBase-SQL sind z.B. `CHAR`, `INTEGER`, `SMALLINT`, `DECIMAL`, `NUMERIC`, `FLOAT`, `DATE` und `LOGICAL`.

Bei der Datenerfassung wird darüber hinaus meist mit Bildschirmmasken gearbeitet. Die Erstellung solcher Masken kann durch Programmierung erfolgen, meist erfolgt Sie jedoch unter Einsatz von sogenannten Maskengeneratoren. Dabei geht es nicht nur um eine optisch ansprechende und die Eingabe der Daten unterstützende Gestaltung der Masken (*forms*). Vielmehr können z.B. für die einzelnen Eingabefelder sogenannte Schablonen festgelegt werden, die die Eingabe syntaktisch kontrollieren (z.B. Eingabe nur von Ziffern, nur von Buchstaben, alphanumerische Eingaben, automatische Umwandlung in Großbuchstaben, feststehende vorgegebene Zeichen innerhalb der Eingabe usw.). Darüber hinaus lassen sich Wertebereiche, Bedingungen, Vorbesetzungswerte, Hilfstexte und Integritäts-Prozeduren für die Eingabefelder definieren. Mit Hilfe sogenannter Auswahllisten („Pick-Listen“) kann eine Menge fester oder dynamischer Werte zur Auswahl angezeigt werden, die in das Eingabefeld übernommen werden können.

Integritätsbedingungen können sich allgemein beziehen auf:

- Einzelne Attribute (1000 DM ≤ Gehalt ≤ 10000 DM).
- Attribute eines Tupels (falls ein Angestellter Abteilungsleiter ist, muß das Gehalt > 5000 DM sein).
  Auf Tupel *einer* Relation (eine Miete kann nicht mehr als das 1,2-fache aller anderen Mieten betragen).
- Auf Tupel verschiedener Relationen:
  Ein möglicher Attributwert in einer Relation ist durch den dynamischen Wertebereich des Attributs in einer anderen Relation bestimmt (z.B. muß die Fachbereichsnummer, die besagt, welchem Fachbereich ein Student angehört, in der Fachbereichs-Relation vorhanden sein).

Ein Tupel in einer Relation kann in einer mehr oder weniger festen Beziehung zu einem Tupel in einer anderen Relation stehen (z.B. Sohn/leiblicher Vater; dagegen z.B. Schüler/Schule).

- Auf Zustandsübergänge (z.B. das neue Gehalt muß größer als das alte sein).

Die Datenbanksprache SQL ermöglicht nicht die Formulierung von semantischen Integritätsbedingungen (mit Ausnahme der Definition der Datentypen von Attributen und der indirekten Definition von Primärschlüsseln über Indexe). SQL-Datenbanksysteme stellen aber meist geeignete sprachliche Konstrukte zur Formulierung von Integritätsbedingungen zur Verfügung (`ASSERT`-Anweisung). In einigen SQL-Datenbanksystemen lassen sich Trigger definieren, z. B. mit der Anweisung `DEFINE TRIGGER`. Auch mit Hilfe von Maskengeneratoren lassen sich Integritätsregeln einbringen. In der Datendefinitionssprache nach dem CODASYL/DBTG-Vorschlag werden Integritätsbedingungen folgendermaßen formuliert:

Mit Hilfe der CHECK-Klausel bei der Definition von Datenelementen

```
         || NONNULL                                    ||
CHECK IS || PROCEDURE procedure_name                   ||
         || VALUE [NOT] {lit_1 [THRU lit_2] }...       ||
```

Mit Hilfe der `CALL`-Klausel bei der Definition von Sets, Rekords und Datenelementen

```
                                                    [ || DELETE || ]
                                                    [ || FIND   || ]
                    || BEFORE                ||     [ || GET    || ]
CALL procedure_name || ON ERROR DURING       ||     [ || INSERT || ]
                    || AFTER                 ||     [ || MODIFY || ]
                                                    [ || REMOVE || ]
                                                    [ || STORE  || ]
```

Anmerkung zur CODASYL-Schreibweise:

[ ]	optional	
|| ||	mindestens einer	der Ausdrücke in der Klammer
{ }	genau einer	

Ferner ist zu beachten, daß auch mit der `PICTURE`-Klausel und der `DUPLICATES`-Klausel Integritätsbedingungen formuliert werden (siehe Abschnitt 3.2.3).

5.2 Operationale Integrität

Die Problemstellung der operationalen Integrität ist die Synchronisation quasi-paralleler Datenbankzugriffe durch verschiedene Benutzer. Dabei sind für den Benutzer nur solche Sequenzen von Aktionen zulässig, deren Aktionen zusammengenommen eine Transaktion darstellen.

Definition: **Transaktion**

> Eine Änderung von Daten, die eine Datenbank von einem konsistenten Zustand in einen anderen konsistenten Zustand überführt.

Man spricht in diesem Zusammenhang auch von der Synchronisation der Transaktionen oder der Steuerung der Nebenläufigkeit (*concurrency control*) von Transaktionen.

In SQL-Datenbanksystemen wird jedes Anwenderprogramm als Transaktion aufgefaßt. Der Anwender kann aber mit Hilfe der Datenmanipulations-Anweisung `COMMIT WORK` eine Anweisungsfolge als abgeschlossene Transaktion kennzeichnen (*to commit*: festlegen). In CODASYL-Datenbanksystemen geschieht dies in gleicher Weise mit Hilfe der `COMMIT`-Klausel. In interaktiven Abfragesprachen sind sinngemäß Anweisungen der Art

```
BEGIN TRANSACTION ... END TRANSACTION
```

vorhanden (z.B. auch anstelle von `COMMIT WORK` im dBase-SQL).

Eine *serielle* Abarbeitung von Transaktionen bewahrt definitionsgemäß stets die Integrität. Da in den Transaktionen aber Lese- und Schreiboperationen auf Datenträger enthalten sind und bei interaktiver Datenmanipulation benutzerbedingt Wartezeiten entstehen, ist die serielle Abarbeitung zeitlich ungünstig.

Gesucht sind also Möglichkeiten der „Parallelisierung“, d.h. der zeitlich verschachtelten Abarbeitung der Aktionen verschiedener Transaktionen. Dies nennt man Synchronisation paralleler Transaktionen (*concurrent transactions*).

Da im Verlauf der Einzelaktionen einer Transaktion die Daten sich temporär in einem inkonsistenten Zustand befinden können, muß sichergestellt werden, daß eine Transaktion entweder ganz oder gar nicht ausgeführt wird (d.h. im Fehlerfalle rückgängig gemacht werden kann).

Temporäre Inkonsistenz bei paralleler Ausführung ist aber nur dann möglich, wenn wenigstens eine Transaktion eine *Schreiboperation* enthält.

Die Abwicklung der Aktionen verschiedener quasi-paralleler Transaktionen wird durch einen Ausführungsplan beschrieben.

Definition: **Ausführungsplan (schedule)**

> Ein Ausführungsplan ist eine Sequenz von Aktionen der aktuellen Transaktionen unter Beibehaltung der Reihenfolge der Aktionen bezüglich der einzelnen Transaktionen.

Eine Transaktion T_i läßt sich durch eine Folge ihrer Aktionen A_{ij} beschreiben: $T_i = (A_{i1}, A_{i2}, \ldots, A_{im})$. In analoger Weise läßt sich ein Ausführungsplan verschiedener Transaktionen darstellen. Der Index i kennzeichnet die Transaktion, der Index j kennzeichnet die Reihenfolge der Aktionen innerhalb einer Transaktion bzw. eines Ausführungsplans. Es soll ein Beispiel für einen nicht korrekten Ausführungsplan von zwei Transaktionen angegeben werden.

Beispiel für einen nicht korrekten Ausführungsplan

Betrachtet werden zwei Transaktionen T_1 und T_2, die beide Geld auf ein Bankkonto einzahlen wollen:

A_{11}: Lese Kontostand B (Ergebnis: B = 1000 DM).

A_{21}: Lese Kontostand B (Ergebnis: B = 1000 DM).

A_{12}: Erhöhe Kontostand um 500 DM und schreibe den neuen Kontostand in die Datenbank (Ergebnis: B = 1500 DM).

A_{22}: Erhöhe Kontostand um 700 DM und schreibe den neuen Kontostand in die Datenbank (Ergebnis: B = 1700 DM).

Der Ausführungsplan führt zum falschen Ergebnis, richtig wäre B = 2200 DM („*lost update*").

Die Korrektheit eines Ausführungsplanes läßt sich durch seine Serialisierbarkeit nachweisen:

Definition: **Serialisierbarkeit**

Ein Ausführungsplan heißt serialisierbar genau dann, wenn es wenigstens eine (beliebige) Sequenz der beteiligten Transaktionen gibt, die

- dieselben Ausgabedaten und
- denselben Datenbankzustand

erzeugt wie der Ausführungsplan.

Man beachte, daß verschiedene Sequenzen der beteiligten Transaktionen im allgemeinen unterschiedliche Ausgabedaten und Datenbankzustände erzeugen, die aber alle im Sinne der Konsistenz der Daten korrekt sind. Wird z.B. mit Hilfe eines Buchungssystems in zwei verschiedenen Reisebüros versucht, eine Buchung für ein Zimmer in einem bestimmten Hotel für eine bestimmte Zeit vorzunehmen, so ist das Ergebnis davon abhängig, welcher dieser beiden Wünsche in Erfüllung geht. Das Ergebnis ist (sollte!) aber in beiden Fällen korrekt sein.

Der Nachweis der Serialisierbarkeit ist natürlich nur eine Möglichkeit, die Korrektheit eines Ausführungsplanes im Nachhinein zu beweisen. Eine Methode zur Konstruktion korrekter Ausführungspläne ist damit nicht gegeben.

Im folgenden sollen exemplarisch drei bekannte Klassen von Synchronisationsverfahren dargestellt werden:

- Sperrverfahren,
- Zeitstempelverfahren,
- Optimistische Verfahren.

5.2.1 Sperrverfahren

Die Sperrverfahren beruhen auf der Sperrung (Reservierung) von Datenbereichen durch eine Transaktion. Die Regeln für Sperrungen, die sogenannten *Sperrprotokolle*, sollen die Serialisierbarkeit des Ausführungsplanes von vornherein garantieren. Man unterscheidet dabei folgende Arten von Sperren:

- **Exklusive Sperre** (*exclusive lock*)

  Die Sperrung des Datenbereiches wird sowohl für den lesenden als auch für den schreibenden Zugriff durch andere Transaktionen vorgenommen. Die exklusive Sperre ist notwendig, wenn die sperrende Transaktion Schreiboperationen enthält.

- **Teilsperre** (*shared lock*)

  Die Sperrung wird nur für den schreibenden Zugriff durch andere Transaktionen vorgenommen. Die Teilsperre ist notwendig (und ausreichend), wenn die sperrende Transaktion nur Leseoperationen enthält. Die anderen Transaktionen dürfen ebenfalls lesend auf den Datenbereich zugreifen.

Als Datenbereiche für Sperrungen kommen dabei nicht nur komplette Dateien (*file locking* bzw. *table locking*) in Frage, sondern auch einzelne Datensätze (*record locking*) oder gar einzelne Datenfelder bzw. Attribute (*field locking*).

Ein weitverbreitetes Sperrverfahren ist das *Zwei-Phasen-Sperrprotokoll*. Es garantiert die Serialisierbarkeit des entstehenden Ausführungsplans. Es basiert auf folgender einfachen Regel:

Jede Aktion einer Transaktion sperrt die Daten, die sie benutzen will. Dabei werden innerhalb einer jeden Transaktion zwei Phasen eingehalten:

Phase 1: Es dürfen nur Daten gesperrt werden.

Phase 2: Es dürfen nur Daten freigegeben werden.

Dem Vorteil der Einfachheit des Zwei-Phasen-Sperrprotokolls stehen aber folgende Nachteile gegenüber:

1. Es werden nicht alle serialisierbaren Ausführungspläne zugelassen, d.h. es wird nicht stets die kürzeste Ausführungszeit erreicht.
2. Es kann eine *einseitige Blockierung* (*live lock*) einer Transaktion auftreten, d.h. eine Transaktion kommt infolge von Sperrungen durch andere Transaktionen nie zum Zuge. Diese Situation läßt sich durch Warteschlangen (FIFO; *first in first out*) für die Transaktionen verhindern.
3. Es können *gegenseitige Blockierungen* (Verklemmungen; *dead locks*) von Transaktionen auftreten, d.h. wegen exklusiver Sperren blockieren sich zwei Transaktionen gegenseitig.

Beispiel Gegenseitige Blockierung

Transaktion T_1 sperrt das Datenobjekt D_1.

Transaktion T_2 sperrt das Datenobjekt D_2.

Transaktion T_2 will das Datenobjekt D_1 sperren und muß warten.

Transaktion T_1 will das Datenobjekt D_2 sperren und muß warten.

Gegenseitige Blockierungen können in einem *Sperrgraphen* erkannt werden. Die Knoten in dem Graphen entsprechen den Datenobjekten, die Kanten entsprechen den sperrenden Transaktionen (ausgehend vom zuletzt gesperrten Objekt auf das neu zu sperrende Objekt weisend). Eine Blockierung entspricht darin einem Zyklus (d.h. einem geschlossenen Pfad):

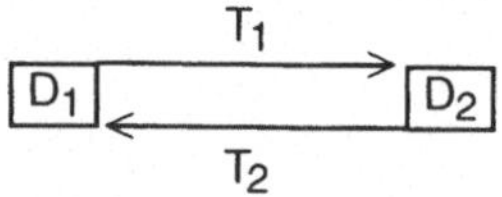

Die gegenseitigen Blockierungen können folgendermaßen behandelt werden:

- Die Blockierungen werden verhindert, indem eine Transaktion alle notwendigen Sperren anfangs anfordert.

  Nachteile dieses Verfahrens sind:

  1. Die Datenbereiche werden eventuell unnötig lange gesperrt.
  2. Die benötigten Datenobjekte ergeben sich oft erst im Laufe der Bearbeitung, so daß eine Sperrung aller benötigten Datenbereiche von vornherein gar nicht möglich ist.

- Man läßt die Entstehung von Blockierungen zu. Werden sie erkannt, werden eine oder mehrere der beteiligten Transaktionen rückgängig gemacht (*roll back*, siehe Abschnitt 5.3).

Die zweite Methode kommt z.B. in einfacher Weise bei interaktiver Datenmanipulation in folgender Form zum Einsatz:

Der Benutzer fordert die Sperrung eines Datenbereiches an. Das Datenbank-Verwaltungssystem versucht, eventuell mehrfach, die Sperrung durchzuführen. Gelingt dies nicht, weil der Datenbereich bereits durch eine andere Transaktion gesperrt ist, so wird dies dem Benutzer mitgeteilt, der dann entscheiden kann, ob er seine Transaktion abbrechen will.

5.2.2 Zeitstempelverfahren

Ein anderes Verfahren, das vorwiegend in verteilten Datenbanksystemen (siehe Kap. 6) eingesetzt wird, ist das Zeitstempelverfahren. Dort können Transaktions-Anforderungen von verschiedenen Knoten in einem Datennetz ausgehen und an andere Knoten im Netz gestellt werden. Wegen der unterschiedlichen Übertragungszeiten im Netz treffen die Aktionen verschiedener Transaktionen in einem Knoten nicht unbedingt in der zeitlichen

Reihenfolge ein, in der sie angefordert worden sind (wohl die Aktionen einer bestimmten Transaktion, die von einem Knoten ausgehen; dies wird in der Regel durch das Übertragungsnetz gewährleistet). Das Verfahren basiert auf der Vergabe von Zeitstempeln.

Jede Transaktion und jede ihrer Aktionen erhält einen Zeitstempel T (*time stamp*), z.B. die Ankunftszeit im Datenbanksystem. Jedes Datenobjekt hat zwei Zeitstempel:

- Zeitstempel T_R der letzten Leseoperation,
- Zeitstempel T_W der letzten Schreiboperation.

Es wird nach folgenden Regeln vorgegangen:

- Eine *Leseoperation* muß später oder gleich spät angefordert worden sein als die letzte Schreiboperation auf dem Datenobjekt.

  Ist dies der Fall, so wird die Leseoperation ausgeführt und

  $$T_R = \max (T_R, T)$$

  gesetzt (Zeitstempel der jüngsten Leseoperation).

- Eine *Schreiboperation* muß später oder gleich spät angefordert worden sein als die letzte Lese- *und* Schreiboperation auf dem Datenobjekt.

  Ist dies der Fall, so wird die Schreiboperation ausgeführt und

  $$T_W = T$$

  gesetzt (Zeitstempel dieser Schreiboperation).

Ansonsten wird die Transaktion zurückgesetzt (*roll back*), sie erhält die aktuelle Zeit als Zeitstempel T und wird neu gestartet.

Alle Aktionen auf einem Datenobjekt werden somit in der zeitlich richtigen Reihenfolge ausgeführt.

Beispiel Zeitstempelverfahren

Zwei Transaktionen B_1 und B_2 wollen quasi gleichzeitig ein bestimmtes Zimmer in einem Hotel zu einer bestimmten Zeit buchen (der Buchstabe B steht hier für „Buchung“, so daß keine Verwechslung mit der Zeit T möglich ist):

$B_1 = (A_{11}, A_{12})$ und $B_2 = (A_{21}, A_{22})$

mit den jeweils gleichen Aktionen

A_{i1}: Anfrage, ob das Zimmer noch frei ist,
A_{i2}: Reservierung, falls das Zimmer frei ist.

Ob das Zimmer frei ist, werde der Einfachheit halber in einer logischen Variablen ZimmerFrei festgehalten, die anfangs mit „true“ besetzt sei. Der Lesestempel dieser Variablen sei mit $T_R = T_0$ und der Schreibstempel ebenfalls mit $T_W = T_0$ besetzt.

Der Transaktion B_1 werde der Zeitstempel T_1 und der Transaktion B_2 der Zeitstempel T_2 zugewiesen. Es gelte $T_0 < T_1 < T_2$.

Ausführung:

Aktion A_{11}: Da $T_1 > T_W$ ist, wird die Leseoperation ausgeführt.
Antwort: Das Zimmer ist frei. Lesestempel $T_R = T_1$.

Aktion A_{21}: Da $T_2 > T_W$ ist, wird die Leseoperation ausgeführt.
Antwort: Das Zimmer ist frei. Lesestempel $T_R = T_2$.

Aktion A_{12}: Da $T_1 < T_R$ ist, darf die Schreiboperation (Reservierung) nicht ausgeführt werden (roll back!).

Aktion A_{22}: Da $T_2 = T_R$ und $T_2 > T_W$ ist, wird die Schreiboperation (Reservierung) ausgeführt (d.h. ZimmerFrei = false). Schreibstempel $T_W = T_2$.

D.h. in diesem Fall bekommt die zweite (der praktisch zeitgleichen) Transaktionen das Zimmer zugewiesen.

5.2.3 Optimistische Verfahren

Den sogenannten optimistischen Verfahren zur Synchronisation von Transaktionen liegt folgendes Prinzip zugrunde:

- Alle Aktionen von Transaktionen werden zunächst ohne Prüfung durchgeführt. *Schreiboperationen* werden aber *nicht* ausgeführt, sondern die Ergebnisse nur zwischengespeichert.

  Dabei werden Tabellen geführt, die je Transaktion festhalten, für welche Datenobjekte Lese- und Schreiboperationen angefordert worden sind.
- Sodann wird für eine Transaktion geprüft, ob Konflikte mit anderen, noch nicht abgeschlossenen Transaktionen hinsichtlich des Zugriffs auf Datenobjekte vorgekommen sind (Vergleich der Tabellen). Ist dies der Fall, so wird die Transaktion zurückgesetzt und neu gestartet.
- Ist die Prüfung positiv verlaufen, erfolgen die eigentlichen Schreiboperationen in die Datenbank.

Dem Vorteil der geringeren Belastung (overhead) des Datenbank-Verwaltungssystems bei geringer Auslastung steht dabei der Nachteil gegenüber, daß bei starker Auslastung des DBVS viele Transaktionen zurückgesetzt und neu gestartet werden müssen. Es kommt dann zu einer stark ansteigenden Belastung des Systems.

5.3 Wiederherstellung der Datenintegrität

Gründe, die eine Wiederherstellung der Datenintegrität (*recovery*) erforderlich machen können, sind:

- Abbruch von Transaktionen auf Grund von Eingabefehlern der Benutzer, Blockierungen (*dead locks*) oder aus anderen Gründen nicht weiter verfolgbaren Ausführungsplänen von Transaktionen, z.B. infolge von Konflikten zwischen den Transaktionen (siehe Abschnitt 5.2).

  Es ist das Rücksetzen einzelner Transaktionen (*roll back*) erforderlich.
- Systemfehler, die einen Systemzusammenbruch und damit den Verlust des Hauptspeicher-Inhalts zur Folge haben.

  Es ist ein Wiederanlauf des Systems (*system restart*) erforderlich.
- Speicherfehler von externen Speichern mit Datenverlust.

  Es ist die Rekonstruktion (*recovery*) des Datenbestandes (auf möglichst aktuellem Stand) erforderlich.

5.3.1 Rücksetzen von Transaktionen *(roll back)*

Das Rücksetzen von Transaktionen ist möglich, wenn der vor einer Transaktion bestehende Datenzustand auf irgendeine Weise festgehalten wird.

Dies geschieht meistens mit Hilfe einer sogenannten *Log-Datei* (auch Journal genannt; *logfile*) auf einem möglichst sicheren Datenträger (z.B. Magnetband). Sie enthält, entsprechend dem zeitlichen Verlauf gespeichert,

- Anfang- und Endemarke für jede Transaktion,
- eine Kopie jedes veränderten Datenobjektes im Zustand vor der Änderung mitsamt einer Kennung, die die ändernde Transaktion angibt.

Unter der Voraussetzung, daß die Transaktion noch keine Sperren für bereits veränderte Datenobjekte freigegeben hat, ist damit ein Rücksetzen auf einfache Weise möglich.

5.3.2 Wiederanlauf des Systems (*system restart*)

Bei einem notwendigen Wiederanlauf des Systems befindet sich die Datenbasis wegen der zum Zeitpunkt des Systemzusammenbruchs nicht abgeschlossenen Transaktionen in einem inkonsistenten Zustand. Um die betroffenen Datenobjekte dieser Transaktionen in den Zustand zu bringen, in dem sie sich vor dem Systemzusammenbruch befanden, kann man im Prinzip genau so vorgehen, wie beim Rücksetzen von (einzelnen) Transaktionen.

Zwei Voraussetzungen müssen aber zusätzlich erfüllt sein:

1. Es muß sichergestellt sein, daß zuerst der Eintrag der Kopie in die Log-Datei und dann erst die Änderung in der Datenbank erfolgt.
2. Es muß sichergestellt sein, daß die geänderten Daten in der Datenbank gespeichert sind, bevor die Ende-Marke für die Transaktion in die Log-Datei eingetragen wird.

In beiden Fällen gilt die Forderung für die tatsächliche *physische* Speicherung. Dabei ist die möglichen Zeitverzögerungen auf Grund der Speicherverwaltung des Betriebssystems, z.B. durch Zwischenspeicherung der Ein-/Ausgabedaten in System-Puffern (die im Hauptspeicher liegen!), zu beachten. Es muß also erzwungen werden, daß die Daten nicht nur logisch sondern auch physisch in die entsprechenden Dateien eingetragen werden.

Da ferner wegen des Systemzusammenbruchs die zurückzusetzenden Transaktionen unbekannt sind, müßte die Log-Datei theoretisch komplett durchsucht werden. Dieses Problem wird durch das Setzen von *Prüfpunkten* (*checkpoints*) gelöst. An diesen Punkten wird in der Log-Datei eine Liste aller aktiven Transaktionen abgesetzt. Einige mögliche Verfahren hierzu sind:

- Die Prüfpunkte werden in bestimmten Zeitintervallen (einige Minuten) gesetzt.
- Die Prüfpunkte werden am Ende einer jeden Transaktion gesetzt.
- Die Prüfpunkte werden nach Abarbeitung aller aktuell aktiven Transaktionen gesetzt (neue Transaktionen werden solange zurückgestellt). Vorteilhaft ist, daß der Prüfpunkt einen konsistenten Datenbankzustand markiert. Allerdings verzögert diese Vorgehensweise die Abarbeitung von Transaktionen.

Ein anderes Verfahren, den Wiederanlauf des Systems zu ermöglichen, besteht darin, von einer möglichst aktuellen und korrekten Sicherungskopie des gesamten Datenbestandes auszugehen. Vom Zeitpunkt der Herstellung der Sicherungskopie an werden alle Operationen, die auf dem Datenbestand auszuführen sind, mit ihren Parametern in der Log-Datei festgehalten. Nach einem Systemzusammenbruch werden diese Operationen, ausgehend von der Sicherungskopie, erneut ausgeführt. In die Log-Datei werden also die *Änderungen* im Datenbestand eingetragen und nicht die *Zustände* vor und nach diesen Änderungen.

5.3.3 Rekonstruktion des Datenbestandes (*recovery; roll forward*)

Im Falle von Speicherfehlern auf externen Speichern (z.B. „*head crash*") *muß* von einer korrekten Sicherungskopie ausgegangen und ein möglichst aktueller, korrekter Datenbestand rekonstruiert werden.

Eine Möglichkeit besteht darin, die Ergebnisse der Transaktionen vom Zeitpunkt der Anfertigung der Sicherungs-Kopie an wieder in die Datenbank einzubringen. In die Log-Datei sind dazu auch die *veränderten* Datenobjekte einzutragen und der letzte Zeitpunkt der Anfertigung einer Sicherungskopie zu markieren.

Eine andere Möglichkeit besteht darin, das im Abschnitt „Wiederanlauf des Systems" beschriebene zweite Verfahren auch hier anzuwenden. Es geht ebenfalls von einer Sicherungskopie aus, in die Log-Datei werden aber die Operationen, die auf dem Datenbestand ausgeführt werden, eingetragen.

5.4 Aufgaben

A 5.1

Was versteht man unter Datenintegrität und welche Problemstellungen sind in Datenbanksystemen damit verbunden?

A 5.2

Nennen Sie einige Möglichkeiten zur Formulierung von semantischen Integritätsbedingungen.

A 5.3

a) Erläutern Sie, was man in der Datenbanktechnik unter einer Transaktion versteht.

b) Was versteht man bei der Synchronisation paralleler Transaktionen unter einem Ausführungsplan (*schedule*)?

c) Was versteht man unter der Serialisierbarkeit eines Ausführungsplans?

d) Beschreiben Sie das Zweiphasen-Sperrverfahren. Wozu dient es?

e) Welche anderen Synchronisationsverfahren sind Ihnen bekannt (Bezeichnung und kurze Beschreibung des Prinzips)?

A 5.4

Welche Arten von Sperren lassen sich unterscheiden?
Was versteht man unter einem Dead Lock?

A 5.5

Eine der wichtigsten Aufgaben eines Datenbank-Verwaltungssystems ist die automatische Wiederherstellung der Datenintegrität im Fehlerfalle.

a) Nennen Sie die drei von ihrer Auswirkung her zu unterscheidenden Gründe, die zu einer Verletzung der Datenintegrität führen können.

b) Benennen und beschreiben Sie die zur Wiederherstellung der Datenintegrität erforderlichen Maßnahmen.

6 Datenbanken in Netzen

Schon bei der Definition eines Datenbanksystems in Abschnitt 1.4 wurde darauf hingewiesen, daß die Zentralisierung der Daten in einem Datenbanksystem im organisatorischen und nicht etwa im örtlichen Sinne gemeint ist. Die Entwicklung der Datenübertragungsnetze hat dazu geführt, daß der an sich schon immer bestehende Wunsch, Rechner untereinander und mit (Bildschirm-) Arbeitsplätzen zu verbinden und so die Rechnerleistungen an verschiedenen Orten verfügbar zu machen, zunehmend mit vertretbarem technischen und finanziellen Aufwand realisiert werden kann. Wurden zudem bisher leistungsfähige Großrechner häufig als einzelne Anlage im Mehrbenutzerbetrieb mit Terminals ohne eigene Rechenleistung eingesetzt, so hat die schnelle Verbreitung leistungsfähiger und preisgünstiger Arbeitsplatzrechner (PCs) die Möglichkeit eröffnet, diese untereinander, mit Rechnern der mittleren Datentechnik und mit Großrechnern in einem Netz integriert zu betreiben. In gewisser Weise verkehrt sich damit der ursprüngliche Gedanke bei der Entwicklung von Arbeitsplatzrechnern, nämlich die dezentrale Bereitstellung von Rechenleistung am einzelnen Arbeitsplatz, wieder ins Gegenteil. Durch die Integration der lokalen Datenverarbeitung in ein Gesamtsystem werden die Einsatzmöglichkeiten jedoch ohne Zweifel erweitert.

Für die Dezentralisierung der Datenhaltung und Datenverarbeitung auf untereinander vernetzten Rechnern kann es verschiedene Gründe geben:

- Die Organisationsform eines Unternehmens oder einer Anwendung kann von dezentraler Struktur sein und erfordern, daß lokale Datenbestände autonom zu führen und zu verarbeiten sind. In bestimmten Teilbereichen kann aber eine übergreifende Verarbeitung erforderlich sein. Man bezeichnet dies als Datenföderalismus.
- Bei überwiegendem Zugriff auf lokale Daten können Datenübertragungskosten eingespart werden.
- Der Einsatz mehrerer Rechner ermöglicht Parallelverarbeitung und damit eine Leistungssteigerung des Gesamtsystems.
- Die Ausfallsicherheit und damit die Verfügbarkeit des Gesamtsystems kann durch die Dezentralisierung erhöht werden. Der Ausfall eines Teilsystems wirkt sich unter Umständen nicht so gravierend aus.
- Probleme des Datenschutzes lassen sich auf dezentralen Systemen wegen der physischen Trennung der Datenbestände leichter lösen.

- Steigender Bedarf an Rechnerleistung kann durch Hinzufügen weiterer Rechner abgedeckt werden.

Die dezentrale Aufgabenverteilung erfordert jedoch umgekehrt auch eine Kommunikation und Koordination der Teilsysteme untereinander. Der dazu notwendige Aufwand kann erheblich sein und ist nicht zu unterschätzen.

Wohlbekannte Beispiele für derartige Systeme sind die Buchungssysteme in Reisebüros, Flugbuchungssysteme, Zahlungsverkehrssysteme in Banken, Dateneingabe und -abfrage in Versicherungsunternehmen, Auskunfts-Systeme (Rechtswesen, Medizin, Technik, Literatur), usw.

Bei Datenbanksystemen geht es hinsichtlich der Dezentralisierung grob um zwei Problemkreise:

- die Verteilung der Datenbestände auf die Einzelsysteme (Datenallokation),
- die Verteilung der Datenbankverwaltung (insbesondere der Transaktionsverwaltung).

Hinzu kommt natürlich das Problem der Datenkommunikation im Netz, das aber nicht nur für verteilte Datenbanksysteme typisch ist. Je nach Lösung dieser Problemkreise muß der Benutzer mehr oder weniger genaue Kenntnisse darüber haben, auf welchem Teilsystem die ihn interessierenden Daten gespeichert sind, welches Datenmodell dem Teilsystem zugrundeliegt, wie das logische Schema dieses Teilsystems aussieht und welche Datenbanksprache zur Verfügung steht. Man bezeichnet dies als die *Sichtbarkeit* der Dezentralisierung für den Benutzer und spricht im umgekehrten Sinne von der *Transparenz* des Gesamtsystems. Muß der Benutzer genaue Kenntnisse über die Teilsysteme haben, so ist diese Sichtbarkeit groß (die Transparenz gering); der Benutzer muß über die *globale* Sicht auf das Gesamtsystem verfügen. Stellen sich dagegen die Teilsysteme ihm gegenüber als ein einheitliches Gesamtsystem dar (single system image), so ist das System in diesem Sinne für ihn transparent (die Sichtbarkeit der Dezentralisierung gering); der Benutzer muß nur über eine einzige, *lokale* Sicht auf das Gesamtsystem verfügen. In diesem Falle spricht man von *lokaler Transparenz.*

Im folgenden wird zunächst die Datenallokation und Datenbankverwaltung in Netzen dargestellt. Danach wird auf die Datennetze selbst und auf typische Architekturen und Anwendungen eingegangen.

6.1 Datenallokation in Netzen

Die dezentrale Verwaltung eines Datenbestandes erfordert die problemgerechte und optimale Aufteilung des Datenbestandes auf verschiedene Rechnersysteme in einem Netz. Dabei muß sich diese Aufteilung keineswegs auf komplette Dateien bzw. Tabellen beschränken. Auch die Tabellen selbst können aufgeteilt werden. Von *horizontaler Fragmentierung* der Tabellen spricht man, wenn die Tupel (Zeilen) einer Tabelle in mehrere Teiltabellen aufgeteilt werden. Ein Beispiel hierfür: Die Niederlassungen eines Großunternehmens führen ihre Kundendaten selbständig. Eine *vertikale Fragmentierung* liegt vor, wenn nur bestimmte Attribute (Spalten) einer Tabelle lokal gespeichert werden. Dies ist zum Beispiel der Fall, wenn die Namen und Adressen von Mitarbeitern eines Unternehmens in den Niederlassungen geführt werden, Gehalts- und steuerrechtliche Daten aber in der zentralen Hauptverwaltung. Wird nicht nur eine Fragmentierung in redundanzlose Teil-Datenbestände vorgenommen, sondern werden zur Datensicherung oder zum schnelleren lokalen Zugriff auf Daten redundante Kopien angelegt, so spricht man von einer *Replikation* der Daten.

In einem Rechnernetz ist festzulegen, welche Daten an welchem Ort zu speichern sind. Die örtliche Zuweisung von Teilen eines logisch zusammengehörenden Datenbestandes nennt man *Datenallokation*. Für die Allokation von Teilen einer Datenbasis in den verschiedenen Knoten eines Netzwerkes gibt es in der Literatur eine Vielzahl von Modellen und Lösungsvorschlägen. Sie gehen alle davon aus, daß das Problem der Fragmentierung des Datenbestandes bereits gelöst ist. Beschrieben werden die Netztopologie (Struktur des Netzes), die auf den Übertragungskanälen zwischen den Netzknoten zur Verfügung stehenden Übertragungskapazitäten sowie die Benutzer-Aktivitäten (statisch/dynamisch; deterministisch/stochastisch). Ermittelt wird die Zuordnung der Datenfragmente zu den Netzknoten unter Minimierung der Kosten, die durch die Speicherung, Übertragung und Verarbeitung der Daten im Netz entstehen. Ein wichtiges Problem wird dabei nicht berücksichtigt, nämlich die Kosten für die Verwaltung der Daten, insbesondere für die Synchronisation der Transaktionen in einem verteilten Datenbanksystem. Dies ist auch schwierig, weil diese Kosten sehr stark von dem verwendeten Verfahren abhängig sind. Auf dieses Problem soll im folgenden Abschnitt eingegangen werden.

6.2 Datenbankverwaltung in Netzen

Hinsichtlich der Verwaltung eines irgendwie verteilten Datenbestandes in einem Rechnernetz lassen sich verschiedene Möglichkeiten unterscheiden.

Ein Extremfall ist der, daß der gesamte Datenbestand auf einem Knoten (Rechner) im Netz gespeichert wird und von den anderen Knoten auf diesen zentralen Datenbestand koordiniert zugegriffen wird. In diesem Fall gestaltet sich die Verwaltung des Datenbestandes in ähnlicher Weise wie bei einem singulären Datenbanksystem, es kommt lediglich das Problem der Datenübertragung in einem Kommunikationsnetz hinzu.

Ein anderer Extremfall liegt vor, wenn in einem Rechnernetz mehrere, voneinander völlig unabhängige Datenbanksysteme betrieben werden. In diesem Fall ist natürlich für den Benutzer keinerlei Transparenz gegeben. Er muß genaue Kenntnisse über die lokalen Datenbestände und Datenbank-Verwaltungssysteme haben.

Von einem *verteilten Datenbanksystem* spricht man hingegen, wenn ein dezentral allokierter Datenbestand vorliegt, dem Benutzer gegenüber aber der Eindruck einer integrierten Datenbank entsteht. Für den Benutzer ist die Verteilung der Daten und der Verwaltung also nicht sichtbar.

Definition: **Verteiltes Datenbanksystem**
(Distributed Data Base System; DDBS)

Ein verteiltes Datenbanksystem besteht aus einer logisch zusammengehörigen Datenbasis, von der Teile auf unterschiedlichen Knoten eines Rechnernetzes allokiert sind. Das Datenbank-Verwaltungssystem stellt dabei die lokale Transparenz für den Benutzer sicher.

Es ist offensichtlich, daß die Datenbankverwaltung in verteilten Datenbanken komplizierter als in einem singulären System ist. Zum einen muß die Information über die lokale Verteilung der Daten im Datenbankkatalog festgehalten werden. Zum anderen sind die Transaktionen in Teiltransaktionen aufzuteilen, die auf den lokalen Datenbeständen auszuführen sind und untereinander koordiniert werden müssen.

Hinsichtlich der die Datenbankstruktur beschreibenden Daten (Metadaten) erhebt sich die Frage, wo diese im Rechnernetz vorgehalten werden sollen:

- Der gesamte Datenbankkatalog wird zentral in einem bestimmten Netzknoten (Leitknoten) abgelegt.
- Jedem Netzknoten sind lokal nur die ihn betreffenden Metadaten zugeordnet.
- Der Datenbankkatalog wird redundant in jedem Netzknoten abgelegt.

Jede dieser Lösungen hat ihre Vor- und Nachteile hinsichtlich der Zugriffszeiten und der Sicherstellung der Konsistenz bei Änderungen.

In ähnlicher Weise kann auch die Transaktionsverwaltung zentral oder dezentral konzipiert werden. Eine Komponente, die in einem verteilten Datenbanksystem die Aufteilung von Transaktionen in Teiltransaktionen für verschiedene Knoten im Netz und deren Synchronisation durchführt, heißt *Transaktionsverwalter* (*transaction manager*). Aufgaben des Transaktionsverwalters sind außerdem die Verteilung der Teiltransaktionen an die zuständigen Knoten (*transaction routing*), die globale Verwaltung von Sperren, die Behandlung von globalen Verklemmungen (*dead locks*), usw. Eine Komponente, die in einem Knoten für die Datenbank-Verwaltung einer Teildatenbank zuständig ist, wird *Datenverwalter* (*data manager*) genannt.

Die Konzentration der Transaktionsverwaltung in einem leistungsfähigen Leitknoten bietet den Vorteil, daß die übrigen Knoten mit weniger leistungsfähigen Rechnern (z.B. Arbeitsplatzrechnern) ausgestattet sein können. Ferner sind nicht soviel Verwaltungsdaten zwischen den einzelnen Knoten zu übertragen. Andererseits kann ein Leitknoten schnell zu einem Engpaß in einem Netz werden und ein Risiko hinsichtlich der Datensicherheit darstellen, weil alle Transaktionen über ihn abgewickelt werden müssen.

Die Verteilung der Transaktionsverwaltung auf mehrere Knoten (Distributed Transaction Processing; DTP) ist dagegen organisatorisch komplexer, bietet aber hinsichtlich der Verfügbarkeit des Gesamtsystems Vorteile, weil vom Ausfall eines Teilsystems nicht alle Teilsysteme tangiert werden.

Bei der Synchronisation der Transaktionen in einem verteilten Datenbanksystem sind nicht nur die Aktionen paralleler Transaktionen auf *einem* Knoten zu koordinieren, sondern auch die Teiltransaktionen einer Transaktion, die auf *verschiedenen* Knoten ablaufen. Eine Zusammenfassung verschiedener Verfahren hierzu kann [Bernstein 81] entnommen werden. Hier soll nur das allen Verfahren gemeinsame Konzept des *Zwei-Phasen-Freigabeprotokolls* (*Two-Phase-Commit*) dargestellt werden:

Der Transaktionsverwalter zerlegt eine Transaktion in die notwendigen Teiltransaktionen und deligiert diese an die beteiligten Datenverwalter.

- **Erste Phase**: Der Transaktionsverwalter fordert die beteiligten Datenverwalter auf, die Teiltransaktionen auszuführen, aber noch nicht als abgeschlossen zu kennzeichnen. Dies geschieht mit Hilfe je einer lokalen Log-Datei auf einem sicheren Datenträger (siehe Abschnitt 5.2). Liegen beim Transaktionsverwalter alle Rückmeldungen über den erfolgreichen Abschluß dieser ersten Phase vor, so beginnt die zweite Phase.
- **Zweite Phase**: Der Transaktionsverwalter fordert die Datenverwalter auf, ihre Teiltransaktionen endgültig abzuschließen. Erst wenn beim Transaktionsverwalter alle Rückmeldungen über den erfolgreichen Abschluß der zweiten Phase vorliegen, gilt die gesamte Transaktion als abgeschlossen.

Bei einem Fehler vor der zweiten Phase können die Teiltransaktionen rückgängig gemacht werden. Fehler durch einen Systemausfall oder Plattenfehler während der zweiten Phase können beim Wiederanlauf des Systems oder bei der Wiederherstellung des Datenbestandes repariert werden.

Hiermit soll die Einführung in die Probleme verteilter Datenbanksysteme abgeschlossen werden. Für einen weiteren Überblick sei auf [Bayer 84] verwiesen.

6.3 Datennetze

Datennetze lassen sich hinsichtlich ihrer örtlichen Ausdehnung in *lokale Netze* (*Local Area Networks*; LANs) und *Weitverkehrsnetze* (*Wide Area Networks*; WANs) unterteilen. Werden in einem Netzwerk gleichartige Rechnersysteme (mit kompatiblen Hardware- und Software-Eigenschaften) betrieben, so spricht man von einem *homogenen Rechnernetz*. In einem *heterogenen Rechnernetz* sind unterschiedliche Rechnersysteme miteinander verbunden. Datenkommunikationssysteme, deren Bestandteil Datennetze sind, können herstellerspezifisch oder (international) genormt sein. Alle modernen Systeme dieser Art sind, ähnlich wie die Datenbanksysteme, in *Schichten* aufgebaut, um letztlich die Anwendungsschicht logisch von den auf unteren Schichten zur Verfügung gestellten Dienstleistungen zu entkoppeln. Zwischen zwei Instanzen einer Schicht werden jeweils durch ein sogenanntes *Protokoll* die Formate und der zeitliche Ablauf der ausgetauschten Nachrichten festgelegt. Als internationaler Standard für Kommunikationssysteme hat sich heute weitgehend das erstmals 1984 veröffentlichte *OSI-Referenzmodell* (OSI: *Open System Interconnection*) der ISO (*International Organization for Standardization*) durchgesetzt, für das fortlaufend Normen (Protokolle und Dienste) in internationalen Gremien entwickelt werden [Tanenbaum 90]. Dieses Modell verfügt über sieben Schichten:

1. **Physikalische Schicht (*physical layer*)**
   Sie dient zur Festlegung der mechanischen, elektrischen und prozeduralen Parameter zur Übertragung der kleinsten Einheiten, die über das Medium übertragen werden, z.B. Bits. Daher wird diese Schicht häufig auch als Bitübertragungsschicht bezeichnet.

2. **Sicherungsschicht (*data link layer*)**
   Sie ist zuständig für die Übertragungssteuerung und den unverfälschten Datentransport über einen einzelnen Übertragungsabschnitt. Sie dient zur Zugriffskontrolle und zur Erkennung und Behebung von Fehlern, die durch das technische Übertragungsmedium bedingt sind. In lokalen Netzen läßt sich diese Schicht in die Teilschichten *Media Access Control* (MAC) und *Logical Link Control* (LLC) zerlegen.

3. **Vermittlungsschicht (*network layer*)**
   Sie dient in einem verbindungsorientierten Netz dem Aufbau der Verbindung zwischen zwei Endsystemen durch entsprechende Wegewahl (*routing*) in dem Netz.

4. **Transportschicht (*transport layer*)**
   Sie erweitert die Endsystem-Verbindung der Vermittlungsschicht zu einer Endteilnehmer-Verbindung, die von Endteilnehmer zu Endteilnehmer führt. Dabei handelt es sich aus der Sicht des Endteilnehmers um eine transparente Verbindung.

5. **Kommunikations-Steuerungsschicht (*session layer*)**
   Sie dient zur Strukturierung und Abwicklung der Kommunikation zwischen zwei Anwendern bzw. Anwenderprozessen. In den Datenaustausch können Kontrollpunkte eingebaut werden, auf die die Kommunikation im Fehlerfalle zurückgesetzt werden kann. Ferner können Berechtigungsmarken (*Token*) verwaltet werden, mit denen der Datenaustausch geregelt wird.

6. **Darstellungsschicht (*presentation layer*)**
   Sie sorgt für eine gemeinsame Sprache durch Verabredung einer Transfersyntax zwischen den beiden Verarbeitungsinstanzen, die jeweils nur ihre lokale Darstellung der Informationen kennen.

7. **Anwenderschicht (*application layer*)**
   Diese Schicht beinhaltet die Anwendungsprogramme. Für viele allgemeine Anwendungen gibt es standardisierte Protokolle, z.B. elektronische Post (X.400), Dateitransfer (FTAM: *File Transfer and Management*), Datenbankzugriff (RDA: *Remote Database Access*; TP: *Transaction Processing*), Stapelfernverarbeitung (JTAM: *Job Transfer and Management*).

Während die Aufgabe der unteren vier Schichten darin besteht, eine zuverlässige Ende-zu-Ende-Kommunikation sicherzustellen, werden durch die drei oberen Schichten zunehmend benutzerorientierte Dienste angeboten. Dies erspart den Entwicklern von Anwendungen, die entsprechenden Funktionen selbst programmieren zu müssen.

Abweichend von dem OSI-Referenzmodell gibt es verschiedene (herstellerabhängige) Schichtenmodelle.

Bei der Datenübertragung unterscheidet man die folgenden Betriebsarten:

- Synchrone Übertragung
  Sender und Empfänger werden von einem gemeinsamen Takt gesteuert.
- Asynchrone Übertragung
  Dem Empfänger wird vor jeder Übertragung (Folge von Bits) ein Synchronisiersignal übermittelt, das zur Synchronisation der empfängereigenen Taktschaltung dient (Start-Stop-Betrieb).
- Simplex-Betrieb
  Die Datenübertragung erfolgt nur in einer Richtung.
- Halbduplex-Betrieb
  Die Datenübertragung kann in beiden Richtungen erfolgen, jedoch nicht gleichzeitig, sondern nur nacheinander.
- Duplex-Betrieb bzw. Vollduplex-Betrieb
  Die Datenübertragung erfolgt gleichzeitig in beiden Richtungen.

Das Schema eines Datenübertragungssystems zeigt Bild 6-1. Die *Datenendeinrichtung* (DEE) ist eine Einrichtung zum Senden und (oder) Empfangen von Daten. Diese kann z.B. ein Geldautomat einer Bank, ein Telefaxgerät, ein Bildschirm-Terminal, ein Arbeitsplatzrechner oder ein Großrechner sein.

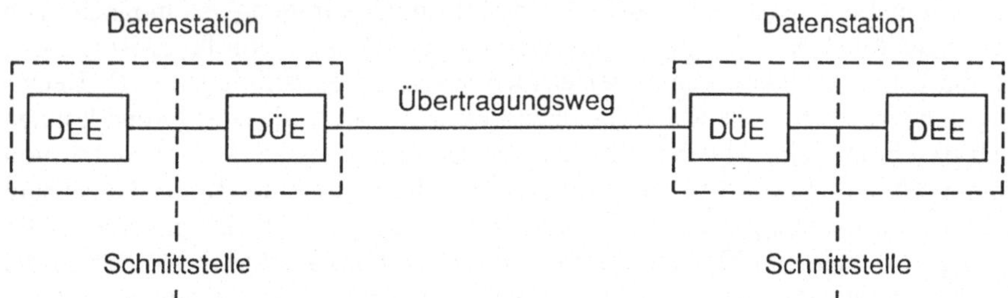

Bild 6-1 Datenübertragungssystem

Die Schnittstelle (*interface*) ist die Gesamtheit der Festlegungen

- der physikalischen Eigenschaften der Übertragungsleitungen (einschließlich der Verbindungselemente),
- der auf den Leitungen ausgetauschten Signale einschließlich ihres zeitlichen Ablaufs,
- der Bedeutung der ausgetauschten Signale.

Die *Datenübertragungseinrichtung* (DÜE) wandelt die von der DEE abgegebenen digitalen oder analogen Signale in eine für die Übertragung geeignete Form um bzw. wandelt nach der Übertragung die Signale in die für die Schnittstelle vorgeschriebene Form um.

DEE und DÜE können eine Fehlerschutz- und eine Synchronisiereinheit enthalten. Die Fehlerschutzeinheit dient zum Erkennen und gegebenenfalls zur Beseitigung von Übertragungsfehlern. Die Synchronisiereinheit stellt die synchrone Arbeitsweise zwischen den beteiligten Datenstationen her (Beginn und Ende der Übertragung und gleicher Takt).

Für die Datenübertragung stehen verschiedene Netzarten und Dienste zur Verfügung, auf die im folgenden eingegangen werden soll.

6.3.1 Lokale Netze (Local Area Networks; LANs)

Lokale Netze sind in ihrer räumlichen Ausdehnung auf Grund der verwendeten Technologien begrenzt und meist auf Grundstücksgrenzen beschränkt, weil in vielen Ländern die Datenübertragung über die Grundstücksgrenzen hinaus ein Monopol der jeweiligen Postverwaltung ist. Sie lassen sich nach folgenden Kriterien klassifizieren:

- Topologie des Netzwerkes,
- Übertragungsmedium,
- Übertragungsverfahren,
- Zugriffsverfahren.

Mögliche Topologien der Verbindung von Rechnern untereinander sind die Bus-, Baum-, Stern- und Ringstruktur.

Als Übertragungsmedium werden heute Zweidrahtleitungen, Koaxialkabel und Glasfaserkabel (Lichtwellenleiter) eingesetzt, auch die drahtlose Übertragung ist möglich. Die Zweidrahtleitungen (auch Vierdrahtleitungen) werden spiralförmig verdrillt (twisted pair), um dadurch die Empfindlichkeit gegenüber elektromagnetischen Störungen (z.B. Beeinflussung durch andere elektrische Kabel) herabzusetzen. Aus dem gleichen Grund können sie zusätzlich geschirmt sein. Mit ihnen lassen sich Übertragungsgeschwindigkeiten von einigen Mbit/s (10^6 bit/s; bps: *bit per second*) bis 100 Mbit/s erreichen. Koaxialkabel sind von vornherein störunanfälliger, bieten größere Übertragungsgeschwindigkeiten in der Größenordnung von einigen 100 Mbit/s, sind aber teurer. Glasfaserkabel übertreffen die Koaxialkabel hinsichtlich der Störunanfälligkeit und Übertragungsgeschwindigkeit (bis zu einigen Gbit/s; 10^9 bit/s), sind aber noch teurer.

An Übertragungsverfahren unterscheidet man grob die *Basisbandübertragung* und die *Breitbandübertragung*. Bei der Basisbandübertragung steht nur ein Kommunikationskanal auf dem Übertragungsmedium zur Verfügung, auf dem die Signale übertragen werden. Bei der Breitbandübertragung werden durch entsprechende Modulationsverfahren mehrere Übertragungskanäle zur Verfügung gestellt, auf denen verschiedene Signale gleichzeitig übertragen werden können.

Drei verschiedene Typen von LANs sind bezüglich der ersten Schicht und der MAC-Teilschicht des OSI-Referenzmodells genormt [IEEE 85]: CSMA/CD-Bus, Token-Bus und Token-Ring.

Der *CSMA/CD-Bus bzw. -Baum* wird in der Norm IEEE 802.3 beschrieben. Die Abkürzung CSMA bedeutet *Carrier Sense Multiple Access* (Trägererkennung mit Vielfachzugriff), CD bedeutet *Collision Detection* (Kollisionserkennung). Aus dieser Namensgebung geht schon das Prinzip hervor: Die Stationen, die an das Netz angeschlossen sind, hören dies ständig ab. Wenn es frei ist, dürfen sie senden. Versuchen zwei Stationen, gleichzeitig zu senden (Kollision), so brechen sie den Vorgang ab und versuchen nach einer zufälligen Wartezeit, erneut zu senden. Ein Nachteil dieses Verfahrens ist, daß auf Grund des statistischen Zugriffsverhaltens keine Zugriffszeit garantiert werden kann. Deshalb ist das Verfahren strenggenommen für Echtzeit-Anwendungen nicht geeignet. Es wurde ursprünglich von der Universität Hawaii unter dem Namen ALOHA-Verfahren entwickelt. Die Firmen Xerox, DEC und Intel entwickelten daraus ein Produkt, das unter dem Namen Ethernet (Lichtäther) bekannt geworden ist.

Den Nachteil des obigen Verfahrens vermeidet der *Token-Bus* [IEEE 802.4]. Er wurde ursprünglich von der Firma General Motors für Echtzeit-Anwendungen entwickelt. Innerhalb des MAP (*Manufactoring Automation Protocol*) ist dieser Bus ein internationaler Standard für die Automatisierung von Fabriken und Fertigungsanlagen. Die einzelnen Stationen sind auf der physisch linearen Struktur des Busses logisch als Ring organisiert. Dies geschieht, indem jeder Station ein linker und rechter Nachbar zugeordnet wird. Auch hier hören alle Stationen den Bus gleichzeitig ab. In dem Ring kreist ständig ein spezielles Bitmuster, das sogenannte *Token*, das von Station zu Station per Adresse weitergereicht wird. Nur die Station, die das Token aktuell besitzt und deren Priorität größer oder gleich der Priorität ist, die von einer Vorgänger-Station im Token gesetzt worden ist, darf senden. Die sendende Station prüft durch Mithören, ob das Token bzw. das Datenpaket von der ihr logisch nachfolgenden Station richtig weitergegeben wird. Das Verfahren vermeidet Zugriffskollisionen. Ein eng an dieses Protokoll angelehntes Produkt für lokale Netzwerke ist das ARCNET der Firma Datapoint, das insbesondere in den USA verbreitet ist.

Der *Token-Ring* [IEEE 802.5] ist, wie aus der Bezeichnung schon hervorgeht, physikalisch von ringförmiger Topologie. Ähnlich wie beim logischen Ring des Token-Bus wird über ein zirkulierendes Token das Senderecht verwaltet. Der Datentransport ist hier aber unidirektional, jede Station empfängt nur die Daten ihrer physikalischen Vorgänger-Station. Eine sendende Station markiert das Token als belegt und fügt die zu übertragenden Daten samt Empfänger-Adresse hinzu. Die empfangende Station kopiert die Daten, das Original zirkuliert weiter, bis es wieder den Sender erreicht. Dieser markiert das Token als frei. Das Verfahren ist somit ebenfalls kollisionsfrei und erlaubt die Überprüfung der gesendeten Daten nach komplettem Durchlauf im Ring durch den Sender. Ein bekanntes Produkt dieser Art ist das Token-Ring-Netzwerk der Firma IBM.

Ein spezielles Protokoll, das einen De-facto-Standard für UNIX-Rechner darstellt (aber auch für WANs, siehe hierzu Abschnitt 6.3.2), ist das TCP/IP. Die Abkürzung IP bedeutet *Internet Protocol*. Dieses Protokoll ist der Vermittlungsschicht des OSI-Referenzmodells zuzuordnen. TCP bedeutet *Transmission Control Protocol*, dieses ist der Transportschicht des OSI-Modells zuzuordnen, enthält aber auch anwendungsorientierte Elemente. Das TCP/IP hat sich im Bereich der lokalen Netzwerke insbesondere in Verbindung mit Ethernet etabliert.

Zum Anschluß von Rechnern an lokale Netzwerke werden *Adapter* (Steckkarten) benötigt, die von verschiedenen Herstellern geliefert werden. Zur Abwicklung der Protokolle sollten sie über eine möglichst hohe eigene Rechenleistung verfügen. Die Erweiterung der technisch begrenzten Längen von Kabeln wird mit Hilfe von *Repeatern* vorgenommen. Zur Verbindung (und Abgrenzung) mehrerer gleichgearteter Netzwerke werden sogenannte *Brücken* (*bridges*) verwendet. Will man unterschiedliche Netzwerke miteinander verbinden, muß ein sogenanntes *Gateway* benutzt werden. Dieses übernimmt die elektrische Anpassung und die Umsetzung der Protokolle zwischen den beiden Netzwerken.

Tabelle 6-1 Typische Eigenschaften bekannter Netzwerk-Systeme

System	ARCNET	Ethernet	Token-Ring
Topologie	Bus / Stern	Bus / Baum	Ring (mit Stern)
Zugriffsverfahren	Token	CSMA/CD	Token
Kabeltyp	Koax RG 62 (93Ω)	Koax RG 58 (50Ω) (dünn, BNC-Stecker) Koax RG 11 (50Ω) (dick, Transceiver)	Zweidraht, verdrillt/ geschirmt
Alternativen	Z, G	Z, G	G
Reichweite ohne Verstärker / mit Verstärker max.	30 m / 6500 m	500 m / 1600 m	100 bzw. 300 m / 600 bzw. 750 m zwischen 2 Stat.
Übertragungs-geschwindigkeit	2,5 Mbit/s	10 Mbit/s*)	4 bzw. 16 Mbit/s

Z: Zweidraht; G: Glasfaserkabel

*) Mit Vierdrahtleitungen und Sternkopplern auch 100 Mbit/s.

Schließlich ist der Betrieb eines lokalen Netzwerkes natürlich nur mit einer geeigneten Netzwerk-Software möglich. Diese kann als Erweiterung der jeweiligen Betriebssysteme konzipiert sein, oder als eigenständiges Netzwerk-Betriebssystem. In diesem Fall wird sie meist auf einem *Server* installiert. Dies ist ein besonders leistungsfähiger Rechner im Netz, dem häufig auch die Verwaltung größerer gemeinsamer Datenbestände (z.B. mit Hilfe eines Datenbanksystems), Programme und spezieller Rechnerperipherie (z.B. Plattensysteme, Drucker, usw.) übertragen wird. Natürlich müssen alle Hardware- und Software-Komponenten zueinander passen. Im Bereich der Arbeitsplatzrechner (PCs) sind weitverbreitete Hardware-Systeme das ARCNET, das Ethernet und der Token-Ring, die von verschiedenen Herstellern angeboten werden. Tabelle 6-1 gibt einige typische Eigenschaften dieser Systeme wieder. Eine spezielle Technik ist außerdem das FDDI (*Fiber Distributed Data Interface*), also ein Glasfaserkabel-System, das mit einer Übertragungsgeschwindigkeit von 100 Mbit/s arbeitet.

Auf Seiten der Netzwerk-Software gibt es viele Firmen, die Systeme für homogene oder auch heterogene Netzwerke für die verschiedensten Betriebssysteme, Rechner und Hardware-Systeme anbieten.

6.3.2 Weitverkehrsnetze (Wide Area Networks; WANs)

Weitverkehrsnetze dienen der Datenübertragung über große Entfernungen. Die notwendigen Datenübertragungswege werden in vielen Ländern ausschließlich von den jeweiligen Postverwaltungen betrieben. In der Bundesrepublik Deutschland gehört die Einrichtung von Datenübertragungswegen über die Grundstücksgrenzen hinaus in den Zuständigkeitsbereich der Deutschen Bundespost Telekom.

Für die Datenübertragung bietet die Deutsche Bundespost *Transportdienste* an, bei denen die Verantwortung für das Zusammenwirken der Endgeräte und für die Anwendung beim Benutzer liegen, und darüber hinausgehende standardisierte Dienste, die die Anwendung mit einschließen (ein bekanntes Beispiel ist Btx). Datenübertragungseinheiten (DÜE, siehe Bild 6-1), die an das Netz der Deutschen Bundespost angeschlossen werden sollen, müssen vom Bundesamt für Zulassungen in der Telekommunikation (BZT; früher Fernmeldetechnisches Zentralamt FTZ bzw. Zentralamt für Zulassungen im Fernmeldewesen ZZF) geprüft sein und eine Zulassungsnummer (BZT-Nummer) besitzen.

Alle Dienste werden unter dem Kunstwort DATEL-Dienste (Data Telecommunication, Data Telefon, Data Telegraf) zusammengefaßt. Diese stützen sich auf das

- Telefonnetz,
- Telexnetz,
- Datexnetz,
- Direktrufnetz,
- ISDN.

Die digitalen Text- und Datendienste (Telex-, Datex-, Direktrufnetz) werden zum sogenannten IDN (*Integrated Digital Network*) zusammengefaßt. Seit 1989 ist die Deutsche Bundespost bestrebt, alle Netze in das ISDN (*Integrated Services Digital Network*) auf der Basis von Kupfer-Breitbandkabeln zu integrieren und dabei auch die Telefonanschlüsse zu digitalisieren. Die flächendeckende Versorgung soll etwa 1993 für die alten Bundesländer und 1995 für die neuen Bundesländer erreicht sein. Später soll dieses Netz durch eine noch leistungsfähigere Breitbandversion (Breitband-ISDN genannt) auf der Basis von Glasfaserkabel-Netzen ersetzt werden (die auch heute zum Teil schon verwendet werden). Dabei stehen Datenkanäle mit bis zu 140 Mbit/s zur Verfügung. Damit sind auch Anwendungen im Bereich Rundfunk, Fernsehen, Videokonferenzen möglich.

Telefonnetz

Neben der Sprachkommunikation dient das analoge Telefonnetz auch zur Datenübertragung. Datenübertragungseinrichtungen (DÜE) sind in diesem Falle sogenannte *MODEMs* (Modulator/Demodulator), die die digitalen Daten in analoge Signale umsetzen und umgekehrt. Sie werden halbduplex oder duplex betrieben, bieten Übertragungsgeschwindigkeiten von 300, 1200, 2400, 4800, 9600, 19200 bit/s und können von der Telekom erworben oder gemietet werden, sowie im Handel gekauft werden (man achte auf die BZT-Nummer, früher FTZ-Nummer). Mit Hilfe von Datenkomprimierungstechniken sind effektive Übertragungsgeschwindigkeiten von ca. 45 kbit/s erreichbar. In einfachen Anwendungsfällen, insbesondere im mobilen Bereich (tragbare Arbeitsplatzrechner, sogenannte Laptops und Notebooks), können auch *Akustikkoppler* verwendet werden, auf die der

Telefonhörer zur Datenübertragung aufgelegt wird (üblich 300 und 1200 bit/s). Von Nachteil ist die wegen der analogen Übertragung große Störanfälligkeit und der langsame Verbindungsaufbau.

Im Zuge des ISDN-Ausbaus werden auch digitale Anschlüsse angeboten, die direkt für die Datenübertragung nutzbar sind (näheres im Abschnitt über ISDN).

Telexnetz

Das Telexnetz ist das älteste Netz für die digitale Übertragung von Texten mittels Fernschreibern. Da es weltweit standardisiert und weitverbreitet ist, wird es noch lange seine eigenständige Bedeutung behalten. Die Übertragungsgeschwindigkeit beträgt nur 50 bit/s im Halbduplexbetrieb. Über spezielle Anschlußgeräte können auch Rechner an dieses Netz angeschlossen werden, wobei auch andere Kodierungen in Frage kommen, als das üblicherweise zur Textübertragung verwendete internationale Telegrafenalphabet Nr. 2 nach CCITT (*Comité Consultatif International de Télégraphique et Téléphonique*).

Datexnetze (*Data Exchange*)

Das Datexnetz ist ein digitales Wählnetz mit Leitungsvermittlung (DATEX-L) oder Paketvermittlung (DATEX-P).

Beim DATEX-L-Netz wird bei Verwendung einer X.21-Schnittstelle mit Hilfe eines elektronischen Datenvermittlungssystems (EDS) in weniger als einer Sekunde eine Verbindung zum angewählten Anschluß hergestellt. DÜE ist ein sogenanntes Datenfernschaltgerät (DFG). Es werden folgende Datenübertragungsgeschwindigkeiten zu Verfügung gestellt: 300 bit/s (asynchron), 2400, 4800, 9600, 64000 bit/s (synchron). Benutzer mit gleicher Übertragungsgeschwindigkeit bilden eine Benutzerklasse. Die Datenübertragung ist nur zwischen Benutzern derselben Benutzerklasse möglich. Zusätzliche Leistungen sind die Kurzwahl (bis zu 64 Rufnummern werden in der Vermittlungsstelle gespeichert und können zweistellig abgerufen werden), Netzübergang zum DATEX-P (nur beim Anschluß mit 300 bit/s) und Direktruf (dabei entfällt der Wählvorgang, es kann aber nur ein und derselbe Teilnehmer erreicht werden).

Im DATEX-P-Netz besteht zwischen den Anschlüssen keine direkte, durchgewählte Verbindung, sondern eine virtuelle Verbindung. Die zu übertragenden Daten werden in Pakete aufgeteilt, gespeichert, adressiert und sodann über das Netz transferiert. Dabei wird abhängig von der aktuellen Belastung des Netzes die jeweils günstigste Verbindung (je nach Implementierung sogar für jedes Paket) ermittelt. Ein Anschluß kann aus bis zu 12 logischen Kanalgruppen zu je 255 Kanälen bestehen, die zu unterschiedlichen Endgeräten im Netz führen können. Dabei unterscheidet man zwischen gewählten, d.h. fallweise aufgebauten virtuellen Verbindungen (SVC *Switched Virtual Calls*), und festen, d.h. vorgegebenen virtuellen Verbindungen (PVC *Permanent Virtual Calls*). Die Netzschnittstellen beruhen auf der CCITT-Empfehlung X.25 (Datenaustausch in Paketvermittlungsnetzen). Endgeräte, die über diese Schnittstelle verfügen, können an einen DATEX-P10-Hauptanschluß angeschlossen werden, der synchron im Duplexbetrieb arbeitet und die Übertragungsgeschwindigkeiten 2400, 4800, 9600 und 64000 bit/s bietet. Wegen der zwischenzeitlichen Speicherung der Pakete werden unterschiedliche Übertragungsgeschwindigkeiten der Anschlüsse übertragungsseitig ausgeglichen. Für asynchron arbeitende Datenendgeräte (z.B. Terminals und Arbeitsplatzrechner) erlauben sogenannte PADs

(*Packet Assembly/Disassembly Facility*) den Zugang zum DATEX-P-Netz. Sie sind z.B. für PCs als Zusatzkarten erhältlich. Die Deutsche Bundespost bietet für solche Geräte aber auch drei andere Zugangsmöglichkeiten zum DATEX-P-Netz an, die als DATEX-P20-Dienste bezeichnet werden. Dabei steht die PAD-Einrichtung jeweils im Bereich des Vermittlungsknotens zum DATEX-P-Netz. Erstens kann der Anschluß an den posteigenen PAD über einen DATEX-P-20-Hauptanschluß mit 300, 1200 oder 2400 bit/s (asynchron) erfolgen. Als DÜE ist lediglich ein Datenanschaltgerät (DAG) erforderlich. Zweitens ist der Anschluß über das Telefonnetz (per Modem oder Akustikkoppler) mit 300, 1200 und 2400 bit/s (asynchron) möglich. Drittens wird der Zugang über einen DATEX-L-Anschluß mit 300 bit/s angeboten (erforderlich ist als DÜE ein sogenanntes Datenfernschaltgerät; DFG). Eine weitere Besonderheit dieses Dienstes ist die *Teilnehmerkennung* (*Network User Identifikation*; NUI), die insbesondere zur Gebührenabrechnung benutzt werden kann (Belastung des anrufenden bzw. angerufenen Anschlusses).

Neben dem Datex-P-Netz der Deutschen Bundespost Telekom existiert eine Vielzahl von paketvermittelnden Datennetzen von anderen Anbietern. Sie beruhen in Deutschland auf Datex-P-Anschlüssen oder Standleitungen, die von der Deutschen Bundespost gemietet werden. Ein für den deutschen Hochschul- und Forschungsbereich eingerichtetes Datennetz ist das Wissenschaftsnetz (WIN), das vom DFN-Verein (Deutsches Forschungsnetz, Berlin) betrieben wird und auf dem X.25-Protokoll basiert.

Im DATEX-Netz (und anderen Netzen) ist der Verkehr mit entsprechenden paketvermittelnden Netzen im Ausland weltweit möglich, z.B. TELNET und TYMNET (USA) und DATAPAC (Kanada). Für den Verbindungsaufbau ist die Zugangskennziffer für das Ausland (0), die Datennetzkennzahl des betreffenden Netzes und die *Datenrufnummer* (Netzwerkbenutzer-Adresse; *Network User Adress*; NUA) anzugeben.

Einige der heute gebräuchlichen Standards für den Datenaustausch über paketvermittelnde Datennetze beruhen auf einem Projekt der Advanced Research Project Agency (ARPA) im Auftrag des amerikanischen Verteidigungsministeriums, das dazu führte, daß schon 1969 ein erstes Datennetz, das ARPANET, in den USA in Betrieb genommen wurde, das sehr schnell flächendeckend ausgebaut wurde. Zwei Protokolle in diesem Netz, das IP (*Internet Protocol*) und das TCP (*Transmission Control Protocol*), werden in einigen Datennetzen bis heute verwendet. Die beiden Protokolle sind den Schichten 3 und 4 des OSI-Referenzmodells zuzuordnen, wobei applikationsabhängige Aspekte mit einbezogen sind, die den Schichten 6 und 7 zuzuordnen sind. Als TCP/IP-Dienste sind Electronic Mail (SMTP: *Simple Mail Transfer Protocol*), Filetransfer (FTP: *File Transfer Protoco*l) und interaktiver Terminalverkehr (Telnet) definiert. Ein Konglomerat von Netzen, das auf der Basis dieser und weiterer Standards betrieben wird, ist das sogenannte Internet. Diese Netze stellen einen De-facto-Standard neben den Netzen auf der Basis von OSI-Protokollen und Diensten (siehe Abschnitt 6.3) dar.

Direktrufnetz

Beim Direktrufnetz werden zwei Direktrufanschlüsse (neuerdings Festanschlüsse genannt) dauerhaft miteinander verbunden (sogenannte „Standleitung"). Als DÜE wird ein Datenanschaltgerät (DAG) benötigt. Man unterscheidet zwei Gruppen. In der Gruppe A stehen Übertragungsgeschwindigkeiten von 50, 300, und 1200 bit/s im asynchronen und von 1200 bit/s bis 1,92 Mbit/s im synchronen Betrieb zur Verfügung. Sind die Datenendeinrichtungen weiter voneinander entfernt, so können zur Einsparung von Übertragungskosten mehrere Endgeräte mit Hilfe von Konzentratoren oder Schnittstellenvervielfachern über eine Standleitung geführt werden. In der Gruppe B sind noch höhere Übertragungsgeschwindigkeiten möglich, aber wegen fehlender aktiver Netzkomponenten nur über geringere Entfernungen. Diese Verbindungen sind daher im Bereich hochleistungsfähiger lokaler Netzwerke (hier aber auch grundstücksübergreifend) einsetzbar. Das Direktrufnetz ist auf den Bereich der Bundesrepublik Deutschland beschränkt. Es existieren im Ausland aber entsprechende internationale Mietleitungen.

ISDN (*Integrated Services Digital Network*)

ISDN ist eine Netztechnologie zur Integration des analogen Telefonnetzes mit den digitalen Datennetzen (DATEX-L und DATEX-P) und weiteren Diensten. Sie wird in nächster Zeit diese verschiedenen Netzsysteme ersetzen. ISDN ist als neue Norm den Schichten 1 bis 3 des OSI-Referenzmodells zuzuordnen. Die Standardisierung wird innerhalb der CCITT vorgenommen. Ein *ISDN-Basisanschluß* besteht aus zwei durchschaltvermittelten, duplexfähigen Datenkanälen (B-Kanäle) mit je 64 kbit/s als Nutzkanäle und einem paketvermittelten Signalisierkanal (D-Kanal) mit 16 kbit/s zur Verbindungssteuerung. Damit können bis zu acht Endgeräte an einem Anschluß betrieben werden, wobei jeweils zwei Endgeräte simultan betrieben werden können. Außer dem Basisanschluß wird auch ein *Primärmultiplexanschluß* angeboten, der aus 30 B-Kanälen mit je 64 kbit/s und einem D-Kanal mit 16 kbit/s besteht. ISDN-fähige Hardware (z.B. ISDN-PC-Karten) und Software ist sowohl von der Deutschen Bundespost Telekom als auch von vielen anderen Anbietern erhältlich. Alle Telekommunikationsarten wie Telefon, Telefax, Teletex, Telex, Telebox und Bildschirmtext (Btx) sind einzeln oder in multifunktionalen Geräten integriert verfügbar. Auch der Anschluß bisheriger Kommunikationssysteme ist möglich. So kann z.B. ein bisheriger MODEM-Betrieb mit Hilfe eines Adapters am ISDN-Anschluß weitergeführt werden (wobei die Übertragungsgeschwindigkeit auf 38000 bit/s verbessert wird). Ein Vorteil der ISDN-Technik besteht auch darin, daß sie auch für die Kommunikation innerhalb eines Unternehmens als lokales Netzwerk (LAN) eingesetzt werden kann. Über Gateways lassen sich vorhandene LANs anschließen. Der Zugang zu den „klassischen" Netzwerken der Deutschen Bundespost ist selbstverständlich ebenso gegeben. Über das heute schon weitverbreitete internationale ISDN hinaus ist somit die Kommunikation über alle Systemgrenzen hinweg weltweit möglich. Auf eine Einschränkung muß aber hingewiesen werden: Der Zugriff auf das ISDN ist nicht blokierungsfrei, d.h. die Verbindung mit dem Netz kann (wie beim Telefonnetz) belegt sein. Für dauerhafte Verbindungen werden allerdings auch ISDN-Festanschlüsse angeboten.

Weitere Datennetze

Um den Überblick über öffentliche Datennetze mehr oder weniger zu komplettieren, sollen noch drei weitere Angebote der Deutschen Bundespost erwähnt werden. So ist es möglich, auch private Datenleitungen unter gewissen Voraussetzungen grundstücksübergreifend zu nutzen. Diese Nutzung ist aber gebührenpflichtig. Für festgeschaltete internationale Verbindungen werden Mietleitungen mit Übertragungsgeschwindigkeiten von 1200 bit/s und 1920 kbit/s angeboten. Schließlich können Satellitenverbindungen mit 64 kbit/s bis 1,92 Mbit/s genutzt werden.

6.4 Datenbankzugriffe in Netzen

Nachdem in den letzten drei Abschnitten die Datenbankverwaltung in Netzen und die zur Verfügung stehenden Netze dargestellt worden sind, soll nun das Augenmerk auf den Zugriff auf Datenbanken in Netzen gerichtet werden. Die Darlegungen beruhen auf [Effelsberg 87].

Für den Zugriff auf Datenbanken in Netzen lassen sich drei Klassen von Netzen unterscheiden:

- Terminalnetze verbinden einfache Terminals mit einem Rechner, auf dem sich das Anwendungsprogramm und das Datenbanksystem befindet. Unter einfachen Terminals werden Terminals ohne eigene Rechenleistung verstanden (oder solche, die die Rechenleistung nur zur Emulation eines Terminaltyps benutzen). Dies kann z.B. ein Bildschirmterminal oder auch ein Bankautomat sein. Die Protokolle zwischen derartigen Terminals und dem Rechner sind asymmetrisch.
- Netze zwischen autonomen Rechnern verbinden Terminals mit eigener Rechenleistung (Arbeitsplatzrechner) mit dem Rechner, auf dem das Datenbanksystem installiert ist. Protokolle dieser Struktur sind symmetrisch.
- Netze mit verteilten Datenbanken verbinden Rechner, auf denen ein verteiltes Datenbanksystem betrieben wird oder mehrere autonome (eventuell auch heterogene) Datenbanksysteme betrieben werden. Die Protokolle sind ebenfalls symmetrisch.

6.4.1 Terminalnetze

Für den Datenbankzugriff in Terminalnetzen gibt es viele Beispiele herstellerabhängiger Architekturen und Protokolle, die zum Teil zu einem De-facto-Standard geworden sind und sogar von Fremdfirmen angeboten werden, z.B.

- DNA (*Digital Network Architecture*) der Firma DEC,
- SNA (*System Network Architecture*) der Firma IBM,
- Transdata der Firma Siemens.

Zur Unterstützung der Kommunikation werden dabei oft spezielle Hardware-Komponenten eingesetzt (z.B. Terminal-Multiplexer, Konzentratoren, Kommunikations-Rechner).

Die Programmierung der Software für die Ein- und Ausgabe der angeschlossenen Terminals (die eventuell sogar unterschiedlichen Typs sind) ist für den Anwender schwierig. Die Hersteller bieten daher entsprechende Systemsoftware an, die allgemein als *TP-Monitor* (*Transaktion Processing Monitor*) bezeichnet wird, z.B. CICS (*Customer Information Control System*) von IBM oder UTM (Universeller Transaktionsmonitor) von Siemens. Wird darüber hinaus auch der Zugriff auf ein Datenbanksystem unterstützt, so spricht man allgemein von einem *DB/DC-System* (*Data Base/Data Communication System*). Die typische Struktur eines solchen Systems ist in Bild 6-2 wiedergegeben.

Ist der Datenbankzugriff auf eine spezielle Anwendung ausgerichtet (z.B. Buchungs- und Auskunftssyteme), so daß der Zugriff über eine problemorientierte Benutzerschnittstelle abgewickelt wird und der Benutzer somit keinerlei Kenntnisse über Interna des Datenbanksystems besitzen muß, so spricht man von *Transaktionssystemen*.

Die Entwicklung herstellerunabhängiger, standardisierter Architekturen für Terminalnetze auf der Basis öffentlicher Weitverkehrsnetze hat erst in den letzten Jahren begonnen.

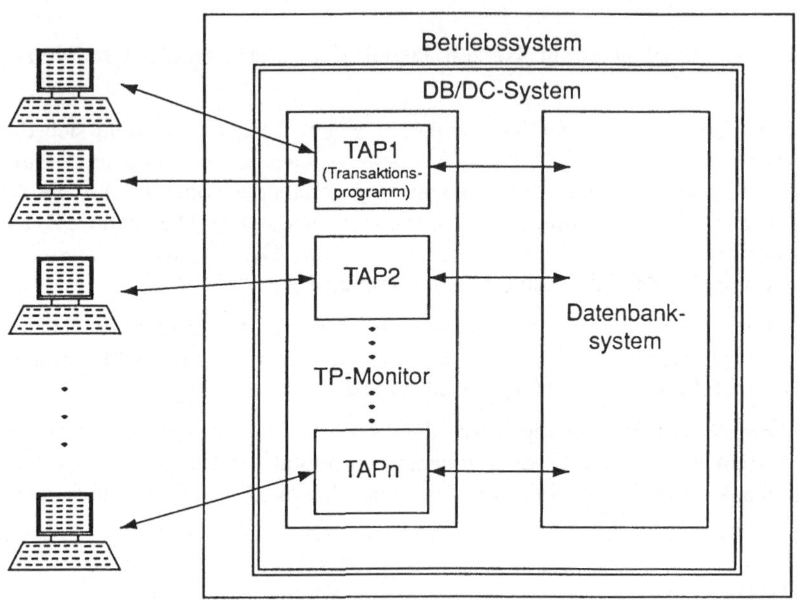

Bild 6-2 Struktur eines DB/DC-Systems

Das CCITT hat für den Anschluß eines zeilenorientierten Start-/Stop-Terminals an ein X.25-Paketvermittlungsnetz ein PAD (*Packet Assembly/Disassembly Facility*) genormt. Die Deutsche Bundespost (Telekom) bietet Benutzern, die über keinen Datex-P10-Hauptanschluß verfügen, den Zugang zu solchen PADs (unter anderem über das Telefonnetz) an. Somit ist sogar der Anschluß eines Terminals über Akustikkoppler möglich.

Für den Anschluß von seitenorientierten Terminals (*full-screen terminals*) hat die ISO ein Protokoll standardisiert, das in der Anwenderschicht des OSI-Referenzmodells angesiedelt ist und VTP (*Virtual Terminal Protocol*) genannt wird.

6.4.2 Netze aus autonomen Rechnern

Auch für den Zugriff auf ein zentrales Datenbanksystem in einem Netz, an das mehrere autonome Rechner angeschlossen sind, wurden zunächst ausschließlich herstellerabhängige Lösungen eingesetzt. Ein Beispiel hierfür ist das APPC-Protokoll (*Advanced Program-to-Program Communication*) der Firma IBM. Es bietet Dienste für die Vergabe von Senderechten, die Synchronisation von Transaktionen, Commit-Kontrolle usw. an. Datenbankbefehle sind dagegen nicht standardisiert, sie werden als Benutzerdaten übermittelt.

Herstellerunabhängige Protokolle für die transaktionsorientierte Datenkommunikation sind die von der ECMA (*European Computer Manufacturer's Assoziation*) vorgeschlagenen Protokolle TP (*Transaction Processing*) und RDA (*Remote Database Access*).

Das TP-Protokoll ist in der Anwendungsschicht des ISO-Referenzmodells angesiedelt und stellt ähnliche Dienste für die transaktionsorientierte Verarbeitung wie das oben beschriebene APPC-Protokoll zur Verfügung.

Das RDA-Protokoll unterstützt den Datenbankzugriff eines Anwendungsprogramms von einem Rechner auf das Datenbanksystem auf einem anderen Rechner in einem heterogenen Netz. Das Anwendungsprogramm wird *Client* genannt, das Datenbankverwaltungssystem wird als *Server* bezeichnet. Unterstützt werden nur genormte Datenbanksprachen (z.B. SQL), die im Server durch einen Server-Prozeß in die entsprechenden Datenbankaufrufe umgesetzt werden. Als Dienste werden die Bereiche Verbindungsmanagement, Datenmanipulation und Datenabfrage sowie Transaktionsverwaltung (z.B. Ein- und Zwei-Phasen-Commit, *roll back*) zur Verfügung gestellt.

6.4.3 Netze mit verteilten Datenbanken

In diesen Netzen findet die Kommunikation zwischen lokalen Datenbanksystemen statt. Auf Grund der verteilten Datenbestände und der verteilten Datenbankverwaltung werden weitaus höhere Ansprüche an die Datenkommunikation gestellt, als in Systemen mit einem zentralisierten Datenbanksystem. So muß der Zugriff auf die lokalen Datenbestände verwaltet und optimiert werden. Dazu kann z.B. der Datenzugriff eines Benutzers entweder im lokalen Knoten in Teilzugriffe für bestimmte Knoten zerlegt werden, oder der Datenzugriff wird an alle Knoten übermittelt, die daraus den sie betreffenden Teil herausfiltern. In jedem Fall macht die Pflege der für die Verteilung notwendigen Planungsdaten zusätzliche Transfers erforderlich.

Auch die Transaktionsverwaltung erfordert zusätzliche Transfers von Daten für Sperranforderungen, Commit-Protokolle, Erkennung von globalen Verklemmungen (*deadlocks*) und die Wiederherstellung der Integrität im Fehlerfalle. Hierzu lassen sich zum Teil die im letzten Abschnitt 6.4.2 vorgestellten Protokolle (APPC und TP) nutzen. Spezielle standardisierte Protokolle existieren für verteilte Datenbanksysteme zur Zeit noch nicht.

6.5 Spezielle Anwendungen

Als spezielle Datenbankanwendungen sollen der Bildschirmtext-Dienst (Btx) der Deutschen Bundespost und die sogenannten Online-Datenbanken vorgestellt werden.

6.5.1 Bildschirm-Text (Btx)

Der Btx-Dienst kann als bloßer Informationsdienst und als interaktives Datenbanksystem benutzt werden. Anwendungsbeispiele sind Fahrplanauskünfte oder aber Reisebuchungen, Warenbestellungen bei Versandhäusern und der bargeldlose Zahlungsverkehr. Es wurde von der Firma IBM im Auftrag der Deutschen Bundespost installiert.

In einem hierarchisch strukturierten Netz von Btx-Zentralen können von beliebigen Dienst-Anbietern in Datenbankrechnern Btx-Seiten (graphikorientierte farbige Bildschirmseiten) gespeichert werden, die von Benutzern (Kunden) über Seitennummern abgerufen werden können. Der Benutzer kann auch vorgesehene Eingaben tätigen, z.B. Bestellmengen von Artikeln, Geldbeträge von Überweisungen usw. Der Anschluß an dieses über DATEX-P aufgebaute Rechnernetz ist auf verschiedene Weise möglich.

Normalerweise findet der Anschluß an eine Btx-Vermittlungsstelle über das Telefonnetz statt (MODEM-Anschluß). Als Kommunikationsgeräte kommen in Frage:

- Farbfernseher mit Fernbedienung und Btx-Dekoder, eventuell mit zusätzlicher Tastatur zur Eingabe von alphanumerischen Zeichen.
- Spezielle Btx-Terminals (Bildschirm, Tastatur und Dekoder sind integriert).
- Arbeitsplatzrechner (PCs) mit Btx-Karte und entsprechender Software.

Die Übertragungsgeschwindigkeit beträgt normalerweise 1200/75 bit/s. Zum Btx-Terminal werden die Bilder mit 1200 bit/s übertragen, die Eingaben am Terminal werden mit 75 bit/s zur Btx-Vermittlungsstelle übermittelt, die über DATEX-P die Verbindung zu einer Btx-Zentrale herstellt. Der Anschluß eines Btx-Terminals kann aber auch über Duplex-Modems mit 2400 bit/s erfolgen.

Das hierarchisch aufgebaute Btx-Rechnernetz selbst nutzt das DATEX-P-Netz. Es besteht aus einer Leitzentrale (Standort ist Ulm) und nachgeschalteten sogenannten A-Zentralen (einige zehn in der Bundesrepublik), die aus je zwei Datenbankrechnern, zwei Verbundrechnern und bis zu sechs Teilnehmerrechnern bestehen. Die Verbundrechner bilden die Schnittstellen zu den externen Btx-Rechnern von Anwendern, die ebenfalls an das DATEX-P-Netz angeschlossen sind.

Btx-Anbieter können Btx-Seiten nicht nur auf den Rechnern speichern, die dafür in den Btx-Zentralen von der Deutschen Bundespost zur Verfügung gestellt werden, sondern auch in eigenen Rechnern. Diese Rechner können, ohne über eine Btx-Vermittlungsstelle geführt zu werden, direkt an das DATEX-P-Netz angeschlossen werden. Sie müssen dazu eine Btx-fähige Schnittstelle aufweisen (vorgeschriebene Protokolle: X.25, EHKP4 und EHKP6). Entsprechende Software erleichtert die Programmierung von Btx-Anwendungen. Desweiteren können auch innerbetriebliche Kommunikationssysteme auf der Basis von Btx erworben werden, die über das Fernsprechnetz oder über einen Btx-fähigen externen Rechner an das Datex-P-Netz angeschlossen werden können.

Die abrufbaren Btx-Seiten sind ebenfalls hierarchisch gegliedert und werden durch die Eingabe von eindeutigen Seitennummern aufgerufen. Der Benutzer wird in der Auswahl der Seiten durch Inhalts-, Stichwort- und Anbieterverzeichnisse unterstützt.

6.5.2 Online-Datenbanken

Als Online-Datenbanken bezeichnet man Datenbanksysteme, die an ein Datennetz angeschlossen sind, um Benutzern Recherchen in den dazu vorgesehenen Datenbanken zu ermöglichen. Es handelt sich also um spezielle, rechnergestützte Informationssysteme (*Information Retrieval Systems*; IRS) in Datennetzen. Von der Art der gespeicherten Daten her unterscheidet man grob zwei Klassen: *Quellen-Datenbanken* enthalten unmittelbar die gesuchten Daten oder Dokumente selbst (Texte, Bilder usw.), *Referenz-Datenbanken* enthalten dagegen nur Verweise auf gesuchte Daten oder Dokumente.

Weltweit stehen einige tausend Datenbanken in Netzen zur Verfügung, deren Angebote sich inhaltlich in drei Sparten einteilen lassen:

- Wirtschaftsdienste (z.B. Börsenkurse, Ausschreibungen, Projekte, Firmenverzeichnisse, Bilanzen, Angebote, usw.),
- Pressedienste (nationale oder internationale Presseagenturen, Nachrichten),
- Informationen aus Wissenschaft und Technik (z.B. Chemie, Elektrotechnik, Maschinenbau, Medizin, Jura).

Meist besteht nicht nur der Zugang zu einer einzelnen Datenbank, sondern ein *Datenbank-Anbieter* ermöglicht über seinen Rechner oder sein privates Rechnernetz, das auf der Basis öffentlicher Netze betrieben wird, den Zugang zu mehreren nationalen und internationalen Online-Datenbanken. Meist muß sich der Anwender nach Anwahl eines Datenbankrechners um den weiteren Verbindungsaufbau nicht kümmern. Man bezeichnet den Anbieter (bzw. dessen Datenbankrechner) als *Host*.

Die Dienstleistungen von Datenbank-Anbietern – die natürlich fast ausnahmslos gebührenpflichtig sind – umfassen zum Beispiel

- Seminare, Literatur oder Lernprogramme zur Einführung in das Datenbanksystem, insbesondere in die Abfragesprache;
- Zusendung von Recherche-Ergebnissen (Ausdruck der Referenzen oder auch Original-Literatur aus angegliederten Bibliotheken);
- Wiederholte Durchführung von Recherchen mit Hilfe von einmal definierten Suchprofilen zwecks laufender Aktualisierung der Informationen;
- Angebot von Hard- und Software zum Zugriff auf die Online-Datenbanken (meist Anbieter-spezifisch).

Die Datenbanksysteme und Abfragesprachen der angebotenen Datenbanken sind häufig voneinander verschieden, so daß die Einübung in den Umgang mit dem System dringend zu empfehlen ist. Es gibt allerdings auch Softwaresysteme, die den Zugriff auf verschiedene Datenbanksysteme über eine gemeinsame Benutzeroberfläche ermöglichen.

Die Auswahl der für eine bestimmte Recherche geeigneten Datenbank wird durch Datenbankverzeichnisse aller Art in Büchern, Fachzeitschriften und in speziell zu diesem Zweck eingerichteten Datenbanken unterstüzt.

Der Zugriff auf Online-Datenbanken ist über folgende öffentliche Netzanschlüsse möglich:

- Telefonnetz,
- DATEX-L,
- DATEX-P,
- ISDN.

Für den professionellen Einsatz kommt aus technischen und Kosten-Gründen nur der Anschluß über DATEX-P bzw. ISDN in Betracht. Neben der dazu notwendigen Hardware (MODEM, Akustikkoppler im nicht-professionellen Bereich, X.25-Adapter bei DATEX-P) ist natürlich auch die entsprechende Kommunikations-Software zu beschaffen, für die ein reiches Angebot vorliegt. Sie sollte insbesondere folgende Funktionen beinhalten:

- Automatische LOGIN-Prozedur zum Netz und Datenbank-Rechner.
- Vorherige (offline) Programmierung von Abfrage-Prozeduren zur Zeitersparnis in der Online-Phase und Reduzierung der Kosten.
- Emulation verschiedener Terminal-Typen.
- Unterstützung verschiedener Anschluß-Hardware (MODEMs, X.25-Karten).

Die Kosten für Recherchen in Online-Datenbanken setzen sich aus drei Anteilen zusammen:

1. Kosten für die Datenübertragung im Netz,
2. Gebühren des Datenbank-Anbieters für den möglichen Zugang zum Host (einmalige oder laufende Kosten),
3. Kosten für die Dauer der Anschaltzeit an den Host und/oder Kosten für die aus der Datenbank gezogenen Informationen (auch *Zitate* oder „*Treffer*" genannt).

Es ist immer problematisch, im Rahmen eines Buches zeitabhängige Angaben zu machen. Daher sei, was das aktuelle Angebot an Online-Datenbanken angeht, auf die einschlägige Literatur, z.B. [Schubert 86], und insbesondere auf Fachzeitschriften [Pers. Comp. 89] verwiesen. Dennoch soll als Einstiegspunkt für den Zugang zu Online-Datenbanken ein von der Europäischen Gemeinschaft betriebener Host in Luxemburg genannt werden:

ECHO (European Comission Host Organization).

Dieser Host wurde im Zuge der Entwicklung von EURONET, einem Vorgänger heutiger paketvermittelter Datennetze (z.B. DATEX-P) in Europa, aufgebaut. Viele Dienstleistungen auf diesem Host sind kostenlos. Eine spezielle, frei zugängliche Datenbank DIANE in diesem Host bietet die Möglichkeit, sich in die Abfragesprache CCL (*Common Command Language*) einzuarbeiten. In einer weiteren Datenbank, DIANEGUIDE, ist ein Verzeichnis aller Datenbanken und Datenbank-Anbieter abgelegt, das ebenfalls frei und kostenlos zugänglich ist (es fallen lediglich die Kosten für die Datenübertragung im Netz an).

Die DATEX-P-Netzwerkadresse (NUA: *Network User Adress*) ist

0 270 448 112.

Die Benutzerkennung lautet

„`TRAIND`" für DIANE und

„`DIANED`" für DIANEGUIDE.

6.6 Aufgaben

A 6.1

Nennen Sie einige Gründe, die für die dezentralisierte Datenverarbeitung in Datennetzen sprechen.

Welche beiden Problemkreise sind bei der Dezentralisierung von Datenbanksystemen zu beachten?

A 6.2

Was versteht man unter einem „verteilten Datenbanksystem"?

Welche Aufgaben hat darin ein Transaktionsverwalter und ein Datenverwalter?

A 6.3

Erläutern Sie das Prinzip des Zwei-Phasen-Freigabeprotokolls. Wozu dient es?

A 6.4

Als internationaler Standard für Kommunikationssysteme hat sich das OSI-Referenzmodell etabliert.

Welche Schichten unterscheidet man in diesem Modell und welches Ziel verfolgt man mit der Schichtenarchitektur?

A 6.5

Erläutern Sie die Abkürzungen LAN und WAN.

A 6.6

Nennen und charakterisieren Sie drei hinsichtlich der physikalischen Schicht und der MAC-Teilschicht genormte Typen von lokalen Netzwerken.

Welchen Schichten sind die unter der Abkürzung TCP/IP bekannten Protokolle zuzuordnen?

A 6.7

Skizzieren Sie das allgemeine Schema eines Datenübertragungssystems und erläutern Sie die zugehörigen Begriffe.

A 6.8

Welche Netze können zur Zeit bei der deutschen Bundespost Telekom für die Datenfernübertragung genutzt werden?

A 6.9

Welche Klassen von Rechnernetzen lassen sich hinsichtlich des Datenbankzugriffs unterscheiden?

A 6.10

Was versteht man unter einem TP-Monitor und einem DB/DC-System?
Was ist ein Transaktionssystem?

A 6.11

Welche herstellerunabhängigen Protokolle stehen für die transaktionsorientierte Datenkommunikation und den Datenbankzugriff in Rechnernetzen zur Verfügung?

A 6.12

Erläutern Sie kurz das Btx-System der Deutschen Bundespost Telekom.

A 6.13

Was versteht man unter einer Online-Datenbank?
Über welche Netzanschlüsse ist der Zugriff auf Online-Datenbanken möglich?

ANHANG

A 1 SQL (Structured Query Language)

SQL ist zugleich DDL (*Data Definition Language*),
DML (*Data Manipulation Language*),
DCL (*Data Control Language*).

Erreichen des SQL-Modus mit

`SET SQL ON` → SQL.-Ebene

Ist in der CONFIG.DB die Anweisung `SQL=ON` eingetragen, so gelangt man direkt in den SQL-Modus. Mit `SQLDATABASE=<Name>` gelangt man direkt in die angegebene Datenbank (diese muß bereits existieren!).

* Jeder SQL-Befehl muß in ***einer*** Zeile eingegeben und mit einem Semikolon abgeschlossen werden (interaktive Eingabe).
* Alternativ kann ein Befehl auch mit dem Editor im Bearbeitungsfenster interaktiv eingegeben werden (Start mit ^Pos1, Ende mit ^Ende). Befehle können dann übersichtlicher in mehreren Zeilen eingegeben werden. Abschluß durch Semikolon!
* Mit dem dBase-Befehl

  ```
  MODIFY COMMAND <Dateiname>.PRS
  ```

  und unter Verwendung des Editors können Befehlsfolgen auch in einer Programmdatei (.PRS) abgespeichert und mit

  ```
  DO <Dateiname>[.PRS]
  ```

  ausgeführt werden.
* **Hilfe**
  – durch Eingabe von `HELP [<Befehl>]`
  – bzw. mit F1 (Hilfe); bei aktueller Bearbeitung eines Befehls erscheint eine kontextbezogene Hilfe.

Hinweis:
dBase-Befehle werden im Gegensatz zu SQL-Befehlen ***ohne*** Semikolon eingegeben!

A 1.1 Datenbanken

* **Anlegen:**

```
CREATE DATABASE [<Pfad>] <Datenbankname>;
```

Namen mit max. 8 Zeichen (DOS!). Eine Datenbank besteht aus Tabellen, Sichten, Indexdateien. Es wird ein Unterverzeichnis `<Datenbankname>` eingerichtet und der Name der Datenbank in den Hauptkatalog `SYSDBS` aufgenommen.

* **Zeigen einer Liste angelegter Datenbanken:**

```
SHOW DATABASE;
```

* **Aktivierung (Anwahl) einer Datenbank:**

```
START DATABASE <Datenbankname>;
```

* **Deaktivierung:**

```
STOP DATABASE;
```

* **Löschen einer (nicht aktivierten!) Datenbank:**

```
DROP DATABASE <Datenbankname>;
```

|| Vorsicht!
|| Es werden alle zugehörigen Dateien ***ohne Nachfrage*** gelöscht!

A 1.2 Tabellen

* **Datentypen:**

Die zur Verfügung stehenden Datentypen unterscheiden sich von denen normaler dBase-Dateien (.DBF).

`CHAR(n)`	Zeichenfolge aus max. n Zeichen (1 bis 254).
`INTEGER`	Ganzzahl, max. 11-stellig einschließlich Vorzeichen.
`SMALLINT`	Ganzzahl, max. 6-stellig einschließlich Vorzeichen.
`DECIMAL(m,n)`	Dezimale Festkommazahl mit m Stellen insgesamt (inklusive Vorzeichen, aber ***ohne*** Dezimaltrennzeichen, max. 19) und n Stellen nach dem Dezimaltrennzeichen (max. 18).
`NUMERIC(m,n)`	Dezimale Festkommazahl mit m Stellen insgesamt (inklusive Vorzeichen ***und*** Dezimaltrennzeichen, max. 20) und n Stellen nach dem Dezimaltrennzeichen.

`FLOAT(m,n)`	Dezimale Gleitkommazahl mit m Stellen insgesamt (inklusive Vorzeichen, Dezimaltrennzeichen und „E“, max. 20) und n Stellen nach dem Dezimaltrennzeichen bei der Tabellenausgabe (max. 18).
`DATE`	Datum. Form der Eingabe: `{TT/MM/JJ}` .
`LOGICAL`	„`.T.`“ oder „`.J.`“ für `true` (deutsche Version, sonst „`.Y.`“), „`.F.`“ oder „`.N.`“ für `false`.

* **Tabelle anlegen:**

```
CREATE TABLE <Tabellenname>
    (<Feldname> <Datentyp>, .... );
```

(max. 8 Zeichen für den Tabellennamen).

* **Tabelle löschen:**

```
DROP TABLE <Tabellenname>;
```

> Achtung:
> Es werden alle zugehörigen Dateien (Indexe, Sichten) ***ohne Nachfrage*** gelöscht!

* **Tabellen-Struktur ändern:**

Es können nur Spalten hinzugefügt werden.

```
ALTER TABLE <Tabellenname> ADD
        (<Feldname> <Datentyp>, .... );
```

* **Tabellen-Synonyme definieren:**

```
CREATE SYNONYM <Synonymname> FOR <Tabellenname>;
```

* **Tabellen-Synonyme löschen:**

```
DROP SYNONYM <Synonymname>;
```

> Achtung: Es werden alle Dateien, die auf die Synonymtabelle Bezug nehmen, zugleich und ***ohne Nachfrage*** gelöscht!

* **Dateneingabe:**

```
INSERT INTO <Tabellenname>
    [(<Feldname>, .... )]
    VALUES (<Wert>, ....);
```

Werden keine Feldnamen angegeben, so werden für alle Felder Werte erwartet. Zeichenketten sind in `'.....'` einzugeben. Datumeingabe: `{TT/MM/JJ}` .

Für die Eingabe von Daten aus einer vorhandenen Tabelle gibt es auch die Form

```
INSERT INTO <Tabellenname>
    [(<Feldname>, .... )]
    <SELECT-Anweisung>;
```

Siehe Abschnitt A1.6! Zur SELECT-Anweisung siehe Abschnitt A1.5!

* **Datenänderung:**

```
UPDATE <Tabellenname> SET
    <Feldname> = <Wertausdruck>, ....
    [WHERE <Bedingung>];
```

|| Ohne WHERE wird die Änderung in ***allen*** Datensätzen vorgenommen!
|| (WHERE siehe Abschnitt A1.4!).

* **Löschen von Datensätzen:**

```
DELETE FROM <Tabellenname> [WHERE <Bedingung>];
```

|| Achtung:
|| Ohne WHERE werden ***alle*** Datensätze gelöscht!

A 1.3 Sichten (views)

Sichten sind Tabellen, die nicht physisch sondern nur virtuell existieren. Sie können auf der Basis von Tabellen und bereits definierten Sichten definiert werden. Sie stellen somit eine temporäre Zusammenstellung und Auswahl von Daten aus der Sicht des Anwenders dar.

```
CREATE VIEW <Sichtname> [<Spaltenliste>]
    AS <SELECT-Anweisung>
    [WITH CHECK OPTION];
```

Die SELECT-Anweisung (siehe Abschnitt A1.5) gestattet es, Struktur und Inhalt der Sicht zu bestimmen. Mit Hilfe der Spaltenliste können den Attributen neue Namen zugeordnet werden. Obwohl die Sichten selbst nicht permanent gespeichert werden, können über sie die Daten in den ihnen zugrundeliegenden Tabellen aktualisiert werden. Die optionale Klausel WITH CHECK OPTION bewirkt, daß bei der Dateneingabe nur solche Daten in die Sicht und die Tabellen eingetragen werden, die den Bedingungen der SELECT-Anweisung entsprechen.

A 1.4 Indexe

Indexe dienen in SQL zur Definition von Primärschlüsseln und zum beschleunigten Zugriff auf Datensätze über Primär- bzw. Sekundärschlüssel. Da die Schlüsselwerte geordnet abgelegt werden (auf- oder absteigend sortiert), kann auf die Datensätze in der vorgegebenen Sortierfolge zugegriffen werden.

Indexe beschleunigen zwar den Datenzugriff, verlangsamen aber die Datenpflege, da sie zugleich mit den Daten aktualisiert werden müssen. Außerdem belegen sie Speicherplatz.

* **Index anlegen:**

```
CREATE [UNIQUE] INDEX <Indexname>
   ON <Tabellenname>
   (<Feldname> [ASC | DESC], .... );
```

dBase: Schlüsselweite (Attributkombination!) max. 100 Zeichen!
`UNIQUE`: Primärschlüssel
`ASC/DESC`: auf-/ absteigend sortiert (`ASC` ist Vorbesetzung)

* **Index löschen:**

```
DROP INDEX <Indexname>;
```

A 1.5 Datenabfrage (SELECT)

A 1.5.1 Grundform der SELECT-Anweisung

Grundlegende Form von Datenabfragen:

```
SELECT [ALL | DISTINCT] <Spaltenliste>
    FROM <Tabellenliste>
       [WHERE <Bedingung>];
```

Ergebnis einer `SELECT`-Anweisung ist eine virtuelle Tabelle, die i.a. nicht gespeichert wird (siehe jedoch die Klausel `SAVE TO TEMP` im Abschnitt A1.5.3!).

`DISTINCT`: Von mehreren gleichen Ergebnis-Tupeln werden bis auf eines alle anderen unterdrückt. `ALL` ist Vorbesetzung!

Spaltenliste → Projektion,

Bedingung → Selektion,

Tabellenliste + Bedingung → Verbund (*join*).

Ein „*“ anstelle der Spaltenliste bedeutet, daß alle Spalten einer Tabelle in die Ergebnis-Tabelle aufgenommen werden sollen.

Tritt in der Tabellenliste mehr als ein Tabellenname auf, so sind die Spaltennamen u.U. nicht mehr eindeutig. In diesem Fall ist den Spaltennamen der Tabellenname gefolgt von einem Punkt voranzustellen:

`<Tabellenname>.<Spaltenname> .`

Ferner können in der Tabellenliste für die Tabellennamen (abkürzende) ***Aliasnamen*** definiert werden. Form der Angabe:

`<Tabellenname> <Aliasname>, .... .`

* **Kalkulationsspalten (Kalkulationsfelder)**

  Die Spaltenliste kann auch Kalkulationsspalten enthalten. Das sind Spalten, die in der Tabelle ursprünglich nicht vorhanden sind, die aber durch Ausdrücke (arithmetische, logische, textuelle) definiert werden, die u.U. auf vorhandenen Spalten basieren (z.B. Gehalt*12 für Jahresgehalt). Der Feldname solcher Spalten ist `EXPn` (`n`: fortlaufende Numerierung).

* **Operatoren, Ausdrücke und Bedingungen**

  Zur Bildung von Ausdrücken und Bedingungen stehen folgende ***Operatoren*** zur Verfügung (in der Reihenfolge ihrer Priorität!):

`**` und `^`	: Potenzierung
`*` und `/`	: Multiplikation und Division
+ und -	: Addition und Subtraktion (für ***numerische Werte*** und ***Zeichenketten!***)
!	: Negation der Vergleichsoperatoren „< > =“ (z.B. `!=` → ungleich)
=	: gleich
<	: kleiner
>	: größer
<=	: kleiner gleich
>=	: größer gleich
<>	: ungleich
`NOT`	: logisch `NICHT` (Negation)
`AND`	: logisch `UND`
`OR`	: logisch (inkl.) `ODER`

  Zusätzlich ist Klammerung `( .... )` möglich.

  Weitere Operatoren, die nur in der `WHERE`-Bedingung verwendet werden dürfen, sind:

  `BETWEEN ... AND ...` : Prüft, ob ein Wert größer/gleich einem unteren Grenzwert und kleiner/gleich einem oberen Grenzwert ist (für numerische, Datums- und Text-Werte). Beispiel: `WHERE Gehalt BETWEEN 2000 AND 5000.`

  `IN (<Werteliste>)` : Prüft, ob ein Wert in einer Werteliste (Menge!) enthalten ist. Die Elemente dieser Liste dürfen ***keine*** Ausdrücke sein (nur Konstanten und

Spaltennamen). Die Werteliste kann aber auch durch eine (geschachtelte) `SELECT`-Anweisung gebildet werden (sogenannte „Unterabfrage“, siehe im folgenden!).

`LIKE <Zeichenfolge>` : Prüft, ob ein Wert vom Typ Zeichenfolge gleich einer vorgegebenen Zeichenfolge ist. Dabei können der Unterstrich „_“ als Joker für ein beliebiges Zeichen und das Prozentzeichen „%“ als Joker für eine beliebige Teilzeichenfolge benutzt werden.

* **SQL-Formelfunktionen (Aggregatsfunktionen)**

`AVG()`	:	Mittelwert der Werte einer numerischen Spalte.
`SUM()`	:	Summe der Werte einer numerischen Spalte.
`MAX()`	:	Maximum einer Zeichen-, Datums- oder numerischen Spalte.
`MIN()`	:	Minimum einer Zeichen-, Datums- oder numerischen Spalte.
`COUNT()`	:	Anzahl der selektierten Tupel bzw. Anzahl der ***unterscheidbaren*** Werte in einer Spalte.

Syntax:

```
 [ AVG ]     [ [ALL] <Ausdruck> 1)                    ]
 [ SUM ]  (  [ [ ALL      ]                           ]  )
 [ MAX ]     [ [ DISTINCT ]  <Spaltenname>            ]
 [ MIN ]
```

1) Anmerkung: Der Ausdruck ist auf der Basis von Spaltennamen zu bilden.

```
COUNT ( [ *                        ] )
        [ DISTINCT <Spaltenname>   ]
```

`COUNT(*)` ermittelt die Anzahl der selektierten Tupel.

Werden SQL-Formelfunktionen in der Spaltenliste der `SELECT`-Anweisung aufgeführt (→ Kalkulationsspalten), so wird deren Name zusammen mit einer fortlaufenden Numerierung als Spaltenname verwendet, z.B. `MAX3`. Sie dürfen nicht zusammen mit regulären Spalten aufgeführt werden!

In dBase dürfen darüber hinaus auch viele dBase-Funktionen in SQL verwendet werden (z.B. `DATE()`, `UPPER()` usw., aber nicht alle, siehe Handbuch!).

A 1.5.2 Unterabfragen

SQL gestattet die Formulierung von Unterabfragen, indem in eine `WHERE`-Bedingung eine `SELECT`-Anweisung eingeschachtelt wird. Zu ***beachten*** ist, daß diese Unterabfrage nur die Werte einer einzigen Spalte selektieren und in die Vergleichsbedingung einbeziehen darf.

* **Unterabfragen mit Vergleichsoperatoren**

```
WHERE <Ausdruck> <Vergleichsoperator>
    {ALL | ANY} (SELECT-Anweisung)
```

ALL: Der Vergleich muß für alle selektierten Werte zutreffen (im Sinne einer logischen UND-Verknüpfung).

ANY: Der Vergleich muß für irgendeinen selektierten Wert zutreffen (im Sinne einer logischen ODER-Verknüpfung).

* **Unterabfrage mit dem Operator** IN

```
WHERE <Ausdruck> [NOT] IN (SELECT-Anweisung)
```

(IN im Sinne von „ist Element von einer Menge").

* **Unterabfrage mit dem Operator** EXISTS

```
WHERE [NOT] EXISTS (SELECT-Anweisung)
```

(EXISTS prüft, ob die Unterabfrage mindestens einen Wert liefert).

ANMERKUNGEN:

Unterabfragen können keine ORDER BY- oder UNION-Klauseln (s.u.) enthalten und die gesamte Anweisung (einschl. der übergeordneten SELECT-Anweisung) darf maximal eine einzige GROUP BY- ***oder*** HAVING-Klausel (s.u.) enthalten!

In Unterabfragen dürfen weitere Unterabfragen eingeschachtelt werden:

```
SELECT ... FROM ... WHERE ...
    (SELECT ... FROM ... WHERE ...
        . . . . . . . .
                . . . . . . .
                (SELECT ... FROM ... WHERE ... )...));
```

A 1.5.3 Weitere SELECT-Klauseln

Erweiterte Form der SELECT-Anweisung in dBase:

```
SELECT [ALL | DISTINCT] <Spaltenliste>
    FROM <Tabellenliste>
    [WHERE <Bedingung>]
    [GROUP BY <Klausel>]
    [HAVING <Klausel>]
    [UNION <SELECT-Anweisung>]
    [ORDER BY <Klausel>]
    [SAVE TO TEMP <Klausel>];
```

* GROUP BY-Klausel

Die GROUP BY-Klausel ermöglicht es, Datensätze nach den Werten bestimmter Spalten zu Gruppen zusammenzufassen. Jede Gruppe wird in der Ergebnistabelle durch ***genau eine*** Zeile repräsentiert.

Zu beachten:

Alle Spaltennamen, die in der GROUP BY-Klausel aufgeführt werden, müssen auch in der Spaltenliste der SELECT-Klausel angegeben werden. Darüber hinaus darf die Spaltenliste der SELECT-Klausel zusätzlich nur noch Formelfunktionsspalten (als Kalkulationsspalten) enthalten. Als Argument der Formelfunktion sind Ausdrücke beliebiger Spaltennamen erlaubt.

Die Spalten in einer Ergebniszeile sind somit das Identifikationsmerkmal einer Gruppe, oder sie stellen den Wert einer auf diese Gruppe angewendeten Formelfunktion dar.

Form:

```
GROUP BY <Spaltenliste>
```

Beispiel: Von Ersatzteilen wird zu jeder Teilenummer die Summe der Bestände gesucht, die an verschiedenen Standorten vorhanden sind (dieselbe Teilenummer kommt also entsprechend den Standorten mehrfach in der Spalte vor):

```
SELECT Teil_Nr, SUM(Bestand)
    FROM Lagerbest
    GROUP BY Teil_Nr;
```

* HAVING-Klausel

Die HAVING-Klausel wird in der Regel zusammen mit der GROUP BY-Klausel verwendet. Mit HAVING wird eine Bedingung formuliert, die ein oder mehrere Ergebniswerte (Formelfunktionen!) der Gruppe erfüllen müssen, damit die der Gruppe zugeordnete Zeile in die Ergebnistabelle aufgenommen wird.

Wird keine GROUP BY-Klausel angegeben, so wird die gesamte Tabelle (bzw. Zwischenergebnis-Tabelle) als eine Gruppe betrachtet.

Form:

```
HAVING <Bedingung>
```

worin die Bedingung aus Ausdrücken der Form

```
<Formelfunktion> <Vergleichsoperator> <Ausdruck>
```

gebildet wird.

Beispiel: Es sollen aus dem obigen Beispiel nur die Teilenummern der Ersatzteile angezeigt werden, deren Bestandssumme < 10 ist:

```
SELECT Teil_Nr, SUM(Bestand)
    FROM Lagerbest
    GROUP BY Teil_Nr
    HAVING SUM(Bestand) < 10;
```

* UNION-Klausel

Die UNION-Klausel bietet die Möglichkeit, zwei oder mehrere SELECT-Anweisungen miteinander zu verknüpfen, so daß daraus eine einzige Ergebnistabelle entsteht. Mithin stellt UNION den Vereinigungsoperator für Mengen (Tabellen) dar.

Zu beachten:

Die beteiligten SELECT-Anweisungen müssen Zwischenergebnis-Tabellen liefern, bei denen die Anzahl der Spalten und deren Datentypen hinsichtlich ihrer Reihenfolge übereinstimmen.

Mehrfach auftretende Datensätze gleichen Inhalts werden bis auf einen Datensatz eliminiert.

Form:

```
SELECT-Anweisung
   [UNION SELECT-Anweisung] ...
```

Zu beachten:

- Es ist nur eine (abschließende!) ORDER BY-Klausel (s.u.) erlaubt. Deren Sortierspalte muß als Ganzzahl angegeben werden.
- Der UNION-Operator darf nicht auf Sichten (VIEWS) und nicht auf Unterabfragen angewendet werden.

* ORDER BY-Klausel

Die ORDER BY-Klausel dient zum Ordnen der Tupel in der Ergebnistabelle.

Form:

```
ORDER BY <Spaltenname | Ganzzahl> [ASC | DESC] [,. .]
```

Zu beachten:

- Die Spalten, die in der ORDER BY-Klausel angegeben werden, müssen auch in der SELECT-Klausel enthalten sein.
- Die Sortierspalte kann auch als Ganzzahl, die der Positionsnummer der Spalte in der (Zwischen-) Tabelle entspricht, angegeben werden.

* SAVE TO TEMP-Klausel

Die SAVE TO TEMP-Klausel ermöglicht die ***temporäre*** Speicherung einer Ergebnistabelle als SQL-Datei und die ***permanente*** Speicherung als DBF-Datei. Sie ist eine spezielle ***dBase-Klausel.***

Form:

```
SAVE TO TEMP <Tabellenname>
   [(<Spaltenliste>)]
   [KEEP]
```

KEEP veranlaßt die Speicherung als permanente DBF-Datei.

ANMERKUNG:
Die Überführung einer DBF-Datei in eine SQL-Datei ist mit folgendem dBase-Befehl möglich:

```
LOAD DATA FROM <DBF-Dateiname>
    INTO <SQL-Dateiname>
    [TYPE <DBF-Dateityp>]
```

Die SQL-Datei muß bereits definiert sein!

DBF-Dateityp: DBASEII ist Voreinstellung!

A 1.6 Projektion in eine permanente SQL-Tabelle (INSERT INTO)

Mit der SQL-Anweisung `INSERT INTO` wird die Projektion einer SQL-Tabelle in eine andere, permanente SQL-Tabelle ermöglicht.

Form:

```
INSERT INTO <Zieltabellenname>[(<Spaltenliste>)]
    SELECT-Anweisung;
```

Zu beachten:

- Die Zieltabelle muß bereits existieren.
- Wird eine Spaltenliste für die Zieltabelle angegeben, so muß die Anzahl der Spalten und deren Datentypen hinsichtlich ihrer Reihenfolge mit den Angaben zur Spaltenliste in der `SELECT`-Anweisung übereinstimmen.
- Quell- und Zieltabelle dürfen nicht identisch sein.
- In der SELECT-Anweisung sind die Klauseln `ORDER BY` und `SAVE TO TEMP` nicht erlaubt.

A 1.7 Datenkonsistenz

* **Beginn einer Transaktion:**

```
BEGIN TRANSACTION
```

Dieser Befehl ist in dBase kein SQL-Befehl, sondern ein dBase-Befehl (er darf daher nicht mit einem Semikolon abgeschlossen werden)!

Sämtliche Datenänderungen werden in einer Protokolldatei TRANSLOG.LOG festgehalten.

* **Ende einer Transaktion:**

```
END TRANSACTION
```

Dies ist ebenfalls ein dBase-Befehl!

* **Aufheben einer begonnenen Transaktion**

```
ROLLBACK [<Tabellenname>];
```

Dies ist ein SQL-Befehl! Ohne Angabe einer Tabelle werden *alle* Tabellen der Datenbank in den Zustand zu Beginn der Transaktion versetzt.

A 1.8 Datenschutz

A 1.8.1 Datenschutz in SQL

Die Verwaltung von Zugriffsrechten übernimmt in SQL der sogenannte „Datenbankverwalter“ (DBA: *Data Base Administrator*). Er vergibt Benutzerkennungen (Login-Namen) und die Zugriffsrechte für die Benutzer.

Es besteht grundsätzlich folgende **Rechte-Hierarchie**:

1. `DBA`-Recht (alle Rechte)
2. `RESOURCE`-Recht (Anlegen und Löschen von Tabellen und Indexen)
3. `CONNECT`-Recht (Anlegen und Löschen von Sichten)
4. Lokale Rechte
   - `SELECT`-Recht (Abfragen von Tabellen)
   - `ALTER`-Recht (Tabellen und Datentypen ändern)
   - `DELETE`-Recht (Datensätze löschen)
   - `INDEX`-Recht (Indexe erstellen)
   - `INSERT`-Recht (Datensätze eingeben)
   - `UPDATE`-Recht (Datensätze ändern)

A 1.8.2 Datenschutz in dBase

Um den Datenschutz für dBase-Datenbanken zu aktivieren, muß das Hilfsprogramm PROTECT mit dem dBase-Befehl PROTECT (auch im SQL-Modus verfügbar) aufgerufen werden. Dies sollte durch einen Datenbankverwalter (DBA) geschehen. Dieser definiert zunächst sein Paßwort (in dBase „Kennwort“ genannt, max. 16 Zeichen). Sodann können für jeden Benutzer ***Benutzerprofile*** erstellt werden, indem folgende Angaben gemacht werden

- Login-Name (max. 8 Zeichen),
- Kennwort (max. 16 Zeichen),
- Gruppenname (max. 8 Zeichen),
- Vollständiger Benutzername (max. 24 Zeichen),
- Zugriffsstufe (1 bis 8).

Die Angaben werden verschlüsselt in der Datei DBSYSTEM.DBF (bzw. .SQL) gespeichert.

Drei Ebenen des Datenschutzes sind vorhanden:

1. **Anmeldung**: Kontrolle des Zugriffs auf Datenbanken eines Benutzers oder einer Gruppe durch Abfrage des Login-Namens, des Kennwortes und des Gruppennamens.

2. **Zugriffsstufen**: Kontrolle des Zugriffs auf Datenbestandsdateien und deren Felder (Spalten) mit Hilfe der Zugriffsstufe eines Benutzers.

   Für jede Datenbestandsdatei sind folgende **Dateizugriffsberechtigungen** definiert: Lesen, Bearbeiten, Hinzufügen, Löschen. Diesen kann jeweils eine Zugriffsstufe (1 bis 8) zugeordnet werden.

   Ferner kann je Datenbestandsdatei und je Zugriffsstufe jedem Feld (Spalte) eine von folgenden **Feldzugriffsberechtigungen** zugeordnet werden: `FULL` (lesen und bearbeiten), `R/O` (nur lesen), `NONE` (weder lesen noch bearbeiten).

   ANMERKUNG:
   Die Gesamtheit dieser Festlegungen für einen Benutzer wird **Berechtigungsschlüssel** genannt.

3. **Datenverschlüsselung:** Automatische Ver- und Entschlüsselung von Daten. Dies geschieht, sobald ein Berechtigungsschlüssel definiert wurde, kann aber über den Befehl `SET ENCRYPTION ON/OFF` gesteuert werden (weiteres siehe Handbuch!).

Wichtig:

Um in dBase den Datenschutz für SQL-Dateien zu aktivieren, ist mit `PROTECT` lediglich das Benutzerprofil zu definieren (Zugriffsstufe 1). Ferner muß als einer der Benutzer der SQL-Datenbankverwalter mit dem Login-Namen `SQLDBA` definiert werden. Dieser hat uneingeschränkte Zugriffsrechte auf alle SQL-Dateien (DBA-Recht!). SQL-Benutzerprofile werden verschlüsselt in der Datei DBSYSTEM.SQL gespeichert.

Die Zugriffsrechte werden in SQL mit den Anweisungen `GRANT` und `REVOKE` gesteuert (siehe unten!).

A 1.8.3 Steuerung der Zugriffsrechte in SQL

* **Erteilen von Zugriffsrechten:**

```
GRANT {ALL [PRIVILEGES] | <Rechteliste>}
    ON [TABLE] <Tabellenliste>
    TO {PUBLIC | <Benutzerliste>}
    [WITH GRANT OPTION];
```

`ALL [PRIVILEGES]`: Alle Rechte.

Rechteliste: `SELECT, ALTER, DELETE, INDEX, INSERT,`
`UPDATE [<Spaltenliste>]` → lokale Rechte (s.o.).

`PUBLIC:` Alle Benutzer.

`WITH GRANT OPTION:` Der oder die Benutzer dürfen die ihnen vergebenen Rechte auf weitere Benutzer übertragen.

ANMERKUNG:

Die Vergabe der Rechte wirkt additiv, d.h. vorhandene Rechte werden erweitert!

* **Entziehen von Zugriffsrechten:**

```
REVOKE {ALL [PRIVILEGES] | <Rechteliste>}
   ON [TABLE] <Tabellenliste>
   FROM {PUBLIC | <Benutzerliste>};
```

`REVOKE ... FROM PUBLIC`: Es werden nur die Rechte allen Benutzern entzogen, die zuvor mit `GRANT ... TO PUBLIC` erteilt wurden (nicht die Rechte, die einzelnen Benutzern erteilt wurden).

In `REVOKE` kann für das Recht `UPDATE` keine Spaltenliste angegeben werden (es müssen also evtl. zunächst alle Rechte entzogen und dann neue erteilt werden)!

A 2 Lösungen zu den Aufgaben

L 1.1

Datenunabhängigkeit: Unabhängigkeit zwischen den Programmen und der Datenspeicherung und Datenorganisation. Änderungen in der Speicherung ziehen keine Programmänderungen nach sich (und umgekehrt).

Datenintegrität: Sammelbegriff für Datenkonsistenz (Fehlerfreiheit, Vollständigkeit und Widerspruchsfreiheit von Daten; semantische Integrität), Datensicherung (Schutz gegen Zerstörung und Verfälschung von Daten) und Datenschutz (Schutz vor unberechtigter Benutzung). Die Sicherstellung der Datenintegrität umfaßt auch die Koordination des Zugriffs mehrerer Anwender auf die Daten (Steuerung der Nebenläufigkeit) und die Wiederherstellung der Daten im Fehlerfalle. In diesem Zusammenhang spricht man auch von der operationalen Integrität.

L 1.2

Grundlegende Prinzipien des Datenbank-Konzeptes sind die organisatorisch (nicht lokale) zentrale Betreuung der Daten und die Trennung der Daten von den Benutzern. Schematische Darstellung siehe Bild 1-1. Die Daten aller Anwendungen bilden die Datenbasis oder Datenbank. Ein Datenbank-Verwaltungssystem (DBVS) verwaltet die Datenbasis, ermöglicht den kontrollierten und koordinierten Zugriff verschiedener Anwender auf die Daten über definierte Schnittstellen und unterstützt die Anwender bei der Einrichtung, Pflege, Abfrage und Verarbeitung der Daten. Es unterstützt ferner die Datenunabhängigkeit und die Datenintegrität. Datenbasis und DBVS bilden das Datenbanksystem (DBS).

L 1.3

Unter einem Schema wird die formalisierte Beschreibung einer Datenstruktur verstanden. Nach ANSI/SPARC unterscheidet man drei Schemata:

Externes Schema: Es beschreibt die logische Datenstruktur aus der Sicht einer Anwendung.

Konzeptionelles Schema: Es beschreibt die gesamte logische Datenstruktur einer Datenbasis samt den logischen Zugriffspfaden. Aus ihm müssen sich alle externen Schemata ableiten lassen.

Internes Schema: Es beschreibt die physische Datenorganisation einer Datenbasis samt den physischen Zugriffspfaden.

L 1.4

Der Schemaprozessor legt auf der Basis des konzeptionellen Schemas das Datenwörterbuch an. Dieses ist eine Datenbank (Metadatenbank) über die Datenstrukturen und über die Zugriffe auf die Daten in einer Datenbank. Das Datenwörterbuch dient als Dokumentation und Entwurfshilfe bei der Erstellung und Pflege einer Datenbank.

L 1.5

CODASYL	ANSI/SPARC
Subschema	externes Schema
Schema	konzeptionelles Schema
Speicher-Schema	internes Schema

L 1.6

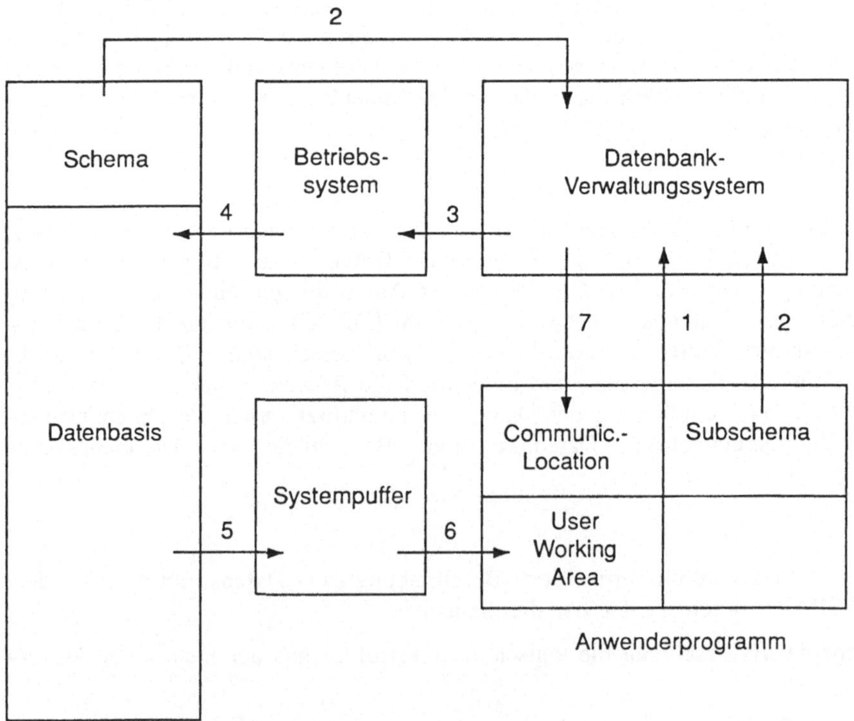

Bild A2-1 Ablauf eines Datenbankzugriffs nach CODASYL

1: Anforderung des Datenbankzugriffs vom Anwenderprogramm.

2: Auswertung des Subschemas und Schemas durch das DBVS.

3+4+5: Durchführung des Zugriffs durch das Betriebssystem.

6: Übergabe der Daten an das Anwenderprogramm durch das DBVS.

7: Übergabe der Statusinformationen über den Datentransfer an das Anwenderprogramm.

L 1.7

Datendefinitionssprache (DDL, *Data Definition Language*): Sie dient zur formalen Beschreibung konzeptioneller und externer Schemata.

Datenmanipulationssprache (DML, *Data Manipulation Language*): Sie dient zur Datenmanipulation (z.B. Grundoperationen, nämlich Suchen, Einfügen, Ändern und Löschen von Daten).

Eine Abfragesprache (QL, *Query Language*) ist eine spezielle Art von DML. Sie dient zum Recherchieren in Datenbanken.

Speicherbeschreibungssprache (DSDL, *Data Storage Description Language*): Sie dient zur formalen Beschreibung des internen Schemas (physische Datenorganisation).

Daten-Kontrollsprache (DCL, *Data Control Language*): Sie dient zur Formulierung von Zugriffsrechten, Koordinierung von Datenbankzugriffen usw. (Sicherstellung der Datenintegrität).

Bei prozeduralen Sprachen wird der Zugriff auf die Daten vorgehensorientiert beschrieben; es wird formuliert, *wie* die Daten zu beschaffen sind. Bei deskriptiven Sprachen wird der Datenzugriff mengenorientiert beschrieben; es wird formuliert, *welche* Daten zu beschaffen sind.

L 2.1

Objekt: Gegenstand oder Begriff der realen oder der Vorstellungswelt (auch Exemplar oder Entität genannt).

Attribut: Merkmal (Eigenschaft) eines Objektes.

Objekttyp: Klasse von Objekten (auch Entitätsmenge genannt), die durch eine bestimmte, gleiche Menge von Attributen beschrieben werden.

Wertebereich: Jedes Attribut kann bestimmte Attributwerte annehmen. Der Wertebereich ist also die Menge aller möglichen Werte eines Attributes.

L 2.2

Schlüsselkandidat: Minimale Attributkombination, die ein Objekt identifiziert. Sie muß minimal sein in dem Sinne, daß kein Attribut weggelassen werden kann.

Primärschlüssel: Aus eventuell mehreren möglichen Schlüsselkandidaten ausgewählter Schlüsselkandidat. Bei Vorgabe eines Primärschlüsselwertes qualifiziert sich genau ein Datenobjekt.

Sekundärschlüssel: Beliebige Attributkombination zum Aufsuchen entsprechender Datenobjekte mit bestimmten Attributwerten. Im allgemeinen qualifizieren sich mehrere Datenobjekte.

L 2.3

Einfache Beziehung: Jedes Element (Objekt) einer Menge (Objekttyp) steht mit genau einem Element einer anderen Menge in Beziehung. Darstellung im BACHMANN-Diagramm:

Komplexe Beziehung: Jedes Element einer Menge kann mit beliebig vielen Elementen einer anderen Menge in Beziehung stehen. Darstellung im BACHMANN-Diagramm:

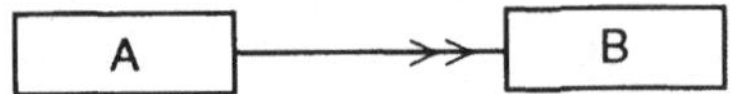

L 2.4

Beziehungstypen und Komplexitätsgrade:

Anzahl der zugeordneten Objekte	Komplexitätsgrad (Beziehungstyp)
genau 1	1 (einfache Beziehg.)
0 oder 1	c (konditionelle ~)
mindestens 1	m (multiple ~)
0, 1 oder mehrere	mc (multipel-konditionelle ~)

L 2.5

a) `BÜCHER(JAHR, BUNR, SGK, SGNR, AUT1, AUT2, AUT3, TITEL, VERLAG, ESJ)`
`SACHGEBIETE(SGK, SACHGB)`
`BENUTZER(MITNR, NAME, PLZ, STRA, DATM)`
`ORTE(PLZ, ORT)`
`ENTLEIHUNGEN(JAHR, BUNR, MITNR, DATE)`

ANMERKUNGEN:

Die Entleihungen wurden als eigenständiger Objekttyp angegeben, damit bei der Suche nach entliehenen Büchern nicht alle Bücher durchsucht werden müssen. Sonst hätte man auch `MITNR` und `DATE` in den Objekttyp `BÜCHER` einfügen können. Der Objekttyp `ORTE` könnte entfallen, wenn das Attribut `ORT` in den Ojekttyp `BENUTZER` eingefügt würde. Es ist dann allerdings schwieriger, die Datenkonsistenz bezüglich `PLZ` und `ORT` zu kontrollieren. Umgekehrt könnte man einen Objekttyp `AUTOREN` vorsehen: `AUTOREN(JAHR, BUNR, AUTOR)`, so daß man nicht auf maximal drei Autoren festgelegt wäre.

b) Siehe Bild A2-2!

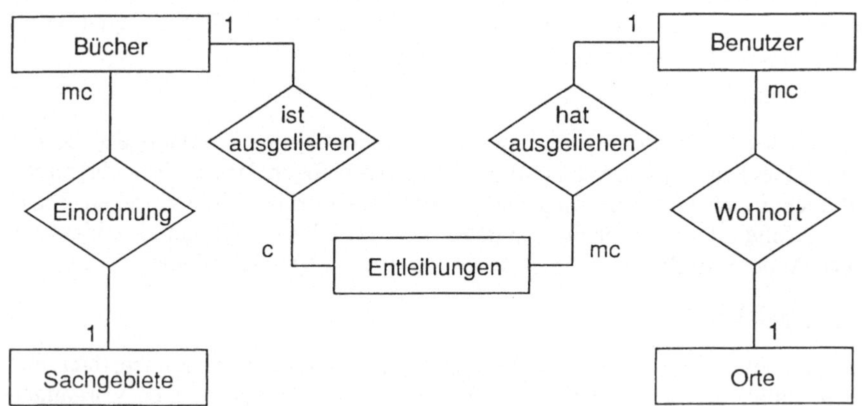

Bild A2-2 Bibliotheksverwaltung

L 2.6

Siehe Bild A2-3!

Objekttypen:

```
MittelEing(EingNr, Betrag, Datum, Bemerkung)
Mittel(EingSum, ZuwSum, AusgSum)
MittelZuw(MittelZuwNr, Kuerzel, Betrag, Datum, Bemerkung)
Ausgaben(AusgNr, Kuerzel, Betrag, Datum, Bemerkung)
Instanz(Kuerzel, Name, Haben, Soll)
```

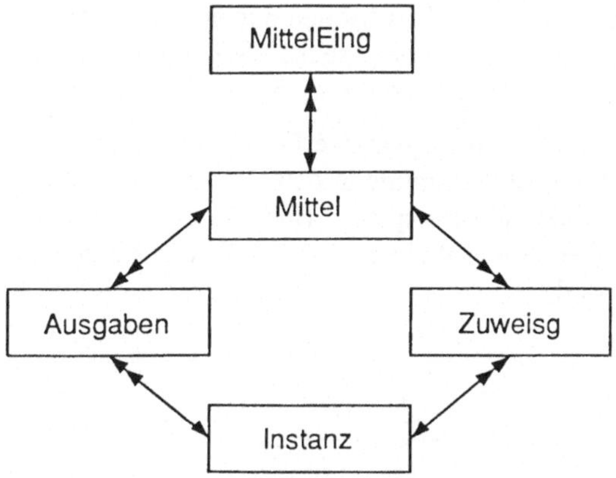

Bild A2-3 Finanzverwaltung

L 3.1

Unter einem Datenmodell versteht man die Gesamtheit der zur Verfügung stehenden grundlegenden Datenstrukturen zur Darstellung der Daten und ihrer Beziehungen untereinander. Die „klassischen" Datenmodelle sind:

1) **Hierarchisches Modell**

Strukturelemente: Objekttypen und unbenannte hierarchische Beziehungen, die sich zu Hierarchie-Typen (Wurzelbaumtypen) zusammenfügen lassen. Eine hierarchische Beziehung ist eine 1:mc-Beziehung. Die Definition der hierarchischen Beziehungen erfolgt durch explizite Angabe des jeweiligen Vorgänger-Objekttyps (*parent*). Andere Strukturen müssen durch logische Zeiger beschrieben werden.

2) **Netzwerk-Modell**

Stukturelemente: Objekttypen und benannte hierarchische Beziehungen, hier Set-Typen genannt. Sie lassen sich zu Netzwerken zusammenfügen. Der Vorgänger-Objekttyp wird Owner-Typ, der Nachfolger-Objekttyp wird Member-Typ genannt. Set-Typen werden durch die Angabe eines Owner-Typs und eines zugehörigen Member-Typs definiert. Ein Owner-Typ kann mehrere Member-Typen haben. Ein Member-Typ kann der Owner-Typ weiterer Set-Typen sein.

3) **Relationenmodell**

Strukturelemente sind ausschließlich Relationen (Tabellen). Relationen sind Teilmengen kartesischer Produkte. Die Darstellung von Beziehungen erfolgt dadurch, daß der Primärschlüssel einer Relation in einer anderen Relation als sogenannter Fremdschlüssel auftritt. Beziehungen werden also durch den Inhalt der Tabellen dargestellt.

L 3.2

Prinzipbedingte Redundanzen lassen sich im Hierarchischen Modell nur durch zusätzliche logische Zeiger vermeiden. Netzwerkstrukturen (m:n-Beziehungen) werden ebenfalls mit Hilfe logischer Zeiger realisiert (physisches bzw. virtuelles Pairing; siehe Bild 3-4).

Zur Darstellung von m:n-Beziehungen und Schleifen im Netzwerk- und im Relationalen Modell auf der Typ-Ebene siehe die BACHMANN-Diagramme in den Bildern 3-8 und 3-4. Auf der Objektebene ist für das Netzwerkmodell ein Beispiel in Bild 3-9 dargestellt. Für das Relationenmodell ergeben sich entsprechend die Tabellen A2-1 (in die der Einfachheit halber nur die Primärschlüssel eingetragen sind).

Tabellen A2-1

Bauteil

BNr	...
B1	...
B2	...
B3	...
B4	...

B-L

BNr	LNr
B1	L1
B1	L2
B2	L2
B3	L2
B4	L1

Lieferant

LNr	...
L1	...
L2	...
L3	...

L 3.3

Das kartesische Produkt

$$\underset{i=1}{\overset{n}{\times}} M_i = M_1 \times M_2 \times \ldots \times M_n$$

ist die Menge aller geordneten n-Tupel $(x_1, x_2, \ldots, x_n)$.

Eine Relation ist die Teilmenge des kartesischen Produktes zwischen den Mengen M_i, also eine Teilmenge der geordneten n-Tupel.

Darstellung als Tabelle (Beispiel) siehe Tab. A2-2.

Tabelle A2-2

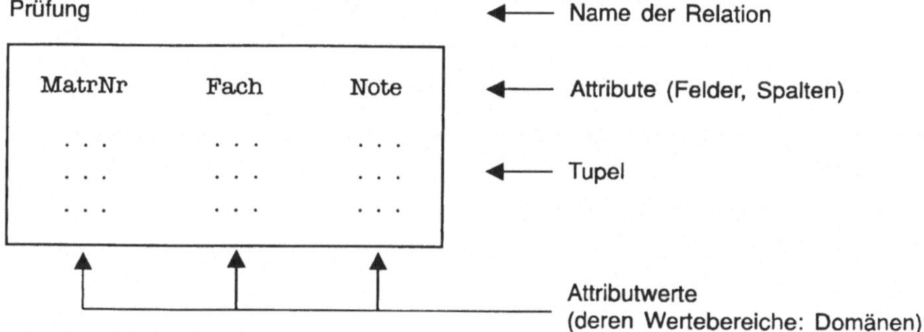

L 3.4

Relationen sollten so entworfen werden, daß sie keine untergeordneten Relationen enthalten, Redundanz vermieden wird und keine Anomalien beim Einfügen, Ändern und Entfernen von Tupeln auftreten.

Eine Attributkombination ist voll funktional von einer anderen Attributkombination abhängig, wenn sie von ihr funktional abhängig ist und von keiner echten Teilmenge von ihr abhängig ist.

Transitive Abhängigkeit: Seien X, Y und Z disjunkte Attributkombinationen in einer Relation R. Z ist transitiv abhängig von X, wenn $X \rightarrow Y$ und $Y \rightarrow Z$, jedoch $Y \nrightarrow X$.

Nichttriviale mehrwertige Abhängigkeit: Seien X und Y Attributkombinationen in der Relation R. X ist von X nichttrivial mehrwertig abhängig, wenn zu jedem Zeitpunkt einem Wert von X eine bestimmte Menge von Y-Werten zugeordnet ist und die folgenden (trivialen) Fälle ausgeschlossen werden:

1. $Y \subseteq X$ (Y ist echte oder unechte Teilmenge von X),
2. $Y = A \setminus X$ (Y ist die Differenz der Mengen A und X),
3. $Y = \varnothing$ (Y ist die leere Menge).

Erste Normalform: Die Attribute sind elementar (keine Wiederholungsgruppen, keine Schachtelung von Relationen).

Zweite Normalform: Zusätzlich zur 1.NF gilt für jeden Schlüsselkandidaten: Alle nicht zum Schlüsselkandidaten gehörenden Attribute sind von diesem voll funktional abhänging.

Dritte Normalform: Zusätzlich zur 2.NF gilt für jeden Schlüsselkandidaten: Alle nicht zum Schlüsselkandidaten gehörenden Attribute sind von diesem nicht transitiv abhängig.

Der Unterschied in den Definitionen der 1. bis 3.NF nach CODD und KENT besteht darin, daß CODD nur die zu keinem Schlüsselkandidaten gehörenden Attribute untersucht, KENT dagegen die jeweils nicht zum betrachteten Schlüsselkandidaten gehörenden Attribute.

Vierte Normalform: Zusätzlich zur 1.NF gilt: Jede Attributkombination, von der eine andere Attributkombination nicht-trivial mehrwertig abhängig ist, enthält einen Schlüsselkandidaten.

L 3.5

Damit eine mehrwertige Abhängigkeit besteht, müssen in die Tabelle die folgenden Tupel eingefügt werden:

```
(Acker, Mathematik, Kunz),
(Amel, Meßtechn., Meier).
```

L 3.6

1) Die Wiederholungsgruppen von `NAME` müssen aus der Relation entfernt werden (Überführung in die 1.NF):

   `HAUSHALTSBUCH` geht über in
   `BELEG(`<u>`BNR`</u>`, DATUM, BEMERKUNG, ART)`
   `AUSGABE(`<u>`BNR`</u>`, `<u>`NAME`</u>`, KT-NR, BETRAG)`

2) In der Relation `AUSGABE` ist die Kontonummer `KT-NR` nur von `NAME` abhängig (Überführung in die 2.NF):

   `AUSGABE` geht über in
   `PERSON(`<u>`NAME`</u>`, KT-NR)`
   `ANTEIL(`<u>`BNR`</u>`, `<u>`NAME`</u>`, BETRAG)`

Die Relationen sind nun auch in 3.NF!

L 3.7

Globales Attribut: Ein Attribut, das in irgendeiner Relation Primärschlüssel-Attribut ist.

Lokales Attribut: Ein Attribut, das in genau einer Relation vorkommt und dort nicht Primärschlüssel-Attribut ist.

Statischer Wertebereich: Wertebereich, der zum Zeitpunkt der Datenbankdefinition festliegt.

Dynamischer Wertebereich: Wertebereich, der durch die Menge der aktuellen Werte eines Primärschlüssels gegeben ist.

Redundanzlosigkeit auf globaler Ebene: Alle Relationen enthalten nur globale oder lokale Attribute.

Referentielle Datenintegrität: Fremdschlüssel dürfen nur Werte aus dem dynamischen Wertebereich des entsprechenden Primärschlüssels annehmen. Genauer: Jedem lokalen Attribut ist ein statischer Wertebereich zuzuordnen. Jedem globalen Attribut ist in genau der Relation, in der es Primärschlüssel-Attribut ist, ein statischer Wertebereich zuzuordnen, in allen anderen Relationen der entsprechende dynamische Wertebereich.

L 3.8

Relationenoperationen:

Projektion

Die Projektion ist die Auswahl bestimmter Attribute (Spalten) aus einer Relation. Entstehen zwei gleiche Tupel, so ist eines davon zu streichen.

Projektion von R auf A:

$$R[A] = \{r[A] \mid r \in R\}$$

Selektion

Die Selektion selektiert aus einer Relation alle Tupel (Zeilen), die eine gegebene Bedingung erfüllen.

Selektion von R bezüglich <logischer Ausdruck>:

$$R[\text{log. Ausdruck}] = \{r \mid r \in R \wedge (\text{logischer Ausdruck in } r)\}$$

Verbund

Paarweise Zusammensetzung (Konkatenation) aller Tupel von zwei Relationen, bei denen ein bestimmter Vergleich zwischen den beiden Tupeln erfüllt ist.

Sei A Attributkombination von R und B Attributkombination von S.

Θ-Verbund von R und S bezüglich A und B:

$$R[A\Theta B]S = \{r//s \mid r \in R \wedge s \in S \wedge (r[A]\ \Theta\ s[B])\}$$

Beispiel nach Tabelle 3-7. Gefragt ist nach den Prüfungsergebnissen mit den Attributen `(FBNAME, FACH, MATNR, NOTE)`:

a)
```
H11 = STUD [MATNR, FBNR]
H12 = FB [FBNR, FBNAME]
H13 = H12 [FBNR = FBNR] H11
H1  = H13 [FBNAME, MATNR]
    = { (ET, 50010),
        (ET, 50020),
        (MB, 70010),
        (FB, 70030) }
```

b)

```
H21 = PRÜ [PNR, FACH]
H22 = H21 [PNR = PNR]ERG
H2  = H22 [FACH, MATNR, NOTE]
    = { (TDV, 50010, 3),
        (TDV, 50020, 3),
        (MA2, 70010, 2),
        (MA2, 70030, 1),
        (ADV, 70010, 4),
        (ADV, 70030, 1) }
```

c)

```
H31 = H1 [MATNR = MATNR] H2
H3  = H31 [FBNAME, FACH, MATNR, NOTE]
    = { (ET, TDV, 50010, 3),
        (ET, TDV, 50020, 3),
        (MB, MA2, 70010, 2),
        (FB, MA2, 70030, 1),
        (MB, ADV, 70010, 4),
        (FB, ADV, 70030, 1) }
```

L 3.9

Definition der Tabellen von A 3.8 in SQL:

```
CREATE TABLE PRUEF
    (PNR CHAR(6),
     FACH CHAR(20),
     PRUEFER CHAR(20));

CREATE TABLE ERG
    (PNR CHAR(3),
     MATNR CHAR(6),
     NOTE DECIMAL(2,1));

CREATE TABLE STUD
    (MATNR CHAR(6),
     NAME CHAR(20),
     ADR CHAR(35),
     FBNR CHAR(2));

CREATE TABLE FACHB
    (FBNR CHAR(2),
     FBNAME CHAR(20),
     DEKAN CHAR(20));
```

Definition der Indexe (für Primärschlüssel):

```
CREATE UNIQUE INDEX INDPRUEF
    ON PRUEF
    (PNR ASC);

CREATE UNIQUE INDEX INDERG
    ON ERG
    (PNR ASC, MATNR ASC);

CREATE UNIQUE INDEX INDSTUD
    ON STUD
    (MATNR ASC);
```

```
CREATE UNIQUE INDEX INDFB
    ON FACHB
    (FBNR ASC);
```

Einfügen von Werten (Tupel) z.B. in die Relation PRUEF:

```
INSERT INTO PRUEF (PNR, FACH, PRUEFER)
    VALUES ('560', 'TDV', 'SCHMIDT');
```

ANMERKUNG:

Werden keine Feldnamen (Attribute) angegeben, so werden für alle Felder Werte erwartet.

Gewinnung der Prüfungsergebnisse mit den Attributen (FBNAME, FACH, MATNR, NOTE):

```
SELECT F.FBNAME, P.FACH, E.MATNR, E.NOTE
    FROM FACHB F, PRUEF P, ERG E, STUD S
    WHERE F.FBNR = S.FBNR
        AND S.MATNR = E.MATNR
        AND E.PNR = P.PNR;
```

ANMERKUNG:

Für die Tabellen wurden abkürzende Aliasnamen (F, P, E, S) definiert. Um eindeutige Spaltennamen zu erhalten, ist die Punkt-Schreibweise verwendet worden, bei der dem Spaltennamen der Tabellenname (hier: Aliasname) vorangestellt wird.

L 3.10

Konzepte objektorientierter Programmiersprachen:

Kapselung: Datenstrukturen und Methoden (Operationen) werden in einer gemeinsamen Struktur, der Klasse, eingekapselt.

Generalisierung/Spezifizierung: Klassen werden hierarchisch angeordnet. Oberklassen repräsentieren übergeordnete Eigenschaften (Generalisierung), Unterklassen repräsentieren spezifische Eigenschaften (Spezialisierung).

Vererbung: Eine Unterklasse übernimmt alle Eigenschaften (Datentypen und Methoden) von ihren Oberklassen.

Polymorphie: Eine (namentliche) Spezifizierung kann sich auf Objekte unterschiedlicher Klassen beziehen, wenn diese über eine gemeinsame Oberklasse verfügen.
Beispiele: Methoden können unter gleichem Namen redefiniert werden. Datentypen werden parametrisiert.

Um objektorientierte Programmiersprachen in Datenbanksystemen einsetzen zu können, müssen diese zusätzlich die Dauerhaftigkeit der Daten und die Nebenläufigkeit von Datenbankzugriffen (Koordinierung von Transaktionen) unterstützen.

L 3.11

Möglichkeiten der Objektidentifizierung:

Adressierung: Als Identifikationsmerkmal dient die Adresse des Speicherplatzes von Objekten. Damit ist keine Unabhängigkeit vom Speicherort gegeben.

Verwendung eines Primärschlüssels: Als Identifikationsmerkmal dient ein Teil des Inhalts von Objekten (Attributkombination). Damit ist keine Wert- und Strukturunabhängigkeit gegeben.

Verwendung von Surrogaten: Als Identifikationsmerkmal werden vom Datenbanksystem generierte, global eindeutige und unveränderbare Bezeichner verwendet.

L 3.12

Unter inversen Attributen versteht man die Attribute eines anderen Objektes, zu denen die Attribute des betrachteten Objektes in einer Beziehung stehen. Beispiel: Gegeben seien die Objekttypen Lager und Geräte. Ein Lager hat Geräte gelagert. Das inverse Attribut im Objekttyp Geräte besagt, welchen (Lager-) Standort ein Gerät hat.

Trigger: Eine Bedingung zusammen mit einer Anweisung. Die Anweisung wird vom Datenbanksystem immer dann automatisch ausgeführt, wenn die Bedingung erfüllt ist.

L 4.1

Zentralspeicher

- Wort- oder byteweise direkte Adressierung.
- Im Vergleich zu Externspeichern relativ kurze Zugriffszeiten in der Größenordnung von einigen 10 ns.
- Aus Kostengründen und im Vergleich zu Externspeichern relativ geringe Speicherkapazität in der Größenordnung von Megabytes.
- Flüchtiger Speicher.

Externspeicher

- Sequentieller Zugriff (Magnetband) bzw. quasi-direkter Zugriff (Magnetplatte, Magnettrommel, Diskette).
- Im Vergleich zum Zentralspeicher große Zugriffszeiten in der Größenordnung von einigen Millisekunden.
- Im Vergleich zum Zentralspeicher große Speicherkapazität in der Größenordnung von bis zu 10^3 Megabytes.
- Nichtflüchtiger Speicher.

L 4.2

Grundoperationen:

- Auffinden (Zugreifen, Suchen),
- Einfügen,
- Entfernen (Löschen)

Verarbeitungsarten:

- starr fortlaufende Verarbeitung
  in der Reihenfolge, die durch die Speichertechnik gegeben ist,
- logisch fortlaufende Verarbeitung
  in der Reihenfolge einer gegebenen Ordnung (Sortierfolge),

– wahlfreie Verarbeitung
mit wahlfreiem (zufälligem) Zugriff auf die Datenobjekte.

Speichertechniken:

Sequentielle Speicherung, gekettete Speicherung, gestreute Speicherung.

L 4.3

SADR	PKEY	REF
1	5	4
2	9	3
3	14	*
4	7	5
5	8	2
6	2	7
7	3	1

ANKER
6

Bild A2-4 Gekettete lineare Liste

L 4.4

a)

ADR	KEY	POINTER	
1		6	
2		8	← Anker der logischen Verkettung
3	BERTA	5	← Enthält die Adresse des nächsten freien Satzes (Freianker)
4	GUSTAV	*	
5	CAESAR	7	
6	ANTON	3	
7	EMIL	4	
8			
9			
10			

Bild A2-5 Gekettete lineare Liste mit Freispeicher-Verwaltung

b)

ADR	KEY	POINTER	
1		8	← Anker der logischen Verkettung
2		10	← Enthält die Adresse des nächsten freien Satzes (Freianker)
3	BERTA	5	
4	GUSTAV	*	
5	CAESAR	9	
6	ANTON	3	
7	EMIL	4	
8	ADAM	6	
9	DORA	7	
10			

Bild A2-6 Einfügen in eine gekettete lineare Liste

L 4.5

Bei der gestreuten Speicherung wird aus dem Schlüssel mit Hilfe einer Schlüsseltransformation (Streufunktion) eine Speicheradresse (Hausadresse) bestimmt:

$a = \sigma(k)$ a: Adresse
k: Schlüssel
σ: Streufunktion

Divisionsrest-Methode: Der Schlüssel wird als ganze Zahl aufgefaßt.

$a = \sigma(k) = (k \bmod p) + a_0$ p : Primzahl, wenig kleiner als der Adreßbereich
a_0: Anfangsadresse

Lineare Sondierung: Bildung der Hausadresse und der Ausweichadressen mit

$a_i = (\sigma(k) \pm i) \bmod m$ mit $i = 0,1,2, \ldots, m-1$
m: Größe des Adreßbereiches

Da kollidierende Datenobjekte auf dem nächsten freien Speicherplatz abgelegt werden, steigt in diesen Bereichen die Wahrscheinlichkeit für weitere Kollisionen. Beim Doppel-Hashing wird die Schrittweite für die Bildung der Ausweichadressen in Abhängigkeit vom Schlüssel k durch eine zweite Streufunktion gebildet und so die Kollisionshäufung weitgehend vermieden.

Vermeidung von Überläufen:

1. Speicherbelegungsfaktor < 1 wählen.
2. Auf Externspeichern Hausadressen für Buckets bilden (z.B. Bucket=Spur). Ein Überlauf findet erst statt, wenn ein Bucket gefüllt ist.

L 4.6

a)

ADR	S#
0	77
1	49
2	
3	73
4	
5	33
6	
7	

$a = \sigma(k) = k \bmod 7$

$a_1 = 73 \bmod 7 = 3$

$a_2 = 77 \bmod 7 = 0$

$a_3 = 33 \bmod 7 = 0 \rightarrow$ Kollision

Lineare Sondierung: $a'_3 = 1$

$a_4 = 33 \bmod 7 = 5$

b) Die vordersten drei Ziffern sind stets gleich und scheiden damit aus.

5. Spalte: 3 x Ziffer 2 und 2 x Ziffer 8
6. Spalte: 2 x Ziffer 3
7. Spalte: 2 x Ziffer 5 und 2 x Ziffer 6
8. Spalte: 5 x Ziffer 7
9. Spalte: 3 x Ziffer 1

Gewählt werden daher die 4., 6. und 9. Spalte oder alternativ die 4., 6. und 7. Spalte. Man erhält folgende Adressen:

421	oder	422
738		736
281		281
391		396
517		515
856		853
132		135

L 4.7

Dateiorganisationsformen für den Primärschlüssel:

- sequentielle (ungünstig!),
- index-sequentielle,
- virtuelle,
- gestreute.

Binäre Suchbäume sind als Indexe nicht geeignet, weil es nicht auf minimale Anzahl der Suchschritte, sondern auf die Anzahl der Externspeicherzugriffe ankommt. Als Indexe werden daher Mehrwege-Bäume (B- und B*-Bäume) verwendet.

L 4.8

a)

PKEY	REF
1007	1
1020	2
1101	3
1110	4

b) Folgesätze werden in Folgebereichen sequentiell gekettet gespeichert. Der Spurindex muß mindestens um einen Anker je Zeile für die Kette der Folgesätze einer Spur erweitert werden. Zweckmäßig wird er je Zeile zusätzlich um den höchsten Schlüsselwert in der Kette erweitert.

L 4.9

a) B-Baum: Jeder Knoten mit Ausnahme der Wurzel enthält n bis 2n Paare (Schlüssel, Adresse) und n+1 bis 2n+1 Zeiger auf Nachfolger. Daraus resultiert eine Speicherplatzbelegung von minimal 50% und eine relativ gute Ausgeglichenheit.

b)

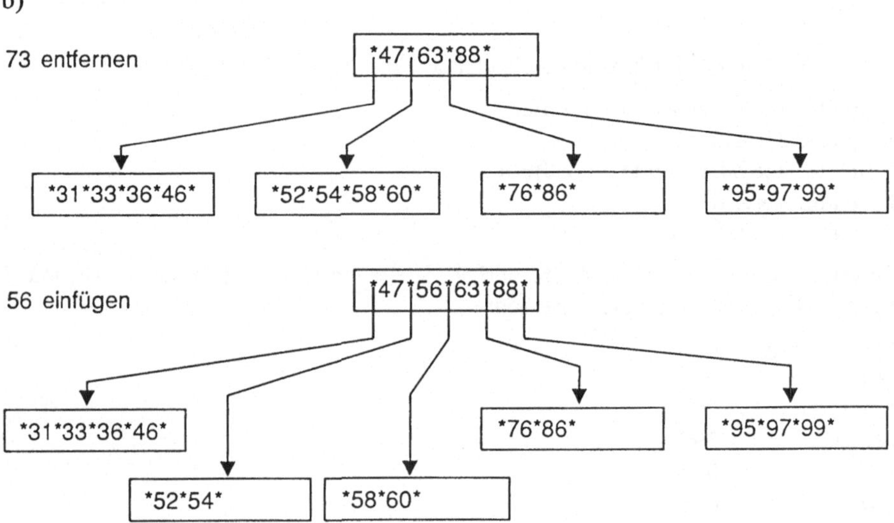

Bild A2-7 Entfernen und Einfügen in B-Bäumen

L 4.10

a) B*-Bäume sind blattorientierte Bäume, d.h. die Paare (Schlüssel, Satzadresse) befinden sich nur in den Blättern. In den inneren Knoten sind nur Schlüssel und Zeiger gespeichert. Ist der Speicherplatz für die Daten eines Knotens vorgegeben, können im Vergleich zum B-Baum mehr Schlüssel in den inneren Knoten abgelegt werden. Dies wirkt sich positiv auf die Höhe des Baums aus. Da die Blätter die Paare (Schlüssel, Satzadresse) in sortierter Folge enthalten, können sie logisch fortlaufend verarbeitet werden, falls sie gekettet werden. Das Entfernen von Schlüsseln muß nur in den Blättern vorgenommen werden.

b) Siehe Bild A2-8!

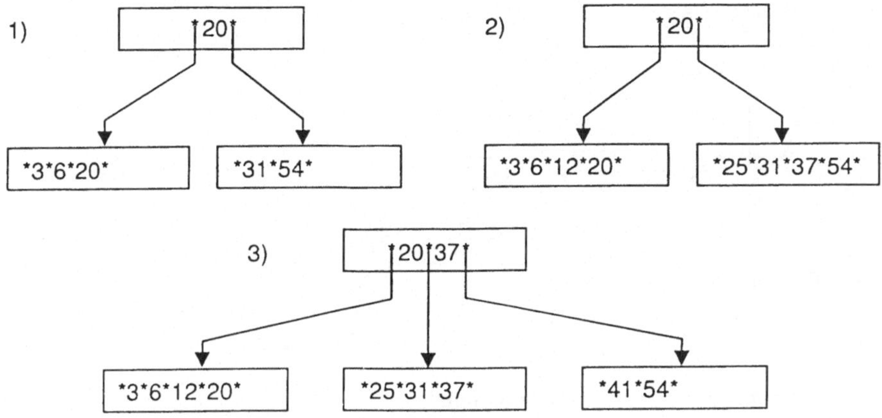

Bild A2-8 Einfügen in B*-Bäumen

L 4.11

Prinzipien der virtuellen Dateiorganisation: Der freie Speicherplatz wird in Bereichen fester Größe verwaltet. Reicht der Platz beim Einfügen von Datenobjekten nicht mehr aus, so wird eine „Zellteilung" vorgenommen. Als Index wird ein B*-Baum verwendet, dessen Blätter doppelt gekettet sind. Damit wird eine logisch auf- und absteigende Verarbeitung der Datei möglich.

L 4.12

Dateiorganisationsformen für Sekundärschlüssel:

- Multilist-Strukturen durch Adreßkettung (siehe Bild A2-9).
  Bei mehreren Indexen müssen mehrere Zeiger verwendet werden.
- Invertierung mit Hilfe von Satzadreßlisten (siehe Bild A2-10).

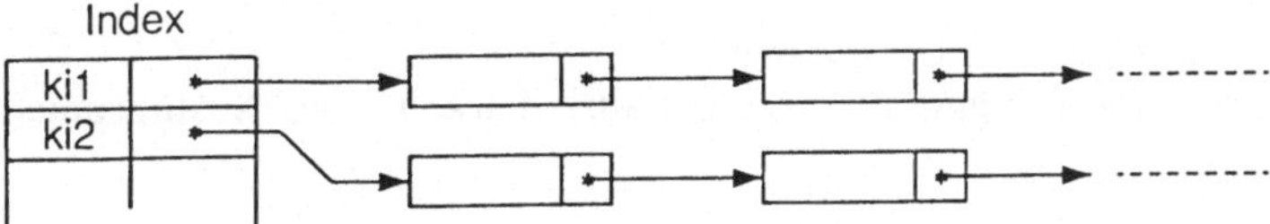

Bild A2-9 Multilist-Strukturen

L 5.1

Unter Datenintegrität versteht man die Vollständigkeit und Korrektheit der Daten und deren korrekte Verwendung.

Problemstellungen sind die semantische Integrität (Eingabe und Bearbeitung nur korrekter Daten), operationale Integrität (Synchronisation von Transaktionen), Wiederherstellung der Daten im Fehlerfalle (Datensicherheit) und der Datenschutz (berechtigter Zugriff und korrekte Verwendung der Daten).

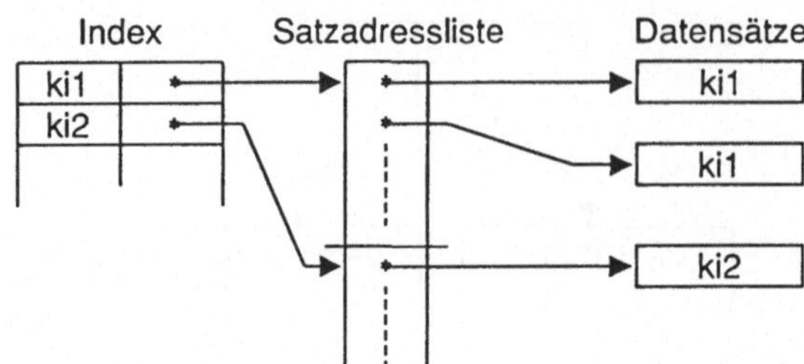

Bild A2-10 Invertierung

L 5.2

Formulierung semantischer Integritätsbedingungen:

Angabe von Datentypen; Erfassung der Abhängigkeiten von Attributmengen untereinander; Erfassung der Beziehungen und Zugehörigkeiten von Objekttypen untereinander; Angabe von Wertebereichen von Attributen; Definition von Masken und Schablonen; Spezifizierung von Prozeduren, die unter bestimmten auslösenden Bedingungen ausgeführt werden; Definition von Triggern.

L 5.3

a) Eine Transaktion besteht aus einer Folge von Aktionen, die eine Datenbank von einem konsistenten Zustand in einen anderen konsistenten Zustand überführt.

b) Ausführungsplan: Folge von Aktionen verschiedener Transaktionen, wobei die Reihenfolge der Aktionen hinsichtlich der einzelnen Transaktionen beibehalten wird.

c) Serialisierbarkeit: Die Ausgabedaten und der Datenbankzustand eines serialisierbaren Ausführungsplans sind durch eine beliebige Sequenz der beteiligten Transaktionen erreichbar.

d) Zweiphasen-Sperrverfahren:

   1. Phase: Es werden nur Datenobjekte gesperrt.

   2. Phase: Es werden nur Datenobjekte freigegeben.
   Das Zweiphasen-Sperrverfahren garantiert die Serialisierbarkeit eines Ausführungsplans.

e) Optimistische Verfahren:

   Schreibvorgänge werden zunächst nur zwischengespeichert. Liegt keine Kollision der beteiligten Transaktionen vor, wird endgültig gespeichert, sonst werden die Transaktionen rückgesetzt *(roll back)*.

   Zeitstempelverfahren:

   Die Transaktionen werden mit Zeitmarken versehen. Die Datenobjekte erhalten ebenfalls Zeitmarken. Mit deren Hilfe wird der lesende und schreibende Zugriff auf die Datenobjekte im Sinne der Serialisierbarkeit organisiert.

L 5.4

Exklusive Sperre (*exclusive lock*):

Die Sperrung des Datenbereiches wird sowohl für den lesenden als auch für den schreibenden Zugriff durch andere Transaktionen vorgenommen. Die exklusive Sperre ist notwendig, wenn die sperrende Transaktion Schreiboperationen enthält.

Teilsperre (*shared lock*):

Die Sperrung wird nur für den schreibenden Zugriff durch andere Transaktionen vorgenommen. Die Teilsperre ist notwendig (und ausreichend), wenn die sperrende Transaktion nur Leseoperationen enthält. Die anderen Transaktionen dürfen ebenfalls lesend auf den Datenbereich zugreifen.

Dead lock:

Gegenseitige Blockierung von Transaktionen infolge wechselseitiger Sperrung derselben Datenobjekte.

L 5.5

a)

1. Abbruch von Transaktionen auf Grund von Eingabefehlern, Kollisionen und Dead Locks. Es ist ein Rücksetzen der Transaktionen (*roll back*) erforderlich.
2. Sytemfehler mit Verlust des Hauptspeicher-Inhalts. Es ist ein Wiederanlauf des Systems (*system restart*) erforderlich.
3. Speicherfehler auf dem Externspeicher. Es ist die Wiederherstellung (*recovery*) der Daten auf der Basis einer Sicherungskopie erforderlich.

b) Rücksetzen von Transaktionen: Dies wird mit Hilfe einer Log-Datei auf einem sicheren Datenträger möglich. Sie enthält dazu eine Anfangs- und Ende-Marke für jede Transaktion und eine Kopie des ursprünglichen Zustands eines jeden zu verändernden Datenobjektes.

Wiederanlauf des Systems: Dieser wird ebenfalls mit Hilfe der Log-Datei möglich. Sie enthält zusätzlich Prüfpunkte mit einer Auflistung aller noch nicht abgeschlossenen Transaktionen.

Wiederherstellung des Datenbestandes: Es müssen regelmäßig Sicherungskopien erstellt werden. Die Log-Datei muß zusätzlich die veränderten Datenobjekte (im neuen Zustand) enthalten.

L 6.1

Gründe für die Datendezentralisierung:

- Organisation eines Unternehmens (Datenföderalismus),
- Einsparung von Datenübertragungskosten,
- Leistungssteigerung im Gesamtsystem durch Parallelverarbeitung,
- Steigerung der Verfügbarkeit des Gesamtsystems,
- Unterstützung des Datenschutzes,
- Ausbau der Rechnerleistung durch Installation weiterer Rechner.

Problemkreise:

- Datenallokation im Netz,
- Verteilung der Datenbankverwaltung.

L 6.2

Verteiltes Datenbanksystem: Ein verteiltes Datenbanksystem besteht aus einer logisch zusammengehörigen Datenbasis, von der Teile auf unterschiedlichen Knoten eines Rechnernetzes allokiert sind. Das Datenbank-Verwaltungssystem stellt dabei die lokale Transparenz für den Benutzer sicher.

Transaktionsverwalter: Komponente, die in einem verteilten Datenbanksystem die Aufteilung von Transaktionen in Teiltransaktionen für verschiedene Knoten und deren Synchronisation durchführt.

Datenverwalter: Komponente, die in einem Knoten für die Datenbank-Verwaltung einer Teildatenbank zuständig ist.

L 6.3

Zwei-Phasen-Freigabeprotokoll:

- Erste Phase: Der Transaktionsverwalter fordert die beteiligten Datenverwalter auf, die Teiltransaktionen auszuführen, aber noch nicht als abgeschlossen zu kennzeichnen. Liegen beim Transaktionsverwalter alle Rückmeldungen über den erfolgreichen Abschluß dieser ersten Phase vor, so beginnt die zweite Phase.
- Zweite Phase: Der Transaktionsverwalter fordert die Datenverwalter auf, ihre Teiltransaktionen endgültig abzuschließen. Erst wenn beim Transaktionsverwalter alle Rückmeldungen über den erfolgreichen Abschluß der zweiten Phase vorliegen, gilt die gesamte Transaktion als abgeschlossen.

Das Zwei-Phasen-Freigabeprotokoll dient zur Synchronisation der Teiltransaktionen, die auf verschiedenen Knoten ablaufen.

L 6.4

OSI-Referenzmodell. Schichten:

1. Physikalische Schicht (*physical layer*)
2. Sicherungsschicht (*data link layer*)
3. Vermittlungsschicht (*network layer*)
4. Transportschicht (*transport layer*)
5. Kommunikations-Steuerungsschicht (*session layer*)
6. Darstellungsschicht (*presentation layer*)
7. Anwenderschicht (*application layer*)

Es dient letztlich dazu, die Anwendungsschicht logisch von den Dienstleistungen der unteren Schichten zu entkoppeln (jede Schicht nutzt nur die Dienstleistungen der direkt unter ihr liegenden Schicht).

L 6.5

LAN: Local Area Network (lokales Netz). Datennetz mit räumlich begrenzter Ausdehnung (meist Grundstücksgrenzen).

WAN: Wide Area Network (Weitverkehrsnetz). Überregionales Netz, meist landesweit oder international. Die Einrichtung entsprechender Übertragungsmedien fällt in der Regel in den Zuständigkeitsbereich der Postverwaltung des jeweiligen Landes. Es existieren auf dieser Basis öffentliche und private Netze.

L 6.6

CSMA/CD-Bus bzw. -Baum: CSMA bedeutet Carrier Sense Multiple Access (Trägererkennung mit Vielfachzugriff), CD bedeutet Collision Detection (Kollisionserkennung). Die Stationen, die an das Netz angeschlossen sind, hören dies ständig ab. Wenn es frei ist, dürfen sie senden. Versuchen zwei Stationen, gleichzeitig zu senden (Kollision), so brechen sie den Vorgang ab und versuchen nach einer zufälligen Wartezeit, erneut zu senden. Nachteil: Keine Garantie einer bestimmten Zugriffszeit. Firmenprodukt: Ethernet (Xerox, DEC, Intel).

Token-Bus: Physisch von linearer Struktur, logisch ein Ring, in dem ständig ein Token weitergereicht wird. Nur die Station, die das Token besitzt, darf senden. Dadurch kollisionsfrei. Firmenprodukt: ARCNET (USA).

Token-Ring: Physisch ringförmige Topologie, in der unidirektional ständig ein Token kreist. Firmenprodukt: Token-Ring-Netzwerk von IBM.

TCP/IP: De-facto-Standard neben den OSI-Protokollen. IP: Internet Protocol; TCP: Transmission Control Protocol. Das IP ist der Schicht 3 des OSI-Referenzmodells zuzuordnen, das TCP der Schicht 4, es enthält aber auch anwendungsorientierte Elemente (Schicht 6 und 7).

L 6.7

Schema eines Datenübertragungssystems: siehe Bild 6-1. DEE: Datenendeinrichtung (z.B. Fax-Gerät, Terminal, Rechner). DÜE: Datenübertragungseinrichtung (Kodierung und Dekodierung der Signale zur Datenübertragung).

L 6.8

Netze der Telekom zur Datenübertragung:

Telefonnetz, Telexnetz, Datex-L- und Datex-P-Netz, Direktrufnetz, ISDN (Integrated Services Digital Network).

L 6.9

Klassen von Rechnernetzen mit Datenbanken:

Terminalnetze verbinden einfache Terminals mit einem Rechner, auf dem sich das Anwendungsprogramm und das Datenbanksystem befindet.

Netze zwischen autonomen Rechnern verbinden Terminals mit eigener Rechenleistung (Arbeitsplatzrechner) mit dem Rechner, auf dem das Datenbanksystem installiert ist.

Netze mit verteilten Datenbanken verbinden Rechner, auf denen ein verteiltes Datenbanksystem betrieben wird oder mehrere autonome (eventuell auch heterogene) Datenbanksysteme betrieben werden.

L 6.10

TP-Monitor (Transaction Processing Monitor): Software zum Anschluß von Terminals in einem Terminalnetz an einen Rechner.

DB/DC-System (Data Base/Data Communication System): System zum Zugriff auf ein zentrales Datenbanksystem in einem Terminalnetz.

Transaktionssystem: Anwendungsorientiertes DB/DC-System, bei dem die Datenbankzugriffe über eine problemorientierte Benutzerschnittstelle abgewickelt werden (z.B. Banken- und Buchungssysteme).

L 6.11

Herstellerunabhängige Protokolle für die transaktionsorientierte Datenkommunikation sind die von der ECMA (European Computer Manufacturer's Assoziation) vorgeschlagenen Protokolle TP (Transaction Processing) und RDA (Remote Database Access).

Das TP-Protokoll stellt Dienste für die transaktionsorientierte Verarbeitung zur Verfügung (z.B. Verbindungsmanagement, Synchronisation von Transaktionen).

Das RDA-Protokoll unterstützt den Datenbankzugriff eines Anwendungsprogramms von einem Rechner auf das Datenbanksystem auf einem anderen Rechner in einem heterogenen Netz (Client/Server-Architektur). Das RDA-Protokoll stellt Dienste für das Verbindungsmanagement, die Datenmanipulation und Datenabfrage und für die Transaktionsverwaltung zur Verfügung.

L 6.12

Bildschirm-Text (Btx) ist ein öffentlicher Informations- und interaktiver Datenbanksystem-Dienst der Deutschen Bundespost Telekom.

In einem hierarchisch strukturierten Netz von Btx-Zentralen können von beliebigen Dienst-Anbietern in Datenbankrechnern Btx-Seiten (graphikorientierte farbige Bildschirmseiten) gespeichert werden, die von Benutzern (Kunden) über Seitennummern abgerufen werden können. Der Benutzer kann auch vorgesehene Eingaben tätigen, z.B. Bestellmengen von Artikeln, Geldbeträge von Überweisungen usw. Kommunikationsgeräte: Fernseher mit Tastatur und Telefonmodem, Btx-Terminals, PC mit Btx-Karte.

Btx-Anbieter können Btx-Seiten nicht nur auf den Rechnern speichern, die dafür in den Btx-Zentralen von der Deutschen Bundespost zur Verfügung gestellt werden, sondern auch in eigenen Rechnern. Diese Rechner können, ohne über eine Btx-Vermittlungsstelle geführt zu werden, direkt an das DATEX-P-Netz angeschlossen werden. Sie müssen dazu eine Btx-fähige Schnittstelle aufweisen (vorgeschriebene Protokolle: X.25, EHKP4 und EHKP6).

L 6.13

Als Online-Datenbanken bezeichnet man Datenbanksysteme, die an ein Datennetz angeschlossen sind, um Benutzern Recherchen in den dazu vorgesehenen Datenbanken zu ermöglichen.

Der Zugriff auf Online-Datenbanken ist über folgende öffentliche Netzanschlüsse möglich:

- Telefonnetz,
- DATEX-L,
- DATEX-P,
- ISDN.

Literatur und Quellennachweis

Lehrbücher sind mit einem * gekennzeichnet.

[Andrews 87]
Andrews, T.; Harris, C.
Combining Language and Database Advances in an Object-Oriented Database Environment
Proc. ACM Conf. Object-Oriented Programming Systems, Languages and Applications (OOPSLA), Orlando (Florida), 1987

[ANSI/SPARC 75]
ANSI/X3-SPARC Study Group on Data Base Management Systems
Interim Report 75-02-08
FDT-Bulletin of ACM-SIGMOD, Vol.7, No.2, 1975

[ANSI 86]
Database Language SQL
Document ANSI X3.135-1986
American Standards Institut, New York;
auch als ISO-Dokument ISO/TC 97/SC 21/WG 3 N 117

[Bachmann 69]
Bachmann, C.W.
Data Structure Diagrams
DATA BASE, Vol. 1, No. 2, 1969, S. 4 - 10

[Bastian 82] *
Bastian, M.
Datenbanksysteme
Athenäum Taschenbücher, 1982

[Bayer 72]
Bayer, R.; McCreight, E.
Organisation and Maintenance of Large Ordered Indexes
Acta Informatica, 1, No. 3, 1972

[Bayer 84]
Bayer, R.
Verteilte Datenbanksysteme
Informatik-Spektrum, Bd. 7, Heft 1, 1984, S. 1-19

[Bernstein 81]
Bernstein, P. A.; Goodman, N.
Concurrency control in distributed database systems
ACM Comput. Serv. 13, 1981, S. 185-221

[Chen 76]
Chen, P.P.
The Entity-Relationship Model - Toward a Unified View of Data
ACM TODS, Vol.1, No. 1, 1976, S. 9-36

[CODASYL 71, 73, 78, 80, 81]

71 CODASYL Data Base Task Group
April 1971 Report
IFIP Adm. Data Processing Group, Amsterdam

73 CODASYL Data Base Task Group
CODASYL DDL Journal of Developement, June 1973
IFIP Adm. Data Processing Group, Amsterdam

78 CODASYL COBOL Data Base Committee
COBOL Data Base Facility - Data Manipulation
Journal of Developement, 1978

80 CODASYL FORTRAN Data Base Committee
CODASYL FORTRAN Data Base Facility
Journal of Developement, January 1980
Departm. of Supply and Services, Quebec

81 CODASYL Data Description Language Committee
Journal of Developement, January 1981
Canadian Government Publish. Centre, Ottawa

[Codd 70]
Codd, E.F.
A Relational Model of Data for Large Shared Data Banks
Commun. of the ACM, Vol. 13, No. 6, June 1970, p. 377-387

[Codd 71]
Codd, E.F.
Further Normalisation of the Database Relational Model
Courant Computer Science Symposium "Data Base Systems"
R. Rustin (Hrsg.), Prentice Hall, New York, 1971, S. 33-64

[Codd 79]
Codd, E.F.
Extending the Data Base Relational Model to Capture More Meaning
ACM Transactions on Database Systems, Vol. 4, S. 397-434

[Date 81] *
Date, C.J.
An Introduction to Data Base Systems, Volume I
Addison-Wesley Publish. Company, 1981/1992, Fifth Edition

[Date 83] *
Date, C.J.
An Introduction to Data Base Systems, Volume II
Addison-Wesley Publish. Company, 1983

[Effelsberg 87]
Effelsberg, W.
Datenbankzugriff in Rechnernetzen
Informationstechnik it, 29. Jahrgang, Heft 3/1987, S. 140-153

[Göhring 89] *
Göhring, H.-G.; Jasper, Erich
Der PC im Netz
DATACOM-Buchverlag, 1989

[Härder 78] *
Härder, T.
Implementierung von Datenbank-Systemen
Carl Hanser Verlag, München, 1978

[Herzog 89] *
Herzog, Rolf
Das große dBase IV Buch
Data Becker, Düsseldorf, 1989

[Hughes 92] *
Hughes, John G.
Objektorientierte Datenbanken
Carl Hanser Verlag / Prentice-Hall, 1992

[IEEE 85]
IEEE: Local Area Networks, ANSI/IEEE Standards 802.2 - 802.5
Institute of Electrical and Electronic Engineers,
New York, 1985

[Kähler 90] *
Kähler, Wolf-Michael
SQL - Bearbeitung relationaler Datenbanken
Vieweg Verlagsgesellschaft, 1990

[Kauffels 86] *
Kauffels, F.-J.
Einführung in die Datenkommunikation
DATACOM-Buchverlag, 1986

[Kent 73]
Kent, W.
A Primer of Normal Form
IBM Technical Report, TR 02.600, 1973

[Kuhlen 79]
Kuhlen, Rainer (Herausgeber)
Datenbasen, Datenbanken, Netzwerke
Bd. 2: Konzepte von Datenbanken
K.G. Sauer, 1979

[Lange 87] *
Lange, O.; Stegemann, G.
Datenstrukturen und Speichertechniken,
Vieweg Verlagsgesellschaft, 1987, 2. Auflage

[Lockemann 87]
Lockemann, P.C.; Schmidt, J.W. (Hrsg.)
Datenbank-Handbuch
Springer-Verlag, 1987

[Martin 77] *
Martin, James
Computer Data-Base Organization, Second Edition
Prentice-Hall, 1977

[Moos 91] *
Moos, A.; Daues, G.
SQL-Datenbanken
Vieweg Verlagsgesellschaft, 1991

[Pers. Comp. 89]
Gebauer, R.; Treplin, D.
Personal Computer, Heft 11, Nov. 1989, S. 141-146
Vogel-Verlag

[Postels 91] *
Postels, Gerhard
SQL, Strukturiertes Abfragen unter Informix, Oracle und dBASE
Hüthig, 1991

[Schlageter 83] *
Schlageter, G.; Stucky, W.
Datenbanksysteme: Konzepte und Modelle
Teubner, 1983 (2. Auflage)

[Schubert 86]
Schubert, Steffen
Online Datenbanken
SYBEX-Verlag, 1986

[Senko 73]
Senko, M. E. u.a.
Data Structures and accessing in Data Base Systems
IBM Systems Journal, Vol. 12, No. 1, Jan. 73, Seite 30-93

[Tanenbaum 90]
Tanenbaum, A. S.
Computer-Netzwerke
Wolfram's Fachverlag, 2. Auflage, 1990

[Wedekind 81] *
Wedekind, H.
Datenbanksysteme I
Bibliographisches Institut, Mannheim, 1981 (2. Auflage)

[Wedekind 76] *
Wedekind, H; Härder, T.
Datenbanksysteme II
Bibliographisches Institut, Mannheim, 1976

[Wiederholt 80] *
Wiederholt, Gio
Datenbanken, Analyse - Design - Erfahrungen
Bd. 1: Dateisysteme; Bd. 2: Datenbanksysteme
Oldenbourg, 1980

[Vossen 87] *
Vossen, G; Witt, K.-U.
Das SQL/DS-Handbuch
Addison-Wesley (Deutschland), 1988

[Zehnder 85] *
Zehnder, C.A.
Informationssysteme und Datenbanken
Teubner, 1985

Sachwortverzeichnis

T